JN184382

【図説】
第二次世界大戦
ドイツ軍の秘密兵器 1939-45

ロジャー・フォード［著］
石津朋之［監訳］
村上和彦、小椿整治、由良富士雄［訳］

創元社

監訳者はしがき

本書は、第二次世界大戦前、そして大戦中にドイツが研究及び開発した数々の秘密兵器をめぐる図鑑である。

本書の「序」にも記されているが、ドイツの秘密兵器とはまさに「秘密」にされる必要があった。なぜなら、第一次世界大戦後のヴェルサイユ条約によって軍備や兵器開発を厳しく制限されたドイツは、その監視の目を潜りながら兵器の開発を進めていたからである。1939年9月に第二次世界大戦が勃発した時、ドイツにとって兵器がどうにか間に合ったのも、また、ヨーロッパ諸国がその質の高さに驚いたのも、こうして秘密裏に行われた研究開発の賜物であった。

その中でも、ドイツの先進性がとりわけ示されたのがロケット工学の領域である。逆に、ドイツが軽視した結果、第二次世界大戦でその代償を払うことになった領域が電子計算機である。そしてこうした事例を振り返ることで、事前の兵器の研究及び開発が戦争の帰趨を大きく左右する事実を理解できよう。

もちろん、そこでは指導者の資質も決定的な役割を演じることになる。実際、ドイツにおける兵器開発は、科学者や技術者の非凡な才能とアドルフ・ヒトラーという絶対的な独裁者が示した主導性が組み合わされて生まれたのである。

本書の特徴として以下の点が挙げられる。

第1に、ドイツ陸軍、海軍、空軍という3つの軍種が研究開発を試みた秘密兵器について、非常にコンパクトに網羅していることである。

第2に、本書に掲載された兵器は、種別（例えば、ロケット戦闘機、地対空ミサイルといったように）に整然と分類されている上、制式化されたもの、及び計画段階で終わったものを、時系列で紹介しているため、ドイツ軍各種兵器の技術的変遷が容易に理解できるようになっている。

第3に、兵器の性能データが可能な限り図表化されているとともに、カラーイラストや写真をふんだんに取り入れることで、視覚的に分かり易くなるよう工夫されている。

第4に、本書の最終章にあたる附録では、ドイツ軍の秘密兵器の紹介だけに留まらず、こうした兵器が、第二次世界大戦後の世界各国の兵器に与えた影響にまで言及されている点である。これは、他の多くの類書とは大きく異なる本書の特徴といえよう。

本書の翻訳は、村上和彦（防衛研究所戦史研究センター主任研究官、1等空佐〔肩書は当時。以下も同じ〕）、小椿整治（戦史研究センター所員、2等空佐）、由良富士雄（戦史研究センター所員、2等空佐）、の3名が分担し、石津が全体の監訳を担当した。

また、本書の校正段階では細かな訳語や専門用語のチェックなど、創元社エディターの堂本誠二氏に大変お世話になった。この場を借りて厚く御礼申し上げたい。

最後になったが、本書が兵器の研究開発の専門家はもとより、こうしたテーマに関心を寄せる一般の読者に広く読まれることを望みたい。

監訳者　石津朋之
防衛研究所戦史研究センター国際紛争史室長

First published in 2014 under the title
Germany's Secret Weapon of World War II
by arrangement with Amber Books Ltd

Japanese translation rights arranged with Amber Books Ltd, London
through Tuttle-Mori Agency, Inc., Tokyo

目 次 CONTENTS

序 Introduction

第二次世界大戦中およびそれ以前にドイツで生産された多数かつ多様な秘密兵器について考察するにあたって、まず「秘密」という言葉の意味を定義すべきであろう。平時であれ、戦時であれ、または「備えあれば憂いなし」といった単純な理由であれ、ほとんどの兵器は秘密裏に、少なくとも厳重な警戒のもと開発された。ドイツの場合、これに加えて切実な理由があった。第一次世界大戦の講和条約、ヴェルサイユ条約である。この条約によりドイツは、航空機や戦車のような特定分野の兵器開発および保有を禁じられたのである。

こうした兵器の開発プログラムは、完全に秘密裏に実行されなければならなかった。というのは、戦勝国である連合国によるドイツ占領という究極のリスク（兵器開発が始まるまでは大したリスクではなかったが）があったからである。ヒトラーが講和条約の一方的破棄を匂わせるまで、こうした兵器開発計画の多くは、実際にはドイツ国外、すなわち、オランダ、ソ連、スウェーデンで進められており、とりわけスイスは重要な拠点であった。

厳密に言えば、第二次世界大戦時のドイツの秘密兵器について語ろうとするとき、1つの難問に直面する。なにしろ「秘密兵器」という言葉は、あるはっきりとしたイメージをもって一般的に使われている。すなわち、程度の差はあれ、尋常ならざる兵器を、秘密裏に開発するというイメージである。

「秘密兵器」という言葉には、まったく新しいコンセプト、並はずれたものという含みがある。それは、物理学や化学の新しい知見、新たな技術の習熟または創造的な発明による大きな飛躍なしには成し遂げられない。本書で取り上げる時代のドイツは、たしかにこうした点で不足はなかった。

驚愕の兵器

同時代のドイツでおそらく頻繁に使われたもう一つの用語「驚愕の兵器(Wunderwaffen)」はこうした秘密兵器の本質により近づいた表現である。なぜならそれらは本当に驚くべきもので、まったく新しく、小さな秘密組織を除き、誰も思い描かなかったものであったからである。ようするに、科学技術の飛躍的な発達によって、かつて想像しえないレベルの性能に到達したのである。

秘密開発のいくつかは、たしかに「時宜を得たアイデア」であり、基本的な原理は理解されていたが、実用化には至っていなかった。アメリカ、イギリスそしてドイツでは、科学者や技術者の開発チームが、いち早く戦場に信頼性の高い兵器を届けるべく、開発に大わらわであった（それ以外の国々、たとえばイタリアでもいくつかの顕著な進展があった）。これらの国々では、核兵器の開発は言うに及ばず、ジェット機やレーダーの開発も熱心に取り組まれた。

しかし他の分野、とりわけロケット工学ときわめて重要な誘導システムの発明および完成は、ドイツが他の国よりはるかに優れていた。ドイツの科学者たちは、ドイツの戦争遂行のみならず、現代文明に対しても多大かつ傑出した貢献をなしたのである。ただし、ドイツが劣っている分野もあった。それは間違いなく最も重要な、電子計算機の分野である。電子計算機そのものは兵器ではないが、それ

左　前進後退翼をもつユンカースJu 287は第二次世界大戦中にドイツの科学者や技術者が開発した多くの奇抜なデザインのほんの一例に過ぎない。

上　微妙な秘密兵器「ゴリアテ（巨人）」はケーブル操作で動く爆薬を満載した戦車で、掩蔽壕に対処するための典型的かつ革新的手法であった。

なしでは技術的な発展がすぐに限界に達する。とはいえ、こうした欠点はたいてい分不相応な要求に起因しており、そもそも第三帝国の科学者たちが満足ゆく成果を上げるには時間が足りなかったのである。

あまりにも小規模で、あまりにも遅かった

本書を読み進めるうちに、実現することなく中止になった計画、あるいは戦争終結時点でも依然として開発が進められていた計画をいくつも見ることになろう。もちろん、こうした計画の多くは1944年まで開始されていなかった。そしてこの頃には、ベルリンで敗北の色が濃くなり、多数の必需品の供給が不足していたのである。

我々は、この戦争の過程で早期に開始された兵器の可能性を推測することしかできない。単純に、芳しい結果を出す見込みがないと考えられて中止されたものもあるが、こういう場合はたいていアドルフ・ヒトラーが関係している。

概して彼の頑迷な主張、すなわち「大きい（そして力強い）ことは、いつも美しい（そして魅力的）」という考え方に行き着くのである。こうした思い込みによりヒトラーはＶＩ号戦車ティーガーやケーニヒス・ティーガー戦車といった恐るべき兵器（ただしきわめて非効率でコストがかかった）の開発を進めた。こんなものは最初からお払い箱行きにして、その製造に費やされる資源は、Ｖ号戦車パンターのような、より実用的な戦車に振り分けられるべきであった。

ヒトラー自身がこうした秘密兵器計画に非常に熱心であり、これを推し進めた。秘密兵器計画と彼の心理には直接的かつ具体的な繋がりがあり、「驚愕の兵器」はヒトラーなしではあり得なかったのではないかと思われるのである。

いろいろ考慮してみると、こうした秘密兵器計画が実現したのは、たしかに科学者たちの創造的な想像力と、この種の革新を受容する土壌が軍人たちの側にあったからこそと思われる。しかしまた同様に、戦争の推移に如実に影響を与えた多くの兵器システムは、ヒトラーの主張なしにはまったく開発されなかったか、せいぜい目立たないものとなっていたことも確かである。

とはいえ、多数のドイツの科学者の非凡な才能、技術者およびエンジニアのひらめき無くしては、いずれの計画も日の目をみていなかったに違いない。

ドイツで最初に製造され、第二次世界大戦で使用された多くの兵器は、そのまま受け入れられ、膨大な兵器群の重要な一角を占めるに至った。そのうちのいくつかは、軍事利用を越えて生活全般に多大な影響を与えた。秘密兵器には欠陥があったが、それでも劇的な失敗の数々はある種の偉大さ、圧倒的な神話性さえ有し、それを裏づける事実があったのである。

1 ジェット推進航空機

JET AIRCRAFT

推進力飛行は、早期の段階でプロペラ機の代替手段であった。ライト兄弟の初飛行からわずか四半世紀後の1928年、フリッツ・シュタマーが、ロケット動力のグライダーで飛行した。その10年後にはロケットおよびジェット動力の航空機が現実のものとなり、ドイツによる制空戦略の中心をなした。

◀ハインケルHe 162は、戦況に対応した適正な技術で作られていた。合板の使用である。同機の翼と尾翼面の組み立て部品は、家具工場で生産された。

ドイツ空軍は、国家社会主義労働党、すなわちナチス内で高い評価を得ていた。そしておそらくは陸軍や海軍に比して、最高権力者であるアドルフ・ヒトラーの覚えがめでたかった。これは、ヘルマン・ゲーリンク国家元帥がヒトラーの側近であったこともあるが、ほぼすべての戦争でイギリスおよびアメリカ空軍による日夜の猛烈な空爆に対して、唯一ドイツの防空の責務を負っていたからでもある。

ドイツ空軍は研究開発の予算配分で明らかに最も優遇されていた。結果として、第三帝国では航空学分野で他より多くの進展があった。しかしながら個々のプロジェクトの開始や認可、評価の方法がやや混沌としていたことには、いつも驚かされる。なぜなら、問題解決における論理的および方法論的アプローチを誇るドイツにおいて、じつは明確な論理や方法が存在しなかったからである！　ある専門家が言及しているように、航空機製造会社とエンジン製造会社、彼らとドイツ空軍およびドイツ航空省（RLM）との関係は、まるで部族戦争であった。

ドイツに限ったことではないが、よく知られる戦時中の兵器開発のうち実を結んだのは、たった半分またはそれ以下であり、膨大な数がお蔵入りになった。時間が足りなかった場合もあれば、技術的な欠陥による場合もあったし、あまりに空想的に過ぎて明らかに実現不可能なものもあった。第二次世界大戦中にドイツで開発された、きわめて興味深い新型航空機のほとんどは、ターボジェットまたはロケットモーター推進であり、いずれもドイツの科学者と技術者が目覚ましい働きをなした。しかしあとで見るように、とりわけジェットエンジンの開発が緒についたのはかなり後のことである。

仮にジェット航空機開発者たちの楽観主義が罷り通っていたら、戦争の帰趨は変わっていたであろう。戦争はおそらく1945年秋冬まで続き、日本に対して使用された原子爆弾がドイツにも使われていたかもしれない。ジェット航空機がきわめて重要な存在になることが明白であったにもかかわらず、その開発スケジュールが延期されたことは驚くべきことである。結果、ドイツはこの分野で明らかに先行していたが、杜撰な管理のために大半が無駄になってしまった。

ハインケルHe 178

航空分野で顕著な実績を残したものを挙げるとき、ハインケルの名はいかなるリストでも上位を占めるに値する。なぜなら、エルンスト・ハインケルの設計室から、より正確には主任設計技師で双子の兄弟であるジーク・フリートおよびワルター・ギュンターの製図版から、最初の実用的な推進力航空機であるロケット推進のHe 176とターボジェット推進のHe 178が生み出されたからである。

ハインケル自身は、第一次世界大戦中に同僚のヘルムート・ヒアートとともにアルバトロス航空機でB.1を開発し、大成功を収めていた。彼は1920年代には

下　ハインケルHe 178は、その欠点にもかかわらず、初めて飛行に成功したジェット飛行機である（1939年8月2日）。イギリスのグロスターE.28/39の初飛行より20ヵ月前のことであった。

ハインケルHe 178

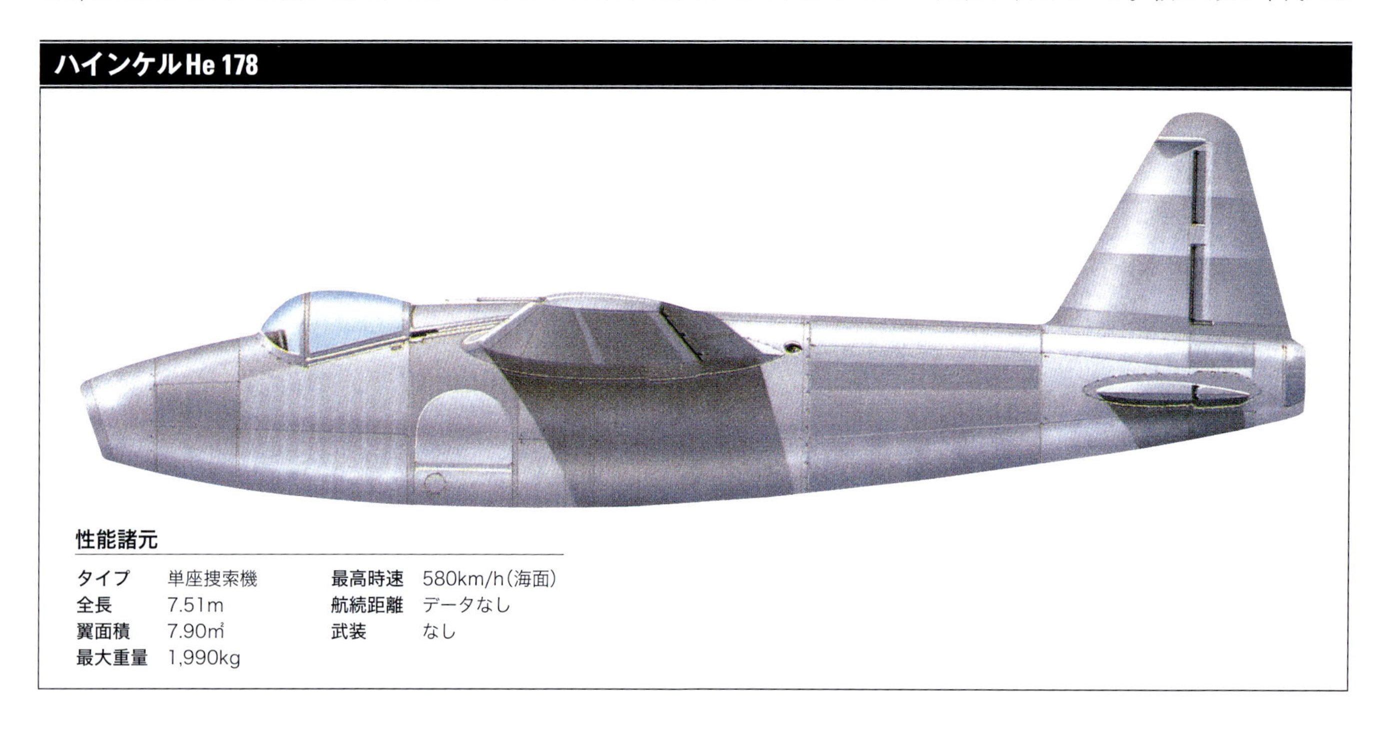

性能諸元

タイプ	単座捜索機	最高時速	580km/h（海面）
全長	7.51m	航続距離	データなし
翼面積	7.90㎡	武装	なし
最大重量	1,990kg		

ハインケルHe 280

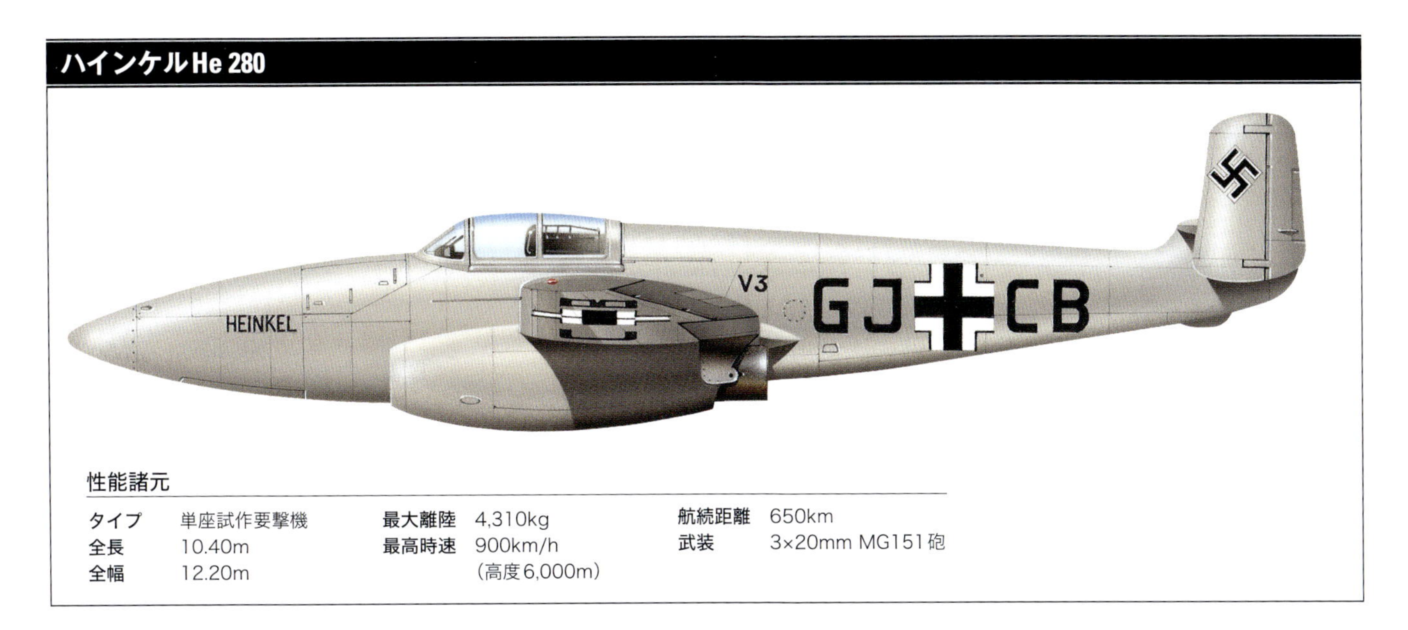

性能諸元

タイプ	単座試作要撃機	最大離陸	4,310kg	航続距離	650km
全長	10.40m	最高時速	900km/h	武装	3×20mm MG151砲
全幅	12.20m		(高度6,000m)		

苦労の日々を送ったが、ギュンター設計の商用航空機He 70で再び頭角を表した。さらにそれをステップにして、同時代にあっては間違いなく最も高性能な爆撃機He 111を開発し、1935年に初飛行を遂げている。

ハインケルは、実績のあるピストンエンジン航空機の開発を継続したが、彼の関心は勃興しつつあったロケット工学技術にも向かった。推進力飛行はすでに行われており、1928年6月11日、フリッツ・シュタマーが固形燃料ロケット推進グライダーを初飛行させている。しかし、第2章のロケット推進航空機のくだりで見るように、液体燃料モーターの開発には、それから約10年の歳月を要した。

ロケットモーターは、1938年までは「試験済み」といえる代物ではなく、きわめて初歩的なものであった。その後、複雑な機構ながら燃費と制御性に非常に優れた、革新的なターボジェット動力装置を搭載した航空機が作られた。これにはハインケル社の技術者ヨハイム・パブスト・フォン・オハインとその助手マックス・ハーンが秘密裏に携わっていた。ゲッティンゲン大学に招かれた彼らは大学で先駆的な業績を挙げ、1937年9月、最初の実証試作エンジンHeS 1を製造した。これは水素のみで稼働し(かろうじて制御できた)、約250kgの静推力を発生した。半年後には研究はさらに進み、石油燃料によるHeS 3を製造した。静推力は500kgになっている。この成功はとるに足らないものであったかもしれないが、彼らが信じたように実用的な動力装置であった。次は、動力装置を搭載する機体の製造である。

こうした努力の末に生まれたのが、世界最初のジェット推進航空機、ハインケルHe 178である。同機は肩翼単葉機で、コックピットは翼前縁よりかなり前方、エンジンへ空気を送るダクトの上に位置していた(胴体のほとんどをエンジンと排気管が占めていた)。

He 178の最初の実飛行は1939年8月27日に実施されたが、その3日前には、滑走路に沿って“飛び跳ね”ていた。この初飛行は、オハインの開発より20ヵ月以上先行していた、フランク・ホイットルが開発したエンジンを搭載したグロスターE.28/29の初飛行よりも早く、11月1日にはドイツ航空省に対して実証説明が行われた。しかし信じがたいことに、公的な関心は事実上示されず、He 178はHe 176とともにベルリン博物館に引き渡され、両機とも1943年の空襲で破壊されてしまった。

上 ハイケンル社の2番目のジェット機He 280は良機だったが、メッサーシュミットMe 262との競争に後れを取り、9機だけが製造された。

ハインケルHe 280

ハインケルは178型を放棄した。その理由は主としてエンジンの機体設置に関する技術的な問題によるものであった。しかし、ジェット推進戦闘機の開発を諦めたわけではなかった。ユンカース社エンジン部門からマックス・ミューラーという新しい血が入り、ジェットエンジン開発プログラムを活性化したのである。彼は、のちに109-006となるHeS 30の開発に携わった。少々ややこしいが、パルスジェット搭載型、ターボジェット搭載型、ロケットモーター搭載型の3種に対して型式番号109が用いられた。下3桁の識別子は時系列的に付与されており、これらのエンジン間に合理的な区別はない。幸い、エンジンタイプが少なか

上 Me 262の量産試作機が、固形燃料ロケットモーターの助力により離陸したところ。こうした「RATO」(ロケット支援離陸)装置は、重搭載航空機の離陸支援に広く使用された。

ったため、この味気ない付番システムはすぐに馴染んだ。

ミューラーのHeS 30の開発と同じ時期、ハンス・フォン・オハインはHeS 8(109-001)としてHeS 3を開発し、いずれのエンジンも新開発のハインケルHe 280に搭載してテストされることになった。He 280は低翼単葉形式の双発エンジンの航空機であり、エンジンは主翼下面に直接取り付けられていた。水平尾翼は胴体上部の高い位置に取り付けられ、2枚の垂直安定板それぞれに方向舵が付いていた。同機は1941年4月2日にオハインのエンジンを載せて初飛行に成功、その3日後にはドイツ空軍およびドイツ航空省に対して実証説明がなされた。

この時の反応はHe 178の時とは違っていた。ハインケル社のエンジン部門は、即座に古くから付き合いのあるハース社を加えて拡大されたのである(ハース社は特にピストンエンジンとターボジェットエンジンの製造を担当した)。ミューラーと彼のチームはシュトゥットガルトのハース工場に移り、オハインは自らが開発した109-011エンジンのさらなる開発のためにロストク=マリーエンエーエに滞在した。このエンジンにより1,300kgの静推力が得られると見積もられていた。2つのチームは明らかに競争関係にあり、両チームともかなりの進歩を遂げたが、ドイツ航空省は不可解な理由により109-006の研究開発の打ち切りを命じた。この時、109-006の静推力は900kgに達していたにもかかわらずである。一方、109-011の開発はシュトゥットガルトで続けられたが、戦争末期でさえテストベンチ止まりで、わずか20基が完成しただけであった。He 280のテストは、ユモ004とBMW 003エンジンの両方で継続されたが、Me 262が完成すると、He 280の開発は結局頓挫してしまった。

メッサーシュミットMe 262の採用には、少なくとも部分的には政治的な動機があった。なぜなら、すでに見てきたように、様々なドイツの航空機製造者とドイツ航空省、ドイツ空軍との関係が、政治的な地雷原であったからである。生産された9つのプロトタイプは、のちに新しい翼や尾翼設計のテストに使用され、ハインケル社は他のジェット航空機の設計に従事した。これらのほとんどは未成功の011エンジンであったが、のちにHe 162(qv)となる試作機が立案されるまで、いずれも実用化に至らなかった。

Me 262シュヴァルベ/シュトゥルム・フォーゲル

実現した航空プロジェクトのうち最も

ドイツ空軍と連合国軍の戦闘機の比較

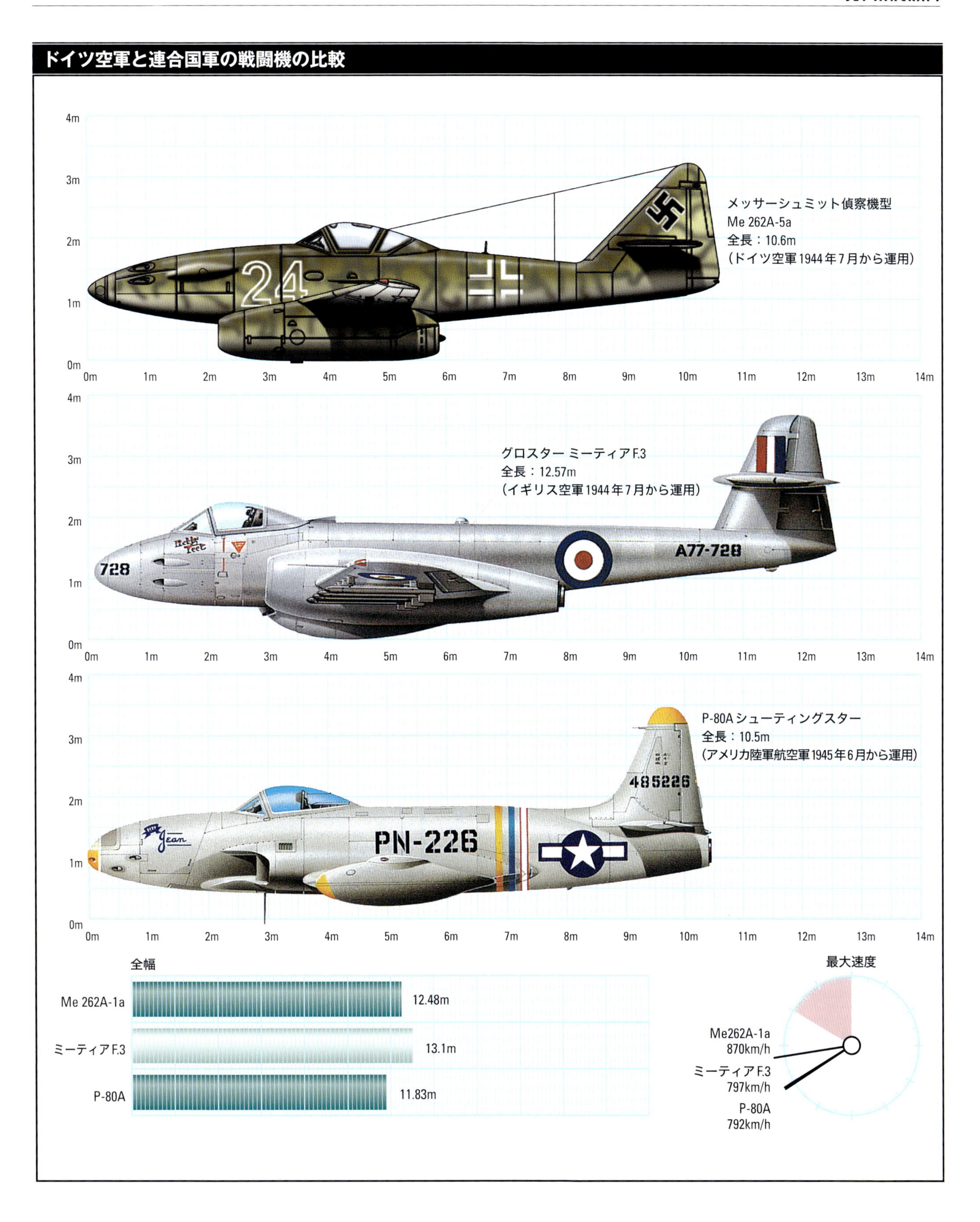

よく知られている航空機はメッサーシュミットMe 262で、ハインケルHe 280を押しのけて採用された。Me 262は現代の標準に照らせば、幾分旧来型の全金属製の戦闘機である。緩やかに湾曲した後退翼が胴体下面に取り付けられ、動力は双発のユンカース・ユモ004B-1ターボジェットエンジンであった。1944年10月3日、ジェット推進航空機として初めて作戦任務についているが、これは航空の歴史において画期的な出来事である。我々はMe 262の開発の経緯を他の航空機よりも詳細に考察するべきである。なぜならそれは大変意義深く、その考察を通して第三帝国における航空機開発の方法論に関する洞察を得られるからである。同機開発のプロセスは決して順調なものではなかったのである。

Me 262の開発は、ドイツ航空省があいまいに定義したプロジェクトを端緒として、1938年にハンス・マウヒとヘルムート・シュレプがエンジン設計に、ハンス・アンツが機体設計に従事したことに始まる。アメリカの大学から戻ったばかりのシュレプは、すでにユンカース・モトローレンヴェルケ（ユモ。強制的に国有化されたユンカース航空機製造会社のエンジン部門）が軸流ターボジェットエンジンの設計に取りかかっていること、当初はユンカースと下請け契約を結んでいたBMWが独自により洗練された設計開発を開始したことも理解していた。一方アンツは、これらのエンジンを搭載する機体の製造案の検討にメッサーシュミット社の開発主任ロベルト・ルッサーを引き込んだ。プロジェクトは同年末までに歩みを早め、メッサーシュミット社は、850km/hで1時間の航続能力を有する戦闘機の開発に着手するよう命じられた。開発の責任はのちにヴォルデマール・フォークトの手に委ねられた。

フォークトは単発および双発の場合のエンジン配置を検討したうえで、単発エンジンを中央に設置すると長所よりも短所のほうが多いという結論を下したが、He 178の性能を見て考えを変えた。次にフォークトは、両翼の付け根にエンジンを置く設計を提案した。この提案はメッサーシュミット社のアウスブルク設計事務所で1065プロジェクトとして結晶することになる。早くも1939年6月7日には詳細な図面が起こされ、まもなく木製モックアップ（実物大模型）が製作された。

1940年3月3日、メッサーシュミット社は、試験飛行のためMe 262として指定された3つの機体を製造する契約を認められた。動力はBMW P.3302エンジン2基で、エンジンは1939年末までに納品することとされたが、実際にはそうならなかった。そしてこれは、この後ずっと続くエンジン絡みの失敗の始まりにすぎなかった。事実、BMWエンジンのプロトタイプ、すなわち109-003と

右ページ　このMe 262A「白10」（特徴的なシンボルマークは不明瞭だが）は、ドイツ空軍の訓練映画を製作する際、第3航空団第2飛行隊のクルト・ベル少尉により操縦された。本機の初めての出現であったことに注意。

下　Me 262s（生産数1,430機）は計7種の派生型が製造された。下の爆撃型Me 262A-2a「スタームフォーゲル」は、1944年後半、プラハ・ルズニィエ空港所属の第51爆撃航空団で運用されていた。

メッサーシュミットMe 262 A-2a/U1

性能諸元

タイプ	単座爆撃機	最大離陸重量	4,310kg	航続距離	845km 武装
全長	10.61m	最高時速	870km/h	武装	2×30mm MK108砲、1,000kg爆弾搭載
全幅	12.50m		（高度7,000m）		2×250kg爆弾（常用）

して知られているものは1940年8月まで稼働せず、静推力も要求の600kgに到達せず、わずかに150kgであった。1年後も依然として出力不足で450kgの静推力しか生み出せず、Me 262を空へと舞い上がらせるのに決して十分なものではなかった。

003エンジンが実用に十分な推力を生み出すのは1943年半ばのことで、生産ユニットが利用できるまでにさらに1年を要し、やがてハインケルHe 262のために留保が決定された。加えてBMWエンジンは、翼付マウントに適合させるにはあまりに大きすぎることがわかり、設計チームは急遽Me 262を改修して翼下のエンジン収納筒に設置できるようにした。これにより主翼の主桁の設計が単純化されている。なお、抵抗増加の犠牲を払ってまで収納筒を採用したのは、BMWエンジンの直径が原因ではなく、設計の単純化であったことを示す資料もある。

メッサー・シュミットMe 262の派生型

タイプ	説 明
Me 262A-1a シュヴァルベ	主要生産バージョン。戦闘機および戦闘機／爆撃機の両方として製造
Me 262A-1a/Ra1	R4M空対空ロケット搭載のために改修
Me 262A-1a/U1	単独の試作機
Me 262A-1a/U2	FuG 220リヒテインシュタインSN-2レーダー装備した単独の夜間戦闘試作機
Me 262A-1a/U3	少数生産された未武装偵察バージョン。機種にライヘンビルトRB/50/30カメラ装着
Me 262A-1a/U4	試験爆撃戦闘機バージョン。機種に50mm MK214（またはボルドカノンBK5）対戦車銃を装着
Me 262A-1a/U5	爆撃戦闘機。30mm MK108砲を装着
Me 262A-2a シュトルムフォーゲル	最終的な爆撃機バージョン。30mm MK108砲2基および外部懸架装置に500kg爆弾1発または250kg爆弾2発
Me 262A-2a/u2	2機の試験機で、爆弾爆撃手のために機首にガラスを装着
Me 262A-5a	最終的な偵察機バージョンで、戦争終結までに少数が運用
Me 262B-1a	複座上級練習機
Me 262B-1a/U1	Me 262B-1a　練習機を臨時の夜間爆撃として転換したもので、FuG 218ネプチューンレーダーを装着

最初のオールジェット機Me 262の飛行

ユモ109-004はもともと設計がこなれておらず、早期の生産が優先されたため、その潜在的な可能性はなかなか発揮されなかった。試作機のエンジンテストは1940年11月に実施されたが、すべての問題点が解決したのは1942年1月になってからである。初飛行は3月15日で、メッサーシュミットBf 110に吊り下げられた状態で行われた。最初の試作エンジン004Aの静推力は840kgで、同年初夏に完成品が出来上がり、Me 262A V3に搭載された。1941年7月18日のことであり、フリッツ・ヴェンデルの手になる史上初のオールジェット機Me 262が誕生した。同機は、早くも

メッサーシュミット Me 261A-1a（透視図）

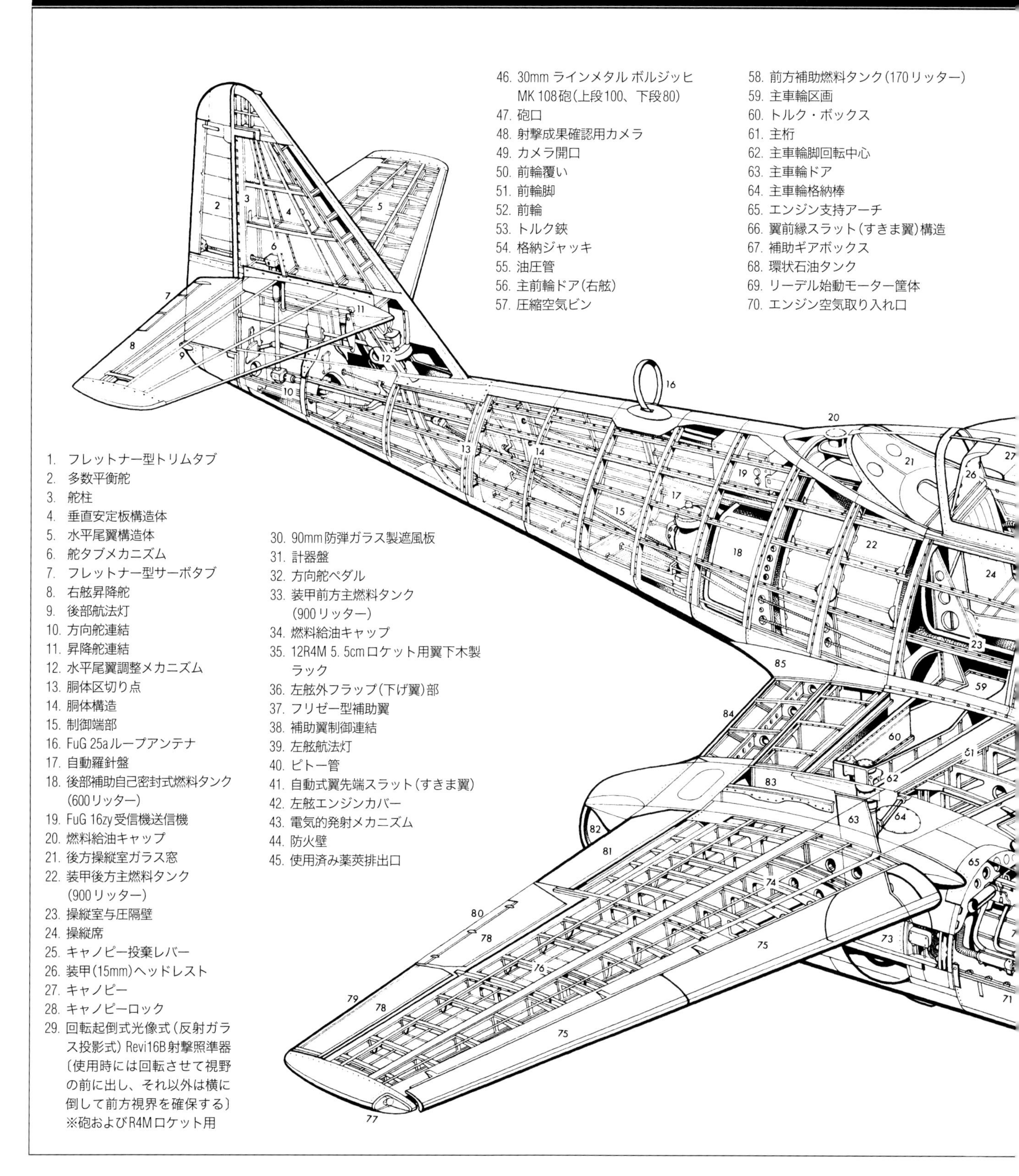

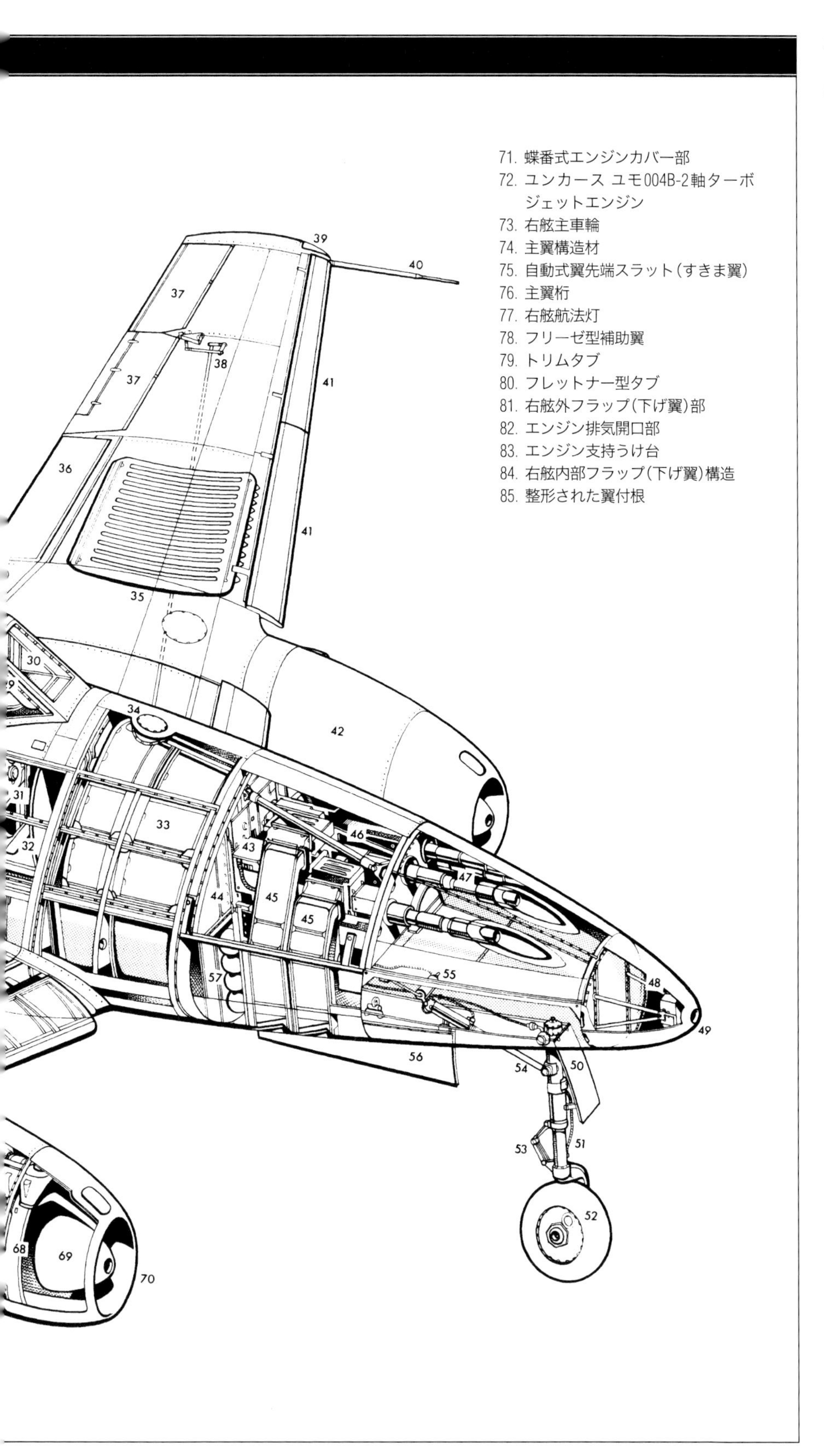

左 その革新的な翼形状にもかかわらず、Me 262は、完全に従来の生産ラインに沿って製造された。唯一の制約要因は、機体の構成要素をジェットエンジンの排気流の中に入らないようにすることであった。

1941年4月18日には単発1,200馬力のユモ210Gピストンエンジンを機首に搭載して飛行している。この時までに、やがて最大のライバルとなるハインケルHe 280(qv)は静推力500kgを有するターボジェットエンジンHeS 8(2基)を搭載して飛行に成功していた。Me 262は15機の製造命令が下され、10月初頭までに60機へと拡大された。その頃には第2試作機が飛行に成功し、-As型と同様の性能特徴をもつ最初のユモ004Bエンジンの生産が開始された。

天使のあと押し

1943年4月22日、ドイツ戦闘機隊総監アドルフ・ガーラント自らがMe 262に試乗した(帰投の際、彼はまるで天使が自分を押しているように感じたと語った)。この試乗を受けてドイツ航空省はメッサーシュミット社の生産ラインの大部分をBf 109からMe 262に切り替えさせ、6月5日、正式に大量生産命令を下した。6月26日には前輪着陸装置付き生産用試作機V5が離陸している。

ところが1943年8月17日、大打撃を被る。Me 262の生産がまさに佳境に入ろうとしていたその時、アメリカ空軍がローゼンブルクにあったメッサーシュミット社の工場を爆撃し、非常に重要な工作機械設備を破壊してしまったのである。このため、同社の開発計画はアウグスブルクからオーバーアマガウへと移転され、さらなる遅延が生じた。11月の時点では見通しは悪くなく、与圧式コックピットを備えた武装試作機が飛行に成功し(MG108 30mm砲には依然として不備はあったが)、ユンカース社もようやく004Bエンジンの連続生産に入っていた。しかしこの時、まったく別の方面から問題が生じた。かの総統が直接介入してきたのである。

イギリス空軍とアメリカ陸軍航空軍による爆撃作戦に対して劣勢にあることを自覚したドイツ空軍上層部は、第三帝国における爆撃機の生産を中止するとともに、戦闘機型の生産に全力を集中するよう主張し始めた。ゲーリンクはこれに同意したが、ヒトラーは躊躇して提案を受けつけなかった。

下　複座のMe 262B-1は通常は夜間戦闘に使用されたが、夜間戦闘機を付随的に減速させる機首にある特有のトーストティングフォークアンテナがなかった。

それどころかヒトラーは、Me 262が500kg爆弾を搭載してイギリス本土を急襲し、苛立たせるというヒトラーお気に入りの作戦を継続するものと決めつけ、同機を爆撃機用に改修するよう命じた。Me 262は爆撃機には不向きで、それに見合った爆弾照準装置もなければ、まだ1機も生産されていなかったのにもかかわらずである。1944年5月になってヒトラーは妥協し、シュワルベ（「ツバメ」）戦闘機バージョンの生産を継続することに同意したが、それは並行生産のシュトルムフォーゲル爆撃機20機に対して戦闘機1機という割合であった。その後11月4日には無制限の生産許可を与えている。この時までに量産試作機13機と開発試作機12機が完成し、翌月には60機以上を完成させる予定が組まれた。

とはいえ、依然として多くの「微調整」が必要であった。爆撃機・戦闘機ともにいくつかのバージョンが様々な方法でテストされたが、より重要なことは、パイロットの訓練が始まったことである。Me 262の実戦配備にはさらに5ヵ月を要したが、開発の重点は1944年半ばまでに実質的にメッサーシュミット社からドイツ空軍に移行した。メッサーシュミット社は依然として深く関与していたが、ドイツ空軍により複座練習機および夜間戦闘バージョン、これとは別に未完の高速バージョンが開発された。

結局のところ、Me 262は端的に言っ

て生産機数があまりに少なく、その開発もあまりに遅かった。ドイツのジェット機による戦果のうち確認できる最初のものは、ヨアヒム・ヴェーバー中尉による戦果である。相手はイギリス空軍第540飛行隊モスキートPR XVIで、1944年8月8日のことであった。この4日前にはイギリスのミーティアMk1が実戦配備されている(もっともミーティアの初「勝利」は、操縦士のいないV1飛行爆弾に対してのものであったが)。

この事実はドイツのジェット戦闘機開発の失敗を雄弁に物語っている。なぜならイギリスが試作ジェット機E.28/39の初飛行に成功したのは、ハインケルHe 178の初飛行から21ヵ月も後のことであったからである。

Me 262による戦果

Me 262の製造は7タイプ、1430機の予定であった。しかし、7ヵ月超の間に実

ドイツ空軍のジェット航空機のエース

氏名	階級	ジェット戦闘機による撃墜機数	部隊	合計	備考
クルト・ヴェルター	中尉	20+*	コマンド・ヴェルター,第11夜間戦闘団第10飛行隊飛行中隊	63	常時指導的なジェット・エース
ハインリヒ・バー	中尉	16	第44戦闘団	220	
フランツ・シャル **	大尉	14	コマンド・ノヴォトニー,第7戦闘航空団	137	1945年4月10日飛行機事故で死亡
ヘルマン・ブフナー	曹長	12	コマンド・ノヴォトニー,第7戦闘航空団	58	
ゲオルグ＝ペーター・エダー	少佐	12	コマンド・ノヴォトニー,第7戦闘航空団	78	1945年2月16日負傷
エーリッヒ・ルドルファー	少佐	12	第7戦闘航空団	222	
カール・シェネラー	少尉	11	第262実験部隊,コマンド・ノヴォトニー,第7戦闘航空団	46	1945年3月30日負傷
エーリッヒ・ビュットナー **	曹長	8	第262実験部隊,コマンド・ノヴォトニー,第7戦闘航空団	8	1945年3月20日戦闘時に死亡
ヘルムート・レナルツ	軍曹	8	第262実験部隊,コマンド・ノヴォトニー,第7戦闘航空団	13	1944年8月15日、ジェット戦闘機によるB-17「フライングフォートレス」に対する最初の空中戦勝利
ルドルフ・ラーデンマッヘル	少尉	8	第7戦闘航空団	126	
ヴァルター・シュック	中尉	8	第7戦闘航空団	206	
ギュンター・ヴェグマン	中尉	8	第262実験部隊,第7戦闘航空団	14	1945年3月18日負傷
ハンス＝ディーター・ヴァイス	少尉	8	第7戦闘航空団	8	1945年3月18日、ハンス・ワルドマンと空中衝突し、ワルドマン死亡
テオドール・ワイゼンベルガー	少佐	8	第7戦闘航空団	208	
アルフレート・アンブス	少尉	7	第7戦闘航空団	7	
ハインツ・アーノルド **	曹長	7	第7戦闘航空団	49	1945年4月17日、戦闘中に死亡。アーノルドの撃墜機数を表示したMe 262A-1a W.Nr.500491「黄色7」は、米国、ワシントンDCにあるスミソニアン博物館に展示
カール＝ハインツ・ベッカー	軍曹	7	第11夜間戦闘団第10飛行隊飛行中隊	7	
アドルフ・ガーラント	中将	7	第44戦闘団	104	1945年4月26日負傷
フランツ・ケスター	伍長	7	第2戦闘航空団実験部隊,第7戦闘航空団,第44戦闘団	7	
フリッツ・ミューラー	少尉	6	第7戦闘航空団	22	
ヨハネス・シュタインホフ	大佐	6	第7戦闘航空団,第44戦闘団	176	1945年4月18日負傷
ヘルムート・バウダッハ **	曹長	5	コマンド・ノヴォトニー,第7戦闘航空団	20	1945年2月22日戦闘中に死亡
ハインリヒ・エールラー **	少佐	5	第7戦闘航空団	206	1945年4月4日戦闘中に死亡
ハンス・グリューンベルク	中尉	5	第7戦闘航空団,第44戦闘団	82	
ヨーゼフ・ハイム	1等兵	5	第7戦闘航空団	5	1945年4月10日戦闘中に死亡
クラウス・ノイマン	少尉	5	第7戦闘航空団,第44戦闘団	37	
アルフレート・シュライバー **	少尉	5	コマンド・ノヴォトニー,第7戦闘航空団	5	航空史上最初のジェット・エース。1944年11月26日に航空機事故で死亡
ヴォルフガング・シュペート	少佐	5	(第400戦闘航空団),第44戦闘団	99	

*　クルト・ヴェルターはMe 262で20回以上の勝利を挙げたとされるが、正確な数字については諸説ある。
**　戦闘または飛行中の事故により死亡。

戦配備されたのは、この3分の1以下である。損失は100機以上で、そのほとんどは着陸時の事故によるものであった。

1945年の春まで、Me 262はきわめて困難な状況下で運用されていたが、それでもアメリカ空軍の爆撃機を多数撃墜していた。とりわけ威力を発揮したのは5.5cm R4M「オルカン」(「嵐」の意）無誘導ロケットである。同ロケットは高速飛翔時に蛇行する癖があり、これはどうやっても修正できず、照準を合わせるのが困難であったが、絶大な効果をもたらした。Me 262の総撃墜数ははっきりとしないが、間違いなく735機以上はある。最多撃墜パイロットはクルト・ヴェルターで、20機以上を撃墜している。ヴェルターのほか、5機以上を撃墜してジェット・エースになった空軍パイロットは27人おり、アドルフ・ガーラント中将もその1人である。彼は1945年の戦闘機パイロットによる「反乱」に関与したのち、第7戦闘団（第44戦闘団）という特別部隊を編成、指揮している。

結局のところ、メッサーシュミットMe 262は、時間と労力をかけて開発する価値があったのか。その答えは「イエス」といえよう。しかし、大半の専門家が同意しているように、二つの大きな妨害、すなわちエンジン供給の遅延と総統からの干渉にどうにかして迅速に対処していれば、状況は大きく違っていたであろう。たとえば、もしドイツ空軍戦闘飛行隊が、1944年の半ばから大量のMe 262を運用できたならば、おそらく結果はかなり違ったものとなっていたであろう。ドイツが戦争に勝つことはなかったであろうが、連合国（特にアメリカ）による戦略爆撃作戦に反攻して戦争を何ヵ月か長引かせたかもしれない。そうなれば、ドイツの製造業生産レベルは維持されたはずである。こういうふうに進めば良かったのか、悪かったのかという疑問は、本書の範疇外である。

Ar 234ブリッツ

第二次世界大戦で実戦に投入されたドイツのジェット推進航空機はMe 262以外にもあるが、それは大手航空機メーカーのものではなく、比較的小さなメーカーによるものであった。アラドAr 234「ブリッツ（稲妻）」爆撃機である（「ヘヒト（カワカマス）」の名でも知られている）。同機の開発以前、アラド社は軽爆撃機の生産に関与しただけであった。その多くはAr 196のような艦載水上機で、言うまでもなく平凡な性能であった。

1940年、ドイツ航空省はジェットエンジン2基を動力とする高速偵察航空機の性能要求書を提示した。これに対しアラド社はE.370を設計した。吊り下げ式のナセルにエンジンを配置した肩翼単葉機で、Ar 234として制式採用された。2機の試作機が1941年から1942年の冬にかけて生産され、1943年2月にユンカース ユモ004Bエンジンが納品、同年6月15日に初飛行が実施された。

同機は当時としてはまったく従来型の航空機であったが、1つだけ異なる点があった。すなわち、機体が非常にスリムで、車輪式の着陸装置の代わりに離陸用のトロリーと着陸用のそりを有してい

下 Me 262B-1夜間戦闘機10/NJGはベルリンの防衛に割り当てられた。当該部隊のパイロットの1人、カール=ハインツ・ベッカーは7機の連合国機を仕留めた。機首のレーダーの配列に注目。

メッサーシュミットMe 262B-1a/U1

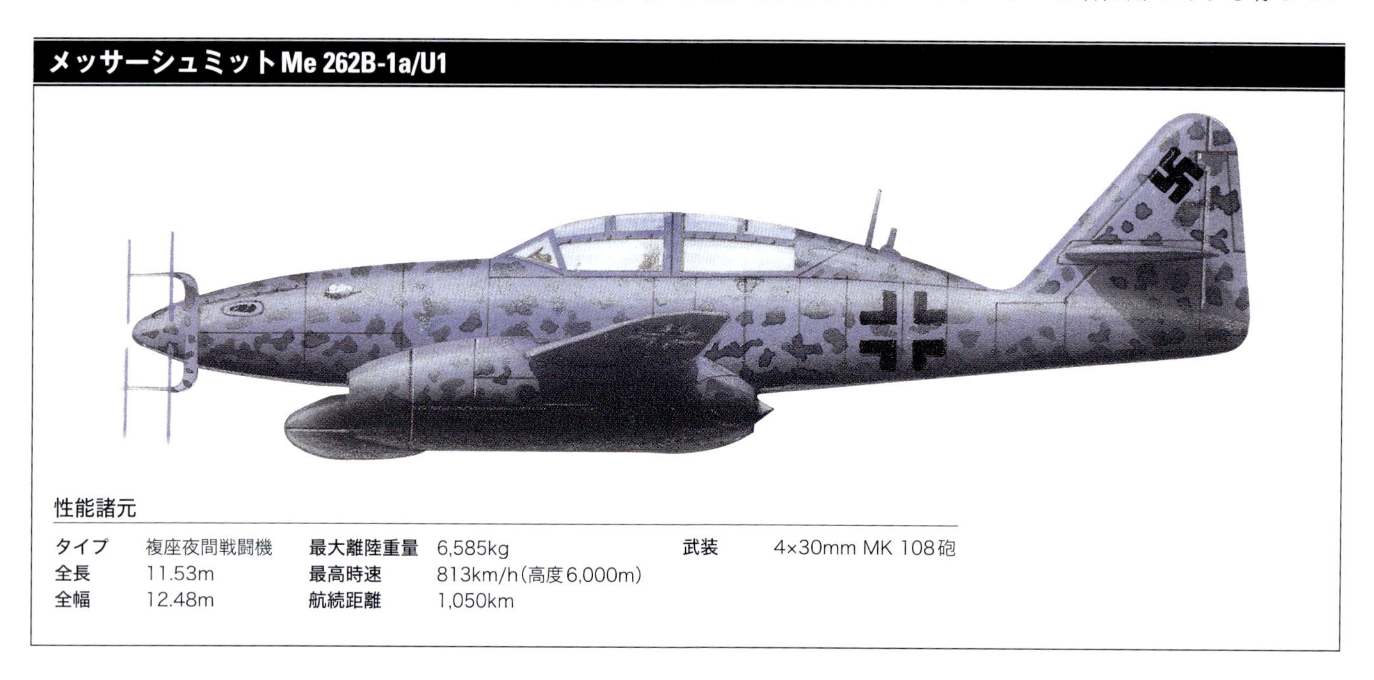

性能諸元

タイプ	複座夜間戦闘機	最大離陸重量	6,585kg	武装	4×30mm MK 108砲
全長	11.53m	最高時速	813km/h(高度6,000m)		
全幅	12.48m	航続距離	1,050km		

た。これは地上での操縦がほとんど不可能であるため、とうてい採用されるものではなかった。このため試作計画の途中で仕様が変更され、翼下の胴体部分がわずかながら拡張され、主車輪と格納式の前輪が取り付けられた。アラド社の技術者たちはロケット推進式の迎撃機E.381も開発した。Ar234の胴体下部に取り付けて運搬するというものであったが、このアイデアは実現しなかった。

初期のAr 234の大半は偵察航空機として完成し、高度9,000mから12,000m

下　Ar 243Bはパワー不足であることが判明した。確実な解決策は、Ar 234C製造にあたってはエンジンを倍増することであった。

下段　アラドAr 234Bhは計210機が製造された。1機のみ残存し、ワシントンDCにあるスミソニアン国立航空宇宙博物館に展示されている。

アラドAr 234B-2

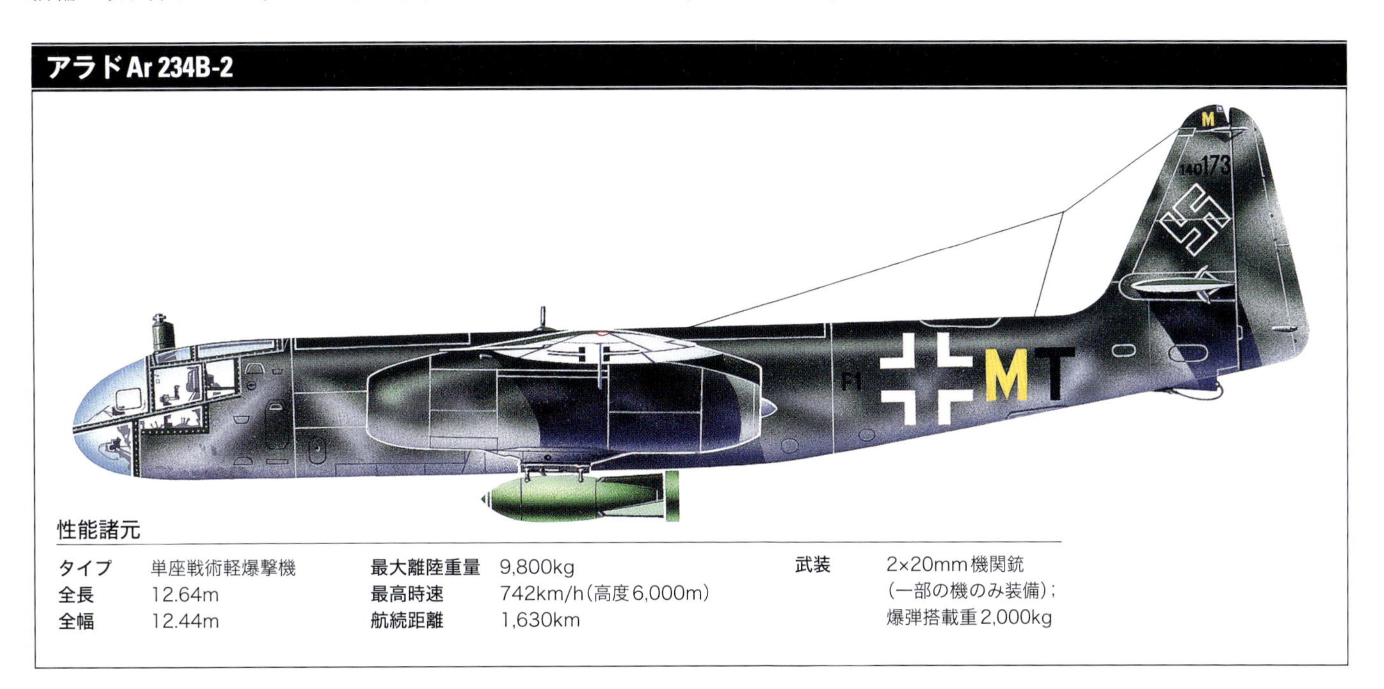

性能諸元

タイプ	単座戦術軽爆撃機	**最大離陸重量**	9,800kg	**武装**	2×20mm機関銃（一部の機のみ装備）；爆弾搭載重2,000kg
全長	12.64m	**最高時速**	742km/h（高度6,000m）		
全幅	12.44m	**航続距離**	1,630km		

を700km/hで飛行したため、ほとんど攻撃を受ける恐れがなく、数々の任務で成功を収めた。このほか2,000kg爆弾を携行可能な単座・複座爆撃機も製造された。初期ロットは1945年2月に第76爆撃航空団に実戦配備された。このうち1機は、2月24日、セーゲルスドルフでアメリカのP-47サンダーボルトによって撃墜され、連合国の手に落ちた。第76爆撃航空団が受けた最も重要な任務は、3月7日〜17日の間、ライン河のレマゲンに架かるルーデンドルフ橋を破壊することであった。この時、Ar 234は第51爆撃航空団所属のMe 262爆撃機の支援を受けながら反復攻撃を敢行するとともに、自己犠牲的な攻撃を頻繁に行った。Ar 234の夜間戦闘型も少数製造され、1945年3月以降は作戦行動に投入されてかなりの戦果を上げている。

後期に生産されたAr 234派生型には様々なエンジンが採用され、双胴のナセルに4発のエンジンを搭載する試作機も製作された。この型の中高度レベルでの最高時速は850kmであった。これは連合国側のすべての戦闘機の水平飛行能力を超えていたが、依然として絶対的な安全が確保されたうえでの速さではなかった。この性能限界の要因は、エンジンではなく、翼のデザインである。直線翼は最大速度に制約があり、音速を超えると圧縮された空気が局所的な気流をもたらし、その結果、極度に不安定になる可能性があった。アラド社の技術者は苦労してこのことを発見したが、設計者のリューディンガー・コージンはすぐに代替のプラットフォームを提案した。三日月翼である。これは主翼前縁の後退角を胴体取り付け部で最大にし、翼端に行くにし

右　アラドAr 234のB型。長細い胴体と翼を有し、Me 262に対する唯一の代替であったが、作戦運用では成功というには程遠かった。

ジェット爆撃機の有効爆弾搭載量

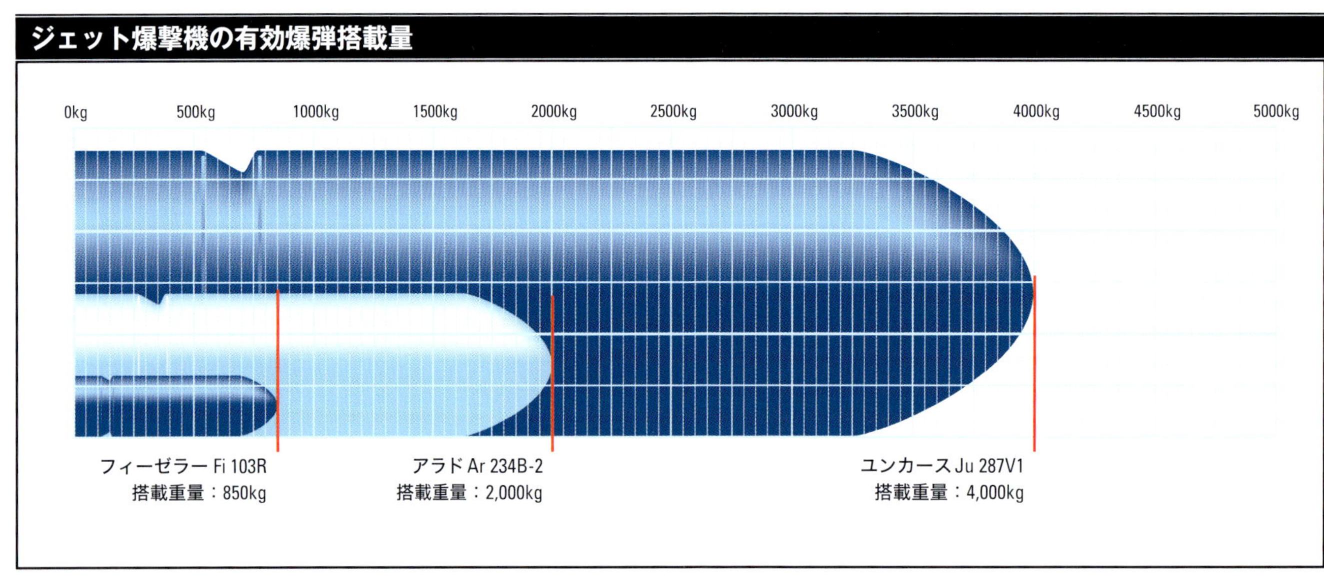

左ページ　ユンカースJu 88Gに囲まれたAr 234B。アメリカ軍によりバイエルンのマンチンで1945年4月に捕獲された。コックピットの状態が、それを覆う風防ガラスの防御がなされていないという主張を裏づけている。

たがってその後退角を緩めた、三日月状の前縁を有していた。(のちに、イギリスのハンドレページ・ヴィクター爆撃機で使用された形態)。その有効性は風洞実験でも示されたが、試作機が製造される前に戦争が終結した。とはいえ、技術者たちはそんなことはおかまいなしに、Ar 234開発期間中でさえ、より先進的なコンセプトを検討していた。

ユンカースJu 287

ここで、翼形状に関する複雑な航空力学について詳細に述べる余裕はない。ただ、早くも1930年代中頃には、ドイツ航空研究所の研究により、前縁部分の空気圧縮によって直線翼の抗力が増し、速度が抑制されることが認められていた。お察しのとおり、これこそがAr 234のスピードを制限していた主要な要因であった。当面の解決策は、主翼前縁により大きな後退角を付け、主翼後縁にはそれよりも緩やかな後退角を持たせることにより、主翼の前後幅（弦）が翼端に向かうにつれ小さくなるという可変弦翼を持たせることであった。これは、ジェット機であるMe 262の主翼（エンジンより胴体寄りの主翼後縁は前進角を付けていた）や、プロペラ機であるがダグラスC-47/DC-3輸送機の主翼に用いられた形式である。しかしこれらの機体が開発された時には、後退翼が持つ高速特性について、風洞試験等からも知られていなかった。

1943年6月、アラド社のAr 234が初飛行する頃、ハンス・ヴォッケ博士率いるユンカース社の開発チームは、二重の後退翼型を有する先進的な爆撃機を製造した。これはきわめて革新的な設計で、翼は前進翼が採用された。これは先に述べたあらゆる点で優れているばかりか、特定の状況下を除けば非常に安定性が高かった。ヴォッケのプロジェクトは、第三帝国内でのピストンエンジン航空機の製造中止（ユンカースJu 88を除く）の指導的提唱者ジークフリート・クネマイヤーによって擁護されていた。

上層部の交代

1943年11月、クネマイヤーはエルンスト・ウーデットからドイツ航空省技術局長の職を引き継いだ。このことは大きな波紋をもたらした。翌年3月、ヴォッケの新しい航空機Ju 287に特化した試作機の開発が下命され、ハインケル社のHe 117の胴体を使用して試験飛行体の建造が始まった。この試作機の動力は推力900kgを有する004Bエンジン4基で、このうち2基は両翼下に吊り下げられ、

下　初期のAr 234は、機体下部のスキッド（そり）を用いて着陸したため、甲高い音を立てて滑走路に降りた。こうした着陸方法は、作戦上、問題外であった。ゆえに、胴体が延長され、主車輪と前輪が取り付けられた。

左　ユンカースJu 287は前進翼で機首にエンジンを搭載する、第二次世界大戦期の急進的な航空機の1つであった。写真は唯一製造されたV1試作機。のちにソ連軍によって捕獲された。

別の2基はコックピット後方下側の胴体側面に取り付けられた。離陸補助用としてヴァルター501ロケット（RATO）2基も搭載される予定であった。

この試作機は8月16日に初飛行し、予測どおりの飛行性能が確認された。ただ、翼の屈曲は予測よりも問題であり、試作機が片揺れすると、トレイリング翼が上昇し、回転モーメントを作り出した。それでも飛行結果は概して良好であり、試作2号機の建造に進んだ。試作2号機は6基のBMW 003ターボジェットエンジンを搭載し、このうち4基が主翼に、2基が胴体に据えられた。

しかしながら7月に新たな総統命令により帝国国防計画が進められると、戦闘機および迎撃に関係しないすべての開発作業が中止された。このため、Ju 287 V2の開発は進展しなかったが、Ju 287 V1は臨時飛行試験が継続された。1945年3月、同プロジェクトは突然再開され、Ju 287の製造が命じられた。Ju 287 V2の建造が再開し、Ju 287 V3開発計画も策定された。後者は与圧式の3座コックピットを備え、4,000kgの爆弾を搭載、遠隔操作式の機銃を武装し、動力は1,300kgの推力をもつハインケル011エンジン4基とされた。動力としてはこのほか、ユモ012エンジン（推力2,780kg）2基、またはBMWエンジン（推力3,400kg）2基を搭載する案もあった（いずれも完成しなかったが）。

1945年5月、Ju 287 V1および依然未完成であったJu 287 V2はソ連軍の手に落ちた。前者は発見後、ソ連に空輸され、後者は後退翼機として完成、約1,000km/hを達成したといわれている。なおハンス・ヴォッケは、のちに前身翼の民間航空機HFB「ハンザ」を製造した。

He 162シュパッツ／ザラマンダー

1944年になると、戦況はドイツにとって次第に暗澹（あんたん）たるものとなった。最終手段として、ほとんど訓練を受けていない兵士に使用させるための、使い捨て同然の兵器を開発するよう声高に主張する一派もいた。たとえばドイツ航空省の要求に応えてハインケル社が製造したフォルクスイェーガー（「国民戦闘機」。He 162）は重量2,000kgに満たない安価かつ操縦がきわめて容易な使い捨てを目的とした航空機で、動力はBMW003ジェットエンジン1基で航続時間は30分間、武装は30mm砲2門であった。同機の操縦は訓練されたパイロットではなく、「ヒトラーユーゲント」出身の志願者が担った。

1944年9月8日、アラド社、ブローム・ウント・フォス社、ユンカース社、ハインケル社およびメッサーシュミット社に対し、1週間の期限で設計検討を提出するよう「要請」がなされた。これにより試作機は、年末になる前に飛行することになった。

メッサーシュミット社のみ、この要請を断った。ブローム・ウント・フォス社のデザイン（P.211）が最良と見なされたが、何らかの理由により、胴体上部に固定された収納体にエンジンを配置するハインケル社の案（P.1073）が選ばれた。これはエンジン排気を2つの方向舵の間から行うことで、吸気および排気配管のすべての問題を回避していた。9月23日までにモックアップが製作され、翌日（公式な命令が下される6日前）には試作実機の作業が開始された。10月29日には、最終図面一式が作成されている。驚くべきことに、試作機の初飛行は12月6日で、最終期限の3週間前であった。

ジェット爆撃機と偵察機の比較

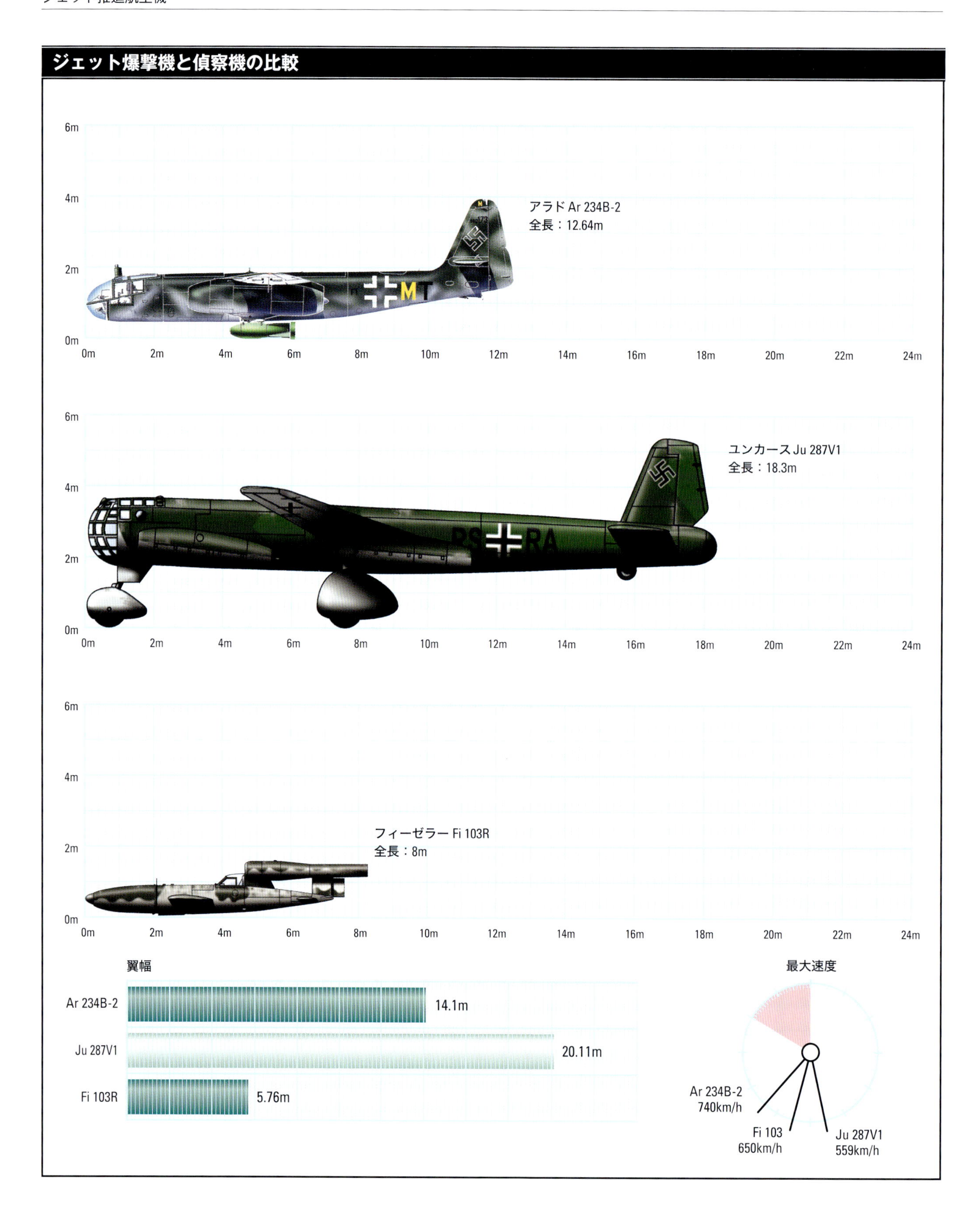

しかし12月10日の2回目の飛行では、低高度を高速で水平飛行した際に右側翼が分解し、パイロットのフルーグカピテン・ペーターズが死亡している。

同年の終わりまで、試作2号機には安定性に関する様々な不具合が生じたが、翌年1月中旬までにはすべて修正された（ただし、経験豊かなパイロットであれば飛ばすことができたかもしれないが、初心者にとっては依然として厄介な代物であり、Me 262もまた然りであった）。同月末には、兵器試験の結果、30mm MK108砲を20mm MK151砲に換装すべきことが示された。

これに伴い、He 162（社内呼称は「シュパッツ（スズメ）」。のちに準公式名称「ザラマンダー（火トカゲ）」として知られることになる）の生産が、ユンカース社とハインケル社の既存の工場で開始された（両社ではジュラルミン製セミ・モノコック構造の胴体が製造された）。小さな家具工場でも翼や尾部の部品が製造され、これらの部品の最終組み立て作業は、ロストック＝マリーエンエーエのハインケル社工場、ベルンベルクのユンカース社工場、ノルドハウゼン近傍のミテルベルケ有限会社の広大な地下工場で行われた。終戦までに275機が完成し、およそ800機分以上が組み立て作業待ちの状況であったものの、くり返しになるが、これはあまりに遅かった。

He 162はほとんど実戦運用されていない。第1戦闘航空団所属のルドルフ・シュミット少尉操縦の同機が、1945年5月4日に低空飛行していたイギリス空軍タイフーン1機を撃墜したとされたが、この主張は認められず、撃墜の栄誉は付近にいた対空射撃部隊へと与えられた。He 162は依然として非常に扱いづらかった。しかしながら戦後の連合国による評価では、あと少し研究開発が続けられていたなら、きわめて有望な戦闘機になっていたはずで、仮に12ヵ月早く完成していれば、ほぼ間違いなく戦況に大きな影響を与えたとされている。

ハインケルHe 162

性能諸元　He 162A-2

タイプ	単座ジェット戦闘機	任務上昇限界	12,040m	高さ	2.55m
動力装置	1×BMW003A-1 推力800kgターボジェット	航続距離	660km	全幅	7.2m
		重量	2,050kg（空虚）2,695kg（最大離陸重量）	武装	2×20mm MG151/20砲
時速	840.km/h（高度6,000m）	全長	9.05m	完成機数（試作機を含む）	116機

左 He 162の構成部品はドイツ各地で生産され、組み立てのために3つの拠点に送付された。計275機が完成し、戦争終結時で約800機分の構成部品が、すぐに利用できる状況にあった。

緊急戦闘機計画

1944年中頃の差し迫った状況下にあって、フォルクスイェーガーのような急場しのぎの方法ばかりが考慮されていたわけではない。ドイツ空軍最高司令部は、自分たちが事実上バスに乗り遅れたこと、また間もなく運用が始まるジェットおよびロケット動力の戦闘機も、上昇限度11,000m以上を誇るB-29のような連合国軍の新世代の航空機に対してすぐに陳腐化してしまうことをはっきりと意識していた。同年の年末間際、クネマイヤーは、主要な製造会社すべてに対して新世代航空機の性能諸元を提示した。そのなかには、HeS 011エンジンを動力とする、という条項があった。その性能パラメーターは大まかに示すと、高度7,000mで水平飛行時に1,000km/h、最高到達高度14,000m、武装はMK108 30mm砲4門であった。1945年2月までに、メッサーシュミット社から3案、フォッケヴルフ社から2案、ブローム・ウント・フォス社、ハインケル社およびユンカース社から各1案が提出、受領された。同月末、選考委員会はフォッケヴルフのプロジェクトIをTa 183として採用し、開発を進めさせることにした。

フォッケヴルフTa 183

クルト・タンク率いる設計部門で進行していた2つのプロジェクトは、当時、ドイツで最も重要な航空力学者として知られていたハンス・マルトップが担っていた。2つのプロジェクトは本質的に同様の特徴をもっていた。すなわち、単発のエンジンとそれに付属する吸気ダクト、排気ダクトを覆う程度の短い胴体の上部に肩上形式の主翼（プロジェクトIでは翼の幅が変わらない不変翼弦、プロジェクトIIでは翼の幅が翼端に行くにしたがって狭くなる可変翼弦）を有し、その主翼の上に加圧式のコックピットを載せた形状である。尾翼の形状は設計を左右するものであった。プロジェクトIはきわめて革新的で、水平制御面を上端にもつT型尾翼が採用された。プロジェクトIIは従来型で、水平尾翼は低い位置に取り付けられた。また、利用可能な資源による製造を容易にするために、並々ならぬ関心が払われた。その結果、1機当たりの作業量見積は計2,500人時となった（Me 262はおそらく10,000以下にはならなかった）。

Ta 183は、4月後半までにフォッケヴルフ社の工場がソ連軍に占領されたこともあり、1機も製造されなかった。しかしソ連軍が計画一式を丸々入手、それをベースにしてミコヤンとグレビッチがMiG-15（ロールスロイス製ターボジェットエンジン「ニーン」のコピーを搭載）を開発したといわれている。スウェーデンのサーブ社は、のちに非常に類似した外見をもつSAAB-29を製造している。同機のエンジンはデ・ハビランド社「ゴースト」のコピーであった。

メッサーシュミットP.1101

緊急戦闘機計画の競争試作に参加した他社の航空機は、戦後に開発された戦闘機の原型になったといっても過言ではない。実際、メッサーシュミット社は、Me 262に代わる航空機のニーズを予期して、1944年7月にヴォルデマール・フォークト設計のP.1101の開発を始めた。これは独特の様式をもつ驚くべき航空機であった。なぜなら同機は、主翼後退角の最良の角度を決定することを主眼

上 「国民戦闘機」ハインケル162は、ヒトラー青少年団のわずかに訓練された兵卒によって操縦される予定であったが、そのような素人が飛行させるのは非常に難しいことがわかった。

に設計されたからである。同機の可変翼の後退角は35～45度まで任意に設定可能であった（地上においてであり、戦闘中ではない）。

量産試作機は単発エンジンを胴体内奥に搭載し、尾翼を支える拡張ブームの下から排気する従来型のものであった。試作機は約80％が完成したところでオーバーアマガウに進攻したアメリカ軍に発見され、このほかにメッサーシュミット社が開発した興味深い兵器とともに公開された。ベル航空の設計部長ロバート・ウッズによって発見された時、試作機は急速に劣化しつつあったため、ウッズは同機をアメリカ本国に送付するべく画策した。これは最終的にフォークト自身の支援を得て、非飛行のモックアップとして復元・完成され、世界初の可変後退翼航空機、ベルX-5の基礎となった。X-5は飛行中に後退角の変更が可能で20度、40度、60度に設定できた。X-5機は1951年6月20日に初飛行、7月15日に飛行中の翼可変に成功している。

メッサーシュミットP.1110およびP.1111

メッサーシュミット社による2案はよく練られたものではなかったが、先進的ではあった。

P.1110では機首の吸気口を取り除くとともに、エンジンを機体のかなり後方に配置し、胴体肩口にダクトを設けた。

P.1111はさらに野心的な設計であった。ほぼデルタ形状の全翼機で、後退角を有する三角翼に近い形状をした主翼の中心の後縁部に、かなりきつい後退角のある方向舵が付いた垂直安定板を取り付けるという全翼機に近い形態であった。緊急戦闘機計画の際に遅れて提出された案はこのP.1111の派生形で、翼弦比がP.1111より小さい（より全幅が狭い）後退翼とV型尾翼を有していた。理想的な環境下であれば、おそらくこれら3案は試作機が建造され、競い合ったであろうが、実際にはいずれも部分的な木製モックアップが完成したのみであった。

その他の競合機

緊急戦闘機計画に提出されたほかの案もまた無尾翼であったが、このことは1944年末にドイツで無尾翼機が受け入れられるまでの道のりがいかに遠かったかを示すものである。これらの設計のうち、おそらくブローム・ウント・フォス社のP.212が最も急進的であった。胴体の肩上に取り付けられた後退翼の両翼端後部に、背が低く幅が広い方向舵付の垂直安定板を取り付け、翼端の外側には翼端効果を生じる下半角がついたウィングレットを取りつけていた。同社による戦争後期のすべての設計と同様、P.212は開発部長リヒャルト・フォークト博士の手になるものである。フォークトは新しい航空機のアイデアを200種類ほど持っていたとされるが、事実上、いずれも試作機さえ作られることはなかった。

ハインケル社のP.1078C設計案は、より直線的なデザインの全翼機であった。主翼はかなりの後退角を持ち、その翼端に40度の下半角を持つ50㎝のウィングレットを有していた。

戦闘機製造数

型式	1939年	1940年	1941年	1942年	1943年	1944年	1945年	計
ドルニエ Do 335	–	–	–	–	–	23	19	42
フォッケヴルフ Ta 152	–	–	–	–	–	34	46	80
フォッケヴルフ Ta 154	–	–	–	–	–	8	–	8
ハインケル He 162	–	–	–	–	–	–	116	116
ハインケル He 219	–	–	–	–	11	195	62	268
メッサーシュミット Me 163	–	–	–	–	–	327	37	364
メッサーシュミット Me 262	–	–	–	–	–	564	730	1294
メッサーシュミット Me 410	–	–	–	–	271	629	–	910

ユンカースP.128は、いくぶん従来的な翼のプラットフォームを有し、胴体肩上に翼の前後幅は広いが、かなり急角度の後退角を有する主翼を取り付けた。この主翼取り付け部の中央下部にはエンジンの吸気ダクトが設けられ、両主翼の後縁中央には主翼を貫く形で三角形の小さな方向舵付垂直安定板が付いていた。P.128はすべてユンカース社の新人ハインリッヒ・ヘルテルの手になるもので、彼は1939年までハインケルとともにHe 176およびHe 178の開発に従事していた。ヘルテルは、主としてロケット推進を信頼していなかったという理由でハインケル社を去ったと考えられている。それゆえ彼がJu 248製造のためにMe 163「コメット」（qv）を再設計する機会を与えられたのは、皮肉なことである。

ここまで大ざっぱではあるが、ある2社を除き、ドイツの主要な航空機製造者すべてを取り上げた。2社とはドルニエ社とヘンシェル社である。クラウディウス・ドルニエは、どちらかといえばタンクまたはフーゴー・ユンカースよりも保守的で、ジェット推進には縁が無かった。彼の航空革新に対する主要な貢献は、2つのエンジンが同一軸上に配置された双発串型の戦闘爆撃機を開発したことである。エンジンの1つは機首に搭載され、機体を引っ張る牽引式プロペラが取り付けられた。もう1つのエンジンは操縦席の後部に置かれ、推進軸で機体尾部のプロペラを回す仕組みであった。Do 335プファイル（「槍」の意。非公式には「アマイゼンベア（アリクイ）」の名でも知られる）は、それまでに生産された最速のピストンエンジン航空機であった可能

右　ドルニエDo 335「プフェイル(矢)」は、それまでに製造されたなかで最も高速のピストンエンジン航空機であったかもしれない。機首と尾部に1800馬力のダイムラー・ベンツDB603型エンジンを搭載していた。

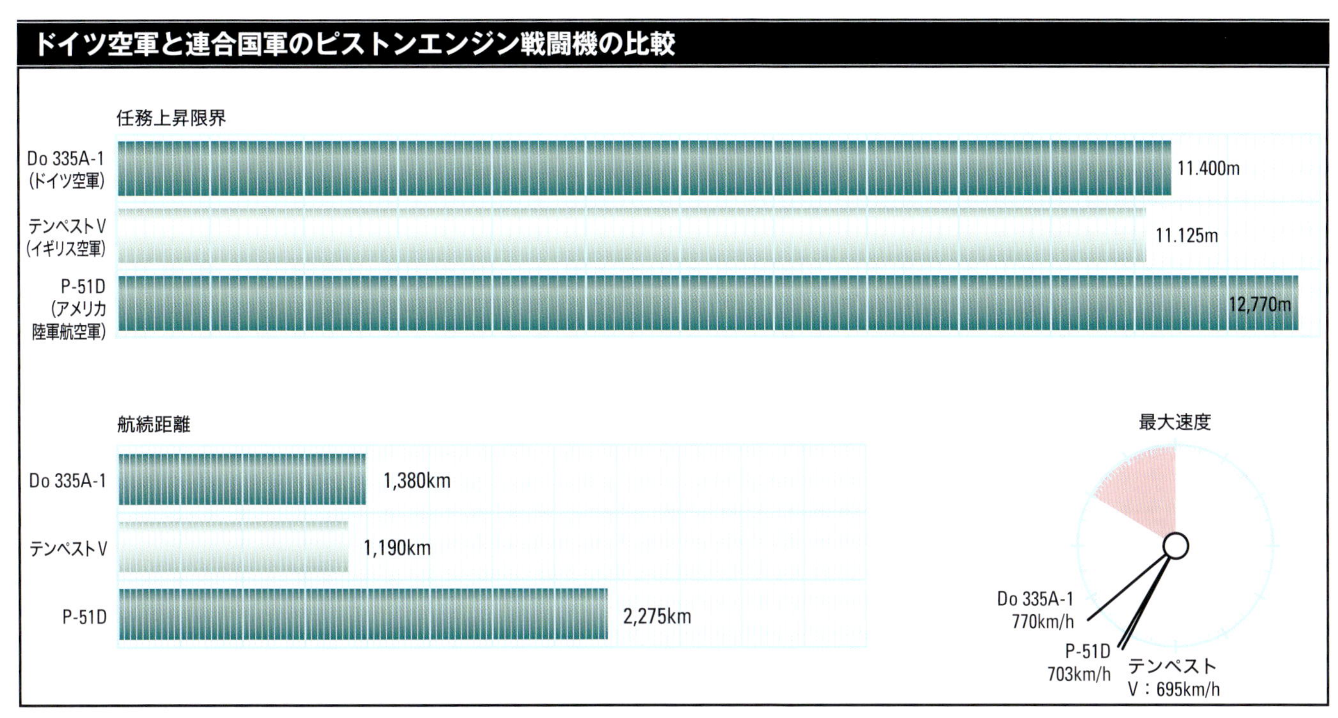

ピストンエンジン戦闘機の比較

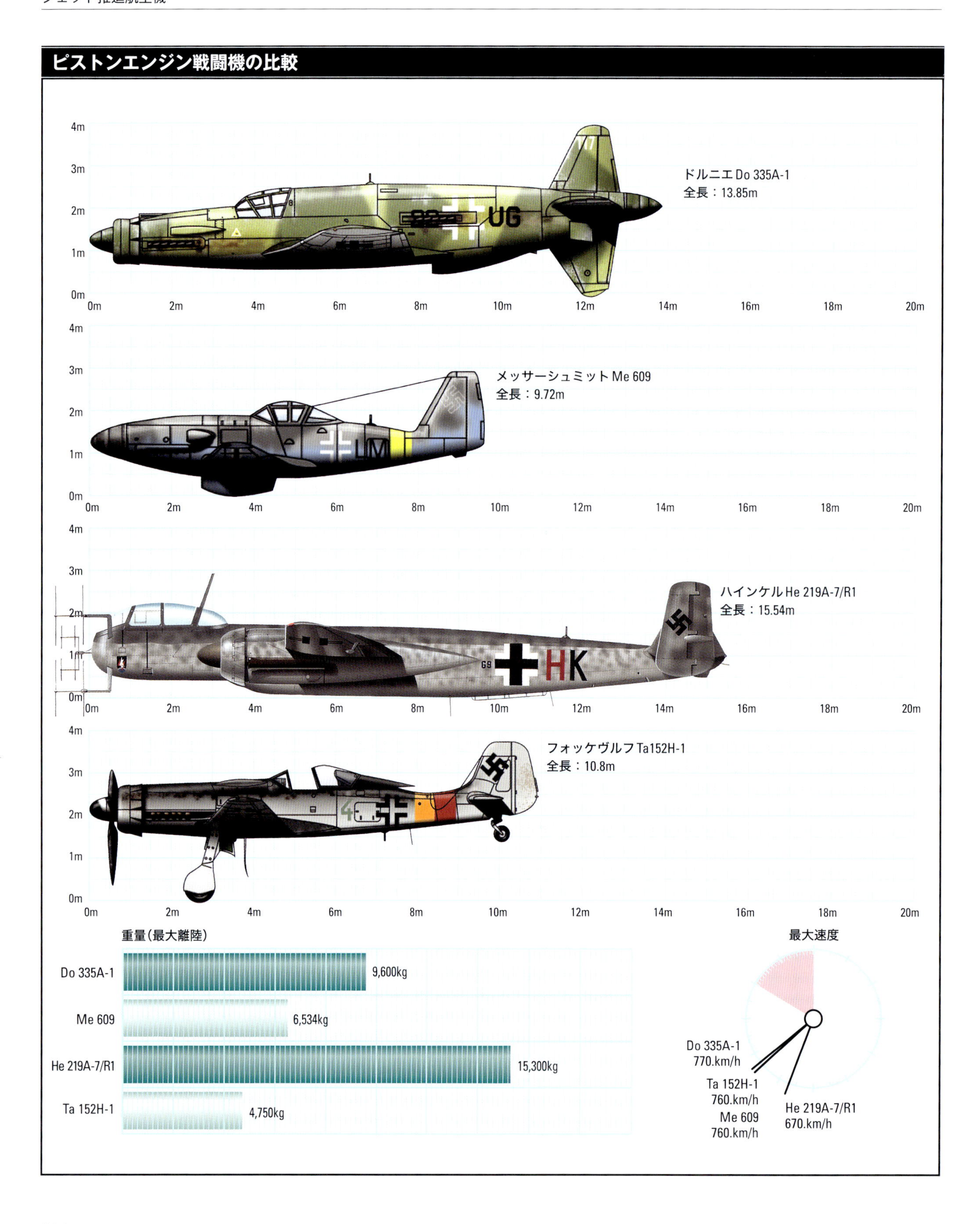

性があるが、その操縦性は単発エンジンの戦闘機とほとんど同じであった。同機はエンジン1基でも問題なく飛ぶことができ、さらにエンジン1基が停止した状態でも離陸できた。レイアウト上の唯一の欠点は、緊急脱出時に特別な方法を要したことである。

緊急脱出時には、後部のプロペラおよび尾翼上部の垂直安定板はパイロットが脱出する前に吹き飛ばされた(とはいえ、少なくとも射出座席装備の実用第1号ではある)。当初、ドイツ航空省はかなりの難色を示した。その理由はドルニエ社が作るのは戦闘機ではなく爆撃機であるという要領を得ないもので、ドルニエ社は将来のプロジェクト継続の許可を得るよりも先に、夜間戦闘機バージョンの建造を請け負わなければならなかった。

Do 335試作機の初飛行は1943年9月のことで、1,800馬力のDB 603エンジン2基を動力とした。終戦までに2,100馬力のエンジンを搭載した型も飛んでいる。戦争終結まで複数の案が検討され続け、その中には後部のエンジンをHeS 001ターボエンジンに換装し、垂直尾翼前部に吸気ダクトを取り付け、Do 335の部品を極力流用したDo 435夜間戦闘機もあった。また2機のDo 335の片方の主翼を取り払い、幅の狭い中央翼で結合したDo 635長距離偵察機も計画されていた。このDo 635は、第3章で紹介するハインケルHe 111爆撃機の片方の主翼を取り外してエンジンを3基取り付けた中央翼と結合したHe 111Zと類似した形式であった。ヘンシェル社もまた緊急戦闘機計画に参入しており、のちにサーブ社の「ドラケン」に組み込まれる複合的なデルタ翼を有するHs 135の開発に取り組んでいた。

上 「プフェイル(矢)」の全体的な製造機数は依然として少なかったが、ドイツ航空省が様々な任務に見合った試作機を発注することを妨げなかった。

ドイツの重爆撃機

もちろん、ジェットエンジンとロケットエンジンは、第二次世界大戦中にドイツで生産された航空機のごく少数にしか搭載されなかった。ほとんどの航空機は従来型のピストンエンジンを搭載していたのであるが、それらの開発も順調には程遠かった。少なくとも開戦から3年間、ドイツの航空エンジン製造者は、真に強力なピストンエンジンを開発できなかった。このため、機体設計者は戦闘機と定義のあいまいな重爆／戦略爆撃機の両方で高い性能を達成するために、きわめて奇抜な解決策を採用するはめになった。

ドイツ空軍は戦術的な近接支援型の空軍であったが、第三帝国の初期には戦略爆撃機の開発計画もあった。この開発計画はユンカースJu 89/Ju 90や未完成のドルニエDo 19のような航空機の開発として結実した。しかし、1936年6月3日、ドイツ空軍参謀総長ヴェーファー大将が航空機墜落で死亡したために開発計画が頓挫、第二次世界大戦の半ば過ぎまで復活しなかった。大戦末期にあっても、2,000kgの搭載爆弾を1,600km離れた目標に対して500km/hで運搬可能な航空機に適した動力装置はなかったのである。

このため解決策として、エンジン2基を組み合わせて1つのプロペラを回す方法が採られた。採用されたのは1,000馬力のDB 601エンジンで、連結してDB 606エンジンが作られた（のちにより強力な改良型が作られ、DB 613エンジンをもって頂点に達した。同エンジンは、離陸時に水噴射と緊急ブーストを併用して3,600馬力を出した）。決して満足のゆく解決方法ではなかったが、この状態は長らく続いた。この「双子エンジン」はオーバーヒートしやすく、しかもエンジン内のガソリンが気化すると、隣接する燃料タンク内のガソリンに引火しやすいという、惨憺（さんたん）たる代物であった。

最も重要な重爆撃機計画はハインケルHe 177「グライフ」（「グリフォン」）とユンカースJu 288Cで、双子エンジンを搭載していた。これらの爆撃機は従来型の爆弾を内部の爆弾倉と外部の懸架装置に搭載できるだけでなく、Fritz-XやヘンシェルHS 293（第7章参照）のような誘導滑空爆弾を輸送できるように設計された。

こうした奇妙な提案はJu 288Cほか数機種に対してなされたが、もっと突飛な提案もあった。デューゼンカノーネ280（28cm口径）やゲレート104「ミュンヒハウゼン」（35.5cm口径）といった、無反動砲を装備するというものである。

右ページ　捕獲後にイギリス軍の標章が施されたHe 177。その外観にもかかわらず、He 177はじつは4発エンジンの爆撃機であり、各々のナセルにはダイムラー・ベンツDB601型エンジン1対が格納されてプロペラに接続され、おのおの1,000馬力を発動した。

Ju 388はかなり高性能であった。重爆撃機兼駆逐爆撃機として計画され、Hs 298およびルールシュタールX-4空対空誘導ミサイルが搭載された。また、Me 328パルスジェット・グライダー戦闘機を作戦高度まで牽引する際にも使用された。これらの爆撃機のうち唯一大量生産されたのはHe 177で、1,000機以上が製造された。1機はドイツの原子爆弾を運搬するために改良されたが、大多数が5cm前方砲、7.5cm対戦車銃砲を装備のうえ東部戦線に配備された。しかし、5年にわたって開発するも、完全な成功を収めることはなかった。Ju 288は試作機の域を脱せず、Ju 388は全タイプを合わせて65機ほどが製造された。

He 177の高高度偵察バージョンも開発された。1750馬力のDB 610エンジン4基（独立している）を搭載し、新型の高アスペクト比翼と新型の垂直尾翼2枚が装着されていた。

He 274として知られる試作機は、パリにある古いファルマン社の工場で製造されていたが、1944年7月、完成を前に工場が占領された。当機はフランス軍によって完成し、1945年12月から飛行している。なお、He 274の改良版として、4基の独立エンジンと2枚の垂直安定板を有するHe 277が製造されたが、1944年3月の緊急戦闘機計画実施までに完成

左　多くのドイツの航空機プロジェクト同様、He 177は「あまりに小さく、あまりに遅い」事例であった。生産準備が整うまで、ドイツ空軍ではこの戦略爆撃機をまともに運用する機会がなかった。

したのは、わずかに8機であった。

「アメリカ爆撃機計画」

これらの爆撃機は秘密裡に開発されたが、じつは我々のいう秘密兵器の基準を満たしてはいない。若干の「従来型」ピストンエンジンの爆撃機が当てはまる程度である。

ドイツ空軍と聞いて我々が思い浮かべるのは、アメリカ空軍やイギリス空軍のような戦略的な空軍というより、むしろ戦術的な空軍であったということである。アメリカのB-17 フライングフォートレス、B-24 リベレーター、イギリスのランカスターのような大型長距離爆撃機を作戦行動に一度も使ったことがない。ドイツ空軍は、フォッケヴルフ社のFW 200「コンドル」やユンカース290のような航空機を保有していた（前者は民間航空用旅客機として設計され、後者は用途が急遽変更された)。これらの航空機の航続距離は非常に長かったが、もともとは超長距離の海上偵察を目的としていた。爆弾を投下することもあったが（両機ともに滑空爆弾を運ぶ派生型もあった)、戦闘状況下での運用には適さなかった。こういう次第であったから、1941年12月にアメリカが対独宣戦布告をした時点において、ドイツ空軍には新たに現れた敵を攻撃する手段がなく、ド

ハインケルHe 177A-5

性能諸元　He 162A-2

タイプ	六座重爆撃機	任務上昇限界	9,390m	高さ	6.7m
動力装置	2×2,170kW ダイムラー・ベンツDB610型（双発DB605）24気筒水冷エンジン	戦闘半径	1,540km	武装	2×20mm MG151砲、3×13mm MG131機関銃、3×7.92mm MG81機関銃、加えて7,200kgまでの爆弾
時速	488km/h（高度6,098m）	重量	16,800kg（空虚）31,000kg（最大離陸）		
		全長	22m		

上 Me 264の唯一の例、元祖「アメリカ爆撃機」は、1942年12月に初飛行している。空力特性に細心の注意が払われ、翼と胴体の結合部はパテで埋められた。

イツ航空省はただちに相応しい航空機の仕様を提示した。

これには3つの会社が応じた。すなわちフォッケヴルフ社のTa 400、メッサーシュミット社のMe 264、そしてユンカース社のJu 390であるが、このうちTa 400は製造されていない。ユンカース390は、ユンカース290よりも翼幅と胴体を長くしてエンジン2基を追加するという単純明快な仕様であった。最初の試作機は1943年8月に飛行した。第2の試作機はさらに長い胴体を有し、FuG 200「ホーエントヴィール」捜索レーダーと20mm砲5門を搭載していた。フランスの大西洋岸、ボルドーに近いモン・デ・マルサンからの試験飛行ではニューヨークの20km圏内まで接近し、基地に安全に帰投して運用構想の妥当性を確認している。第3の試作機は1,800kgの爆弾が搭載可能であったが、開発は始まったものの未完に終わっている。

じつのところ、ドイツ航空省の中には、アメリカの参戦よりずっと前の段階で、ニューヨーク爆撃の可能性を真剣に検討していた者もいた。そのうちの1人ヴィリー・メッサーシュミットは、それに相応しい航空機の設計を考え始めていた。1941年12月に性能要求が提示された時、メッサーシュミット社はそれを満たす立場にあり、それからちょうど12ヵ月後、Me 264試作機が初飛行を遂げている。ニューヨークに到達したのち安全に帰投できるだけの燃料を積み（飛行時間は30時間に及んだ）、3,000kgの爆弾を搭載し、さらに1,000kgの装甲を設置することができた。搭乗員は3人1組で2組、仮眠区画と調理台があった。また、防御用として13mm機関銃4門、20mm機関砲2門を搭載するという念の入れようであった。過負荷状況下では、離陸用に固形燃料ロケット最大6基を取り付けることができた。唖然とするほど多数の派生型とバリエーションも提案された。たとえばMe 328グライダー戦闘機を防御用に牽引するものや、エンジンの排気を利用したタービン式過給機（排気タービン過給機）の実験用器材を取り付けようとした機体もあった（高高度を飛行する際、空気の酸素量が少なくなるためエンジンの出力が落ちる。これを避けるために、排気タービン過給機ではエンジン排気を利用してタービンを回し、その回転を利用して空気を圧縮して強制的にエンジンに送り込む）。

2機の試作機が開発され、最初の試作機は地上試験がまさに始まろうとする時に空襲で破壊されたが、2番目は完成して飛行も成功し、他の大型航空機を運用していた第5輸送隊に割り当てられた。より大きな翼長と6基のエンジンをもつバージョンも熟考されたが、生産されることはなかった。このように「アメリカ爆撃機」コンテストの第1ラウンドでは大した実績が上がらなかったが、あとで見るように第2ラウンドがあった。

「3×1,000爆撃機」

フォッケヴルフ社は、第二次世界大戦期のドイツで最上のピストンエンジン搭載の単座戦闘爆撃機Fw 190を製造し、技術部長にクルト・タンクという天才を擁していたが、彼はとても保守的な人物であったため、同社はジェット推進の開発に乗り遅れた。あまりにも参入が遅かったため、フォッケヴルフ社でジェット飛行ができたのは試作機だけである。Fw Ta 183（qv）はこうしたジェット機の1つで、戦後の航空機開発に多大な影響を与えた。

1943年、フォッケヴルフ社は「3×1,000」として知られる社内要求、すなわち1,000kgの搭載爆弾を1,000km離れた目標に対して時速1,000kmで運ぶことのできる航空機をいくつか設計していた。そのうち2つは前進翼で、一方は可変型の翼弦、もう一方は固定型の翼弦をもち、尾翼は従来型であった。しかし3番目はこの上なく急進的で、尾翼のない「全翼型」であった。これは時々クルト・タンクの相談相手を務めたアレクサンダー・リピッシュの影響を明確に示している。しかし、これらの設計はいずれも実現には至らず、メッサーシュミット社は同じ要件を満たすためにP.1107の設計を提案した。これはゆるやかな後退翼とV型尾翼を有していた。基本的に同様の設計からなる2機が計画され、2機目の航続距離は長大であったものの、どちらも実現しなかった。

ドイツ空軍の爆撃機製造状況

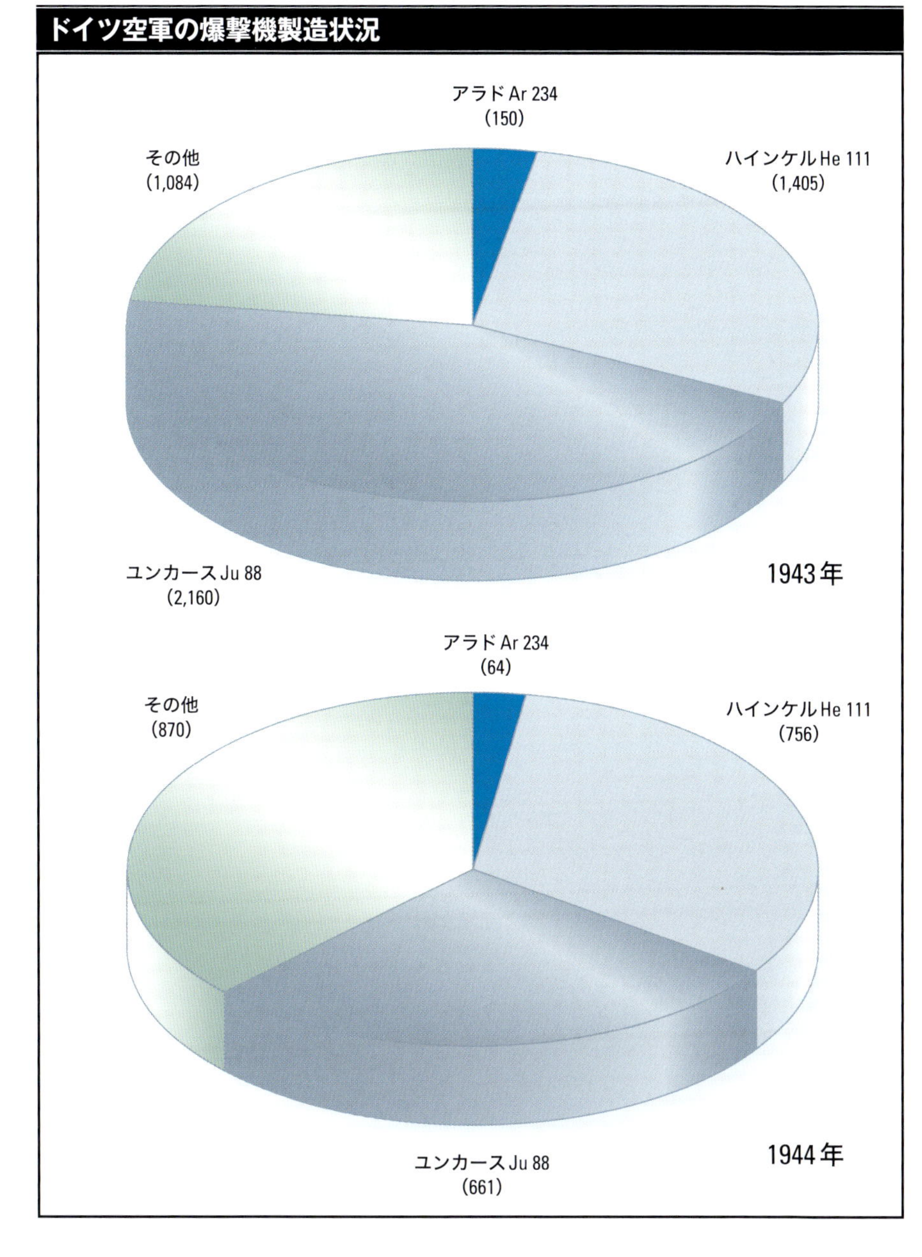

ホルテン兄弟

先のメッサーシュミット社の2機目にあたるP.1107Bは、おそらく大西洋を横断するだけの航続能力はなかったであろうが、計画の流れのなかで、アメリカ本土爆撃の可能性がふたたび首をもたげた。アメリカは対独戦に本格的に参入し、地上においてはイタリアに侵攻し、空においてはイギリスの基地から攻撃してきた。再度、相応の航空機の設計提案が求められると、今度はこれまでとまったく異なる外観をもつものが考案された。それはドイツの航空力学の進歩を示すものであった。3つの主要な候補はいずれもデルタ翼の平面図で、明らかに当然来るべき形状として出現したものであり、垂直尾翼面をもつもの、もたないものがあった。

アレクサンダー・リピッシュは、けっして独りよがりの主張していたわけではない。ヴァルター、ライマールのホルテン兄弟は彼の指導を受けつつ、1930年代初め以降、無尾翼デルタ機を、グライダーや動力付き航空機で試作している。ホルテン社の最初のグライダーは幅広のデルタ翼で、前縁は24度の後退翼、後縁は直線であった。しかし、Ho IIも後退翼の翼後縁をもっていた。後者はグライ

上 ホルテンHo IXの最初の試作機は、グライダーとして完成した。しかし、2番目の試作機には双発のユモ004Bエンジンが搭載され、時速800km/hを記録した。Ho IXはのちにGo 229となった。

ダーとして4機製造され、うち1機には推進プロペラを駆動するために60馬力のエルンスト・ヒルト発動機が搭載された。ヴァルター・ホルテンとドイツ空軍調達長官エルンスト・ウーデットとの親交のおかげで、準公式の試験は当時最も尊敬されていたテストパイロットの1人ハンナ・ライチュの操縦によって行われた。彼女の報告によれば、操縦特性は好ましく、スピンや失速に対しても脆弱ではないが、操作性はあまり良くなかった。

一連の設計案はそれぞれ望ましいかたちで進められ、ますます急進的な案が生み出された（いずれも無尾翼）。そしてHo Vが設計される頃には、馬力が達成基準となっていた。ホルテン社は1940年までドイツ空軍の「ゾンダーコマンドー9」として知られるゲッティンゲンにある設計事務所を経営していた。まもなくHo VIII（席数60の輸送航空機。動力は6つの推進プロペラ）と双発のユモ004Bエンジン搭載のターボジェット戦闘機Ho IXが製造された。後者の最初の試作機はグライダーとして、2機目は動力航空機として完成した。これは単発エンジンで着陸した際に破壊されたが、飛行速度は800km/h以上を記録した。同機はゴータGo 229として生産され、MK103 30mm機関砲4門を装備し、1,000kgの爆弾搭載能力をもっていた。さらに1機だけだが、よりパワフルなユモ004Cエンジンを搭載した試作機が戦争終結前に完成している（他の4機は試作が開始されたところであった）。算定によれば、Go 229の最高速度は1,000km/h以上で、ヘルマン・ゲーリングに「3×1,000」計画の競合案として提示された。

しかしゴータ車両製造会社の技術者たちはGo 229の直進安定性に大いに不満を抱いていた。というのは、垂直Z軸の周りでヨーイングし、一方でX軸の周りでダッチ・ロールする傾向があったからである。技術者たちは6機目の試作機を作ったところで製造を中止するつもりであった。ホルテン社は承諾し、ほとんど誇張ともいえる新しいデザインを生み出した。それはV型の水平翼をもち、その翼前縁はほとんど機首に到達しコックピットを含むというものであった。リピッ

ジェット航空機の比較

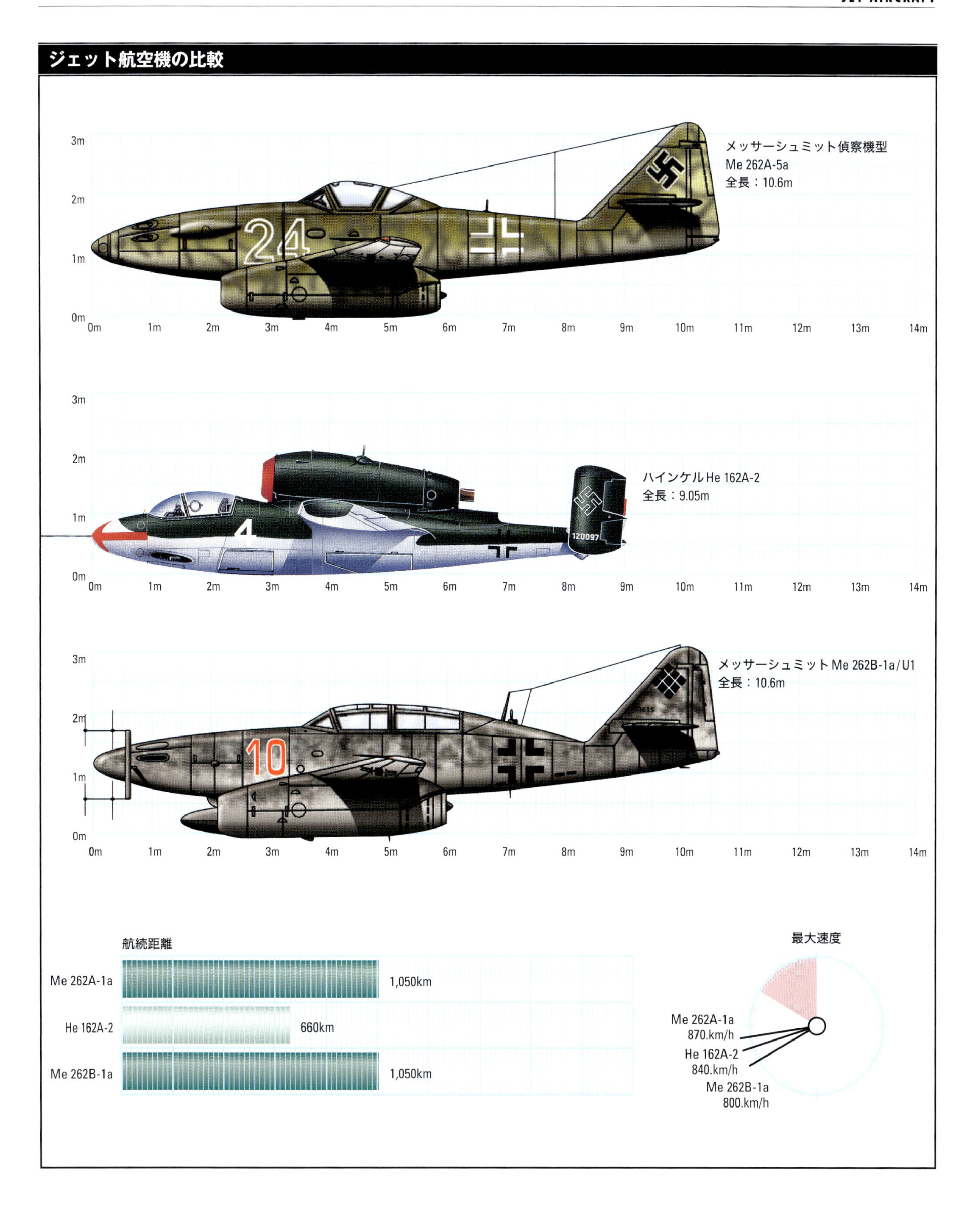
メッサーシュミット偵察機型
Me 262A-5a
全長：10.6m
ハインケル He 162A-2
全長：9.05m
メッサーシュミット Me 262B-1a/U1
全長：10.6m
3m
2m
1m
0m
0m
1m
2m
3m
4m
5m
6m
7m
8m
9m
10m
11m
12m
13m
14m
航続距離
Me 262A-1a
1,050km
He 162A-2
660km
Me 262B-1a
1,050km
最大速度
Me 262A-1a
870.km/h
He 162A-2
840.km/h
Me 262B-1a
800.km/h

ジェット航空機の比較（続き）

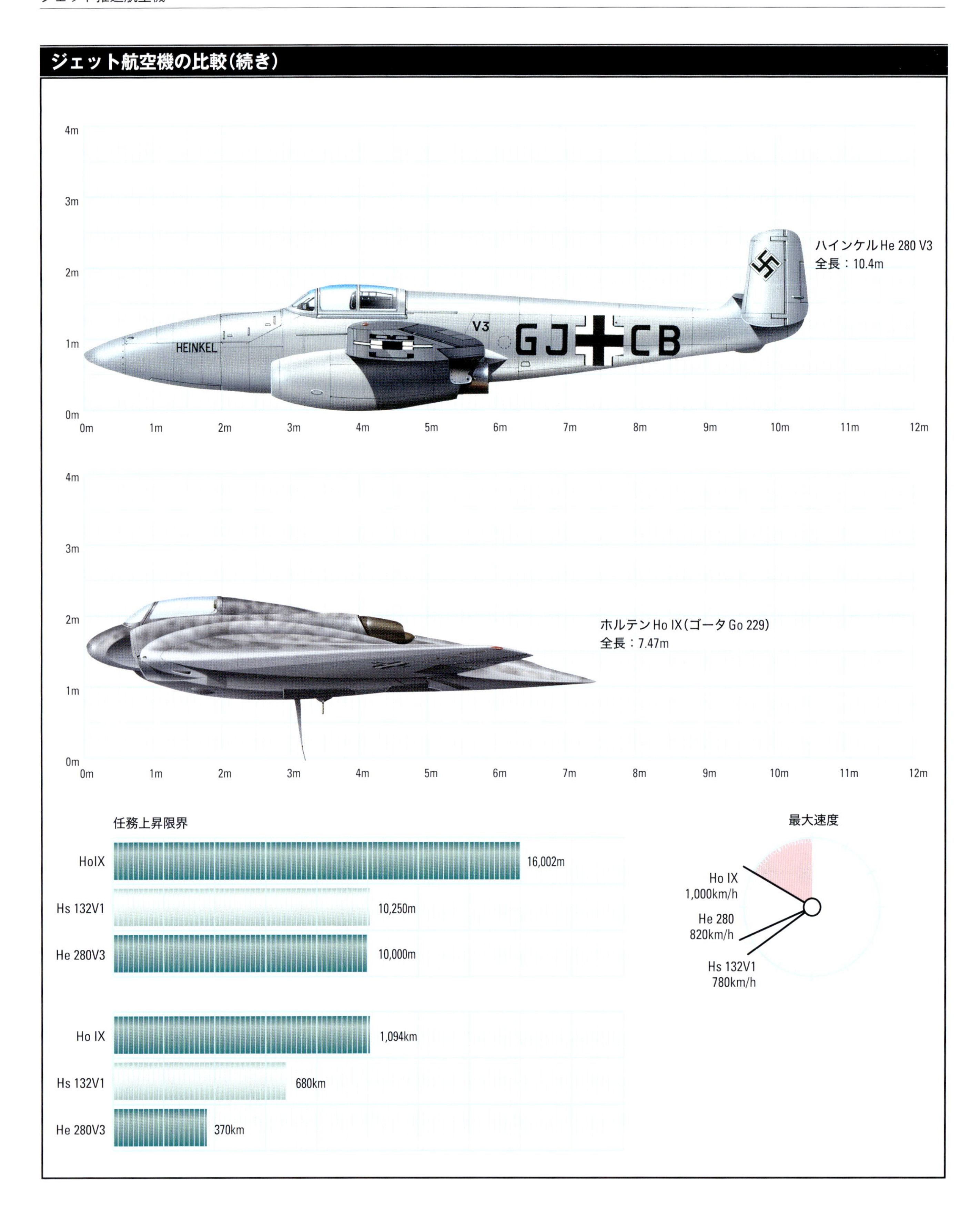

シュは同様の案を数種設計していたが、ホルテン社は無尾翼構想を諦めず、単発エンジンの迎撃機も製造した。第二次世界大戦終了後、これらの技術は進化し、まず垂直尾翼付きデルタ機が誕生した。F-102、F-106等の迎撃戦闘機やB-58爆撃機などがそうである〔全翼無尾翼機としては、現在使用されているB-2戦略爆撃機が最初の実用例である〕。

上　ゴータの技術者は、Go 229の最終的な安定性に不安を覚え、プログラムを中止するつもりであった。しかし事故に見舞われながらも唯一の試作機を製造し、加えて4機以上が製造中であった。

「アメリカ爆撃機」ふたたび

HO IX/GO 229プロジェクトが実施される頃には、ドイツ航空省は「アメリカ爆撃機」計画を復活させた。しかし選抜された航空機メーカー――アラド、フォッケヴルフ、ハインケル、ユンカース、メッサーシュミット――ではほとんど進展がなかった。ジークフリート・クネマイヤーはホルテン社と接触し、大西洋を横断可能な爆撃機に転換するよう求めた。当然のことながら、彼らは全翼機、事実上Ho IXの大型版を提案し、それをP.18と呼んだ。1945年2月、すべての選定候補業者がドイツ航空省の会議に呼び出され、ホルテン社の設計が製造承認を得た。ホルテン兄弟は、ユンカース社とメッサーシュミット社の設計者との協業を指示されたが、この共同体はすぐに分解した。保守的な一派が、大きな垂直安定板と蝶番のついた方向舵を設計に追加することを主張したのである。

ライマール・ホルテンはP.18の修正案を持ってゲーリンクに直談判した。修正案は、エンジンをユモ004sまたはBMW 003sから4基のHeS 011に変更することで推進力をほとんど損失することなく、1,000kg軽量化するというものであった。彼は自信をもって新しい航空機を予言した。すなわち、850km/hで11,000kmの航続距離を有し、高度16,000mを4,000kgの爆弾を搭載して飛行するというものである。この案は承認され、爆撃機製造が指示されたが、戦争終結のわずか10週間前のことであり、当時詳細な計画が作成されたのかは疑問である。ただ、ホルテン兄弟は生涯にわたって航空機製造に従事しているので、後年製造された可能性はある。のちにヴァルターは、新しいドイツ空軍の、ライマールはアルゼンチンの航空業界の大家となっている。

ユンカースP.130./P.140

ユンカース社には、ハンス・ヴォッケに加え、エルンスト・ツィンデルとハインリッヒ・ヘルテルという2名のきわめて有能な設計者がいた。彼ら3名は、まもなく全翼機に新たに興味を見出し、プロジェクト130として提案した。ヘルテルは、P.130に求められる航空力学の経験を積む手段として、Ju 287の設計図を描いた節がある。しかし、彼はJu 322(第3章参照）により、いくらか関連性のある経験を得たことを心に留めておくことは価値がある。

ホルテン社のP.18Bと似たような特徴をもつP.130の航続距離は約5,800kmと短かった。これはプロイセン地方の基地からソ連やアジア、イギリスの攻撃目標に対する作戦行動を意図したものであった。P.18Aの「委員会修正版」は、長い三角形の垂直安定板が追加され、4トンの爆弾をニューヨークに運搬可能なユンカースP.140とされた。P.18Bと同様に製造を命じられたが、その製造が始まったのは、ハーツ山に建設が予定されていた地下工場が侵攻される直前であった。

ジェット航空機の比較(続き)

ハインケル He162

部隊	期日	動静
第1戦闘航空団本部小隊(幕僚飛行)	1945年4月8日	メクレンベルク=シュベーリンのルートヴィッヒスラスト飛行場においてHe162Aで再装備
	1945年4月30日	シュレスヴィッヒ・ホルスタインのレック航空基地に移管
	1945年5月8日	イギリス軍に降伏
第1戦闘航空団第1飛行隊	1945年2月9日	メクレップブルク・フォアボンメルンのパルヒミでHe162での訓練開始
	1945年4月9日	メクレンベルク=シュベーリンのルートヴィッヒスラスト飛行場に移転
	1945年4月15日	シュレスヴィッヒ・ホルスタインのレック航空基地に撤退
	1945年5月8日	イギリス軍に降伏
第1戦闘航空団第2飛行隊	1945年4月7日	メクレップブルク・フォアボンメルン、ヴァーネミュンデでHe162で再装備
	1945年4月30日	シュレスヴィッヒ・ホルスタインのレック航空基地に移転
	1945年5月8日	イギリス軍に降伏

メッサーシュミット Me262

部隊	期日	活動
ノヴォトニー部隊	1944年9月26日	アッハマー及びヘーゼッペにおいて編成
	1944年10月3日	Me262A-1邀撃機40機が運用可能状態を達成
	1944年11月19日	第7戦闘航空団第3飛行隊として再指定
第7戦闘航空団ノヴォトニー本部小隊	1944年12月	ベルリン西部のブランデンブルク-ブリーストでMe262を再装備
	1945年4月11日	スーデンテンランドのジャテツに撤退
	1945年5月8日	連合国に降伏
第7戦闘航空団第1飛行隊	1944年12月1日	バーバリア、レクフェルト ウンターシュラウアースバッハにおいてMe262への転換を開始
	1945年1月8日	ブランデンブルク-ブリーストに移転
	1945年2月9日	カルテンキルヒェンに移動
	1945年4月1日	ブランデンブルク-ブリーストに復帰
	1945年4月11日	ライプツィヒ近傍のブランディスに移転
	1945年4月17日	プラハ-ラスィンとジャテツに撤退
	1945年5月8日	連合国に降伏
第7戦闘航空団第2飛行隊	1945年2月7日	ブランデンブルク-ブリーストでMe262を再装備
	1945年4月10日	メクレップブルク・フォアボンメルンのパルパルヒムに移動
	1945年4月20日	プラハ-ラスィンとジャテツに撤退
	1945年5月8日	連合国に降伏
第7戦闘航空団第3飛行隊	1944年11月19日	アウクスブルク近傍のレクフェルトにおいてMe262とノヴォトニー特殊部隊の人員により編成
	1944年12月10日	ブランデンブルク-ブリーストに移動
	1945年2月20日	メクレップブルク・フォアボンメルンのパルパルヒムに移動
	1945年4月11日	ライプツィヒ近傍のブランディスに撤退
	1945年4月20日	プラハ-ラスインに避難
	1945年5月7日	連合国に降伏
第7戦闘航空団第4飛行隊	1945年5月3日	Me262sと第44戦闘団人員により人員によりオーストリアのサルツブルク-マックスグラムにて編成
	1945年5月8日	連合国に降伏
第44戦闘航空団	1945年1月10日	ブランデンブルク-ブリーストで60機のMe262Aと多数の優秀なパイロットで編成
	1945年4月3日	ミュンヘン近傍のミュンヘン=リームに移転
	1945年4月29日	オーストリアのザルツブルク-マックスグラムに撤退
	1945年5月3日	第7戦闘航空団となる
第11夜間戦闘航空団	1945年1月28日	マグデベルク近傍のベルクにおいて運用試験部隊、特別部隊ブェルターから編制、「ヴィルデ・ザウ」夜間戦闘機としての標準Me262A-1aの試験部隊
	1945年4月12日	リューベックに移転
	1945年4月21日	ラインフェルトに撤退
	1945年5月7日	シュレスヴィヒ-ヤーグに避難
	1945年5月8日	降伏
ブラウネグ特殊部隊	1944年11月	ミュンスター・ハンドルフにおいてMe262A-1a103偵察機部隊として編成
	1945年2月6日	幕僚部および第6近距離偵察飛行隊第2中隊となる
第6爆撃航空団本部小隊	1945年1月	プラハ-ラスインにおいてMe262Aに転換を開始
第6爆撃航空団本部小隊	1945年4月	オーストリアのグラーツに撤退
第6爆撃航空団第3飛行隊	1944年10月	プラハ-ラスインにおいてMe262Aに転換を開始
第6爆撃航空団第3飛行隊	1945年4月9日	グラーツに撤退
第6爆撃航空団第3飛行隊	1945年5月5日	降伏
第51爆撃航空団エーデルヴァイス本部小隊	1944年8月	ランツベルク/レッヒにおいてMe262Aに転換を開始
	1944年11月	ライネ/ヘルステル/ホップシュテンに移転
	1945年3月20日	ギーベルシュタットに移動
	1945年3月30日	ライプファイムに撤退
	1945年4月21日	メミンゲンに避難
	1945年4月24日	ホルツキルヒェンに移動
	1945年4月30日	解散
第51爆撃航空団第1飛行隊	1944年5月23日	レクフェルト/ライプファイムにおいてMe410からMe262Aに転換開始
	1944年7月20日	シャトーダンに移転
	1944年8月12日	エタンプに移転
	1944年8月15日	クレイユに移動
	1944年8月27日–9月5日	ライネ/ヘルステル/ホップシュテンに撤退
	1945年3月20日	ギーベルシュタットに移転

部隊	期日	活動
第51爆撃航空団第1飛行隊	1945年3月20日	ギーベルシュタットに移転
	1945年3月30日	ライプファイムに移動
	1945年4月21日	メミンゲンに撤退
	1945年4月24日	ミュンヘン=リームへの更なる撤退
	1945年4月30日	プラハ-ラスィンへの避難
	1945年5月6日	ジャテツへの移転
	1945年5月8日	降伏
第51爆撃航空団第2飛行隊	1944年8月15日	ヴェービッシュ・ハルにおいてMe410からMe262Aへの転換を開始
	1944年12月31日	アッハマーへの移転
	1945年1月10日	エッセン-ミュールハイムに移動
	1945年3月21日	シュヴェービッシュ・ハルに撤退
	1945年3月30日	フェルト及びリンツ/ヘルシングに避難
第54爆撃航空団トーテンコップ（髑髏）本部小隊	1944年8月22日	ギーベルシュタットにおいてJu88からMe262Aへの転換
第54爆撃航空団第1飛行隊	1944年8月22日	ギーベルシュタットにおいてJu88からMe262Aへの転換
	1945年3月28日	シェルブストに移転
	1945年4月14日	プラハーラスインに撤退
	1945年5月7日	ジャテツに避難
	1945年5月8日	降伏
第54爆撃航空団第2飛行隊	1945年1月5日	ガルドレーゲンにおいて、Me262Aで運用可能となる
	1945年1月13日	キッツィンゲンに移転
	1945年3月28日	フュルステンフェルトブルックに移動
	1945年4月21日	ヴァルタースドルフ-ミースバッハに撤退
	1945年4月30日	フィッシュバッハウ-シュリールゼーに避難
	1945年5月3日	降伏
第54爆撃航空団第3飛行隊	1944年9月6日	ノイベルク/ドナウにおいてJu88からMe262へ転換
	1945年4月21日	エルディングに移転
	1945年5月1日	プリーン/キームゼーに撤退
	1945年5月3日	降伏

メッサーシュミット Me163

部隊	期日	活動
第400戦闘航空団本部小隊	1944年12月	ライプティヒ近傍ブランディスで編成
	1945年3月7日	解散
第400戦闘航空団第1飛行隊	1944年7月	オランダのフェンローにおいてMe163による装備開始
	1944年8月	ブランディスに移転
	1945年4月19日	解散
第400戦闘航空団第2飛行隊	1944年11月	メクレップブルク・フォアポンメルンのスタルガルト-クリュッツォフにて編成
	1944年12月	ブランディスに移転
	1945年2月	ザクセン-アンハルト、ザルツヴェーデルに移動
	1945年4月	クックスハーフェン近傍のノルドホルツに避難

部隊	期日	活動
第400戦闘航空団第2飛行隊	1945年5月	シュレスヴィッヒ-ホルタインのフースムに撤退
第400戦闘航空団第3飛行隊	1944年7月21日	ブランディにおいて……
	1944年9月	ポーランドのウデットフェルトに移管
	1945年3月	ブランディスに撤退

アラド Ar234

部隊	期日	活動
ゲッツ特殊部隊	1944年9月	4機のAr234B-1偵察機によりライネにおいて編成。主要な役割はイギリスに対する戦略偵察の実施
ゲッツ特殊部隊	1945年1月	解散
ヘヒト特殊部隊/ゾメンフォール特殊部隊	1944年11月	4機のAr234B-1偵察航空機により、ヘヒト特殊部隊としてイタリアのウェデイーネおいて編成
	1945年2月	任務可能な3機のアラドは、ウディーネから終戦まで作戦を継続した
シュペルリンク特殊部隊	1944年11月	ドイツ空軍総司令部第1フェアブーフ部隊から人員を引き抜いて、ライネにおいてAr234B偵察
	1945年1月	解散、1（F）/Aukl.Gr.100に吸収
第76爆撃航空団本部小隊	1944年6月10日	アルト-レーネヴィツにおいて、Ju88からAr234sに転換
	1945年2月13日	アッハマーに移転
	1945年3月	カールシュテットに移転
第76爆撃航空団第2飛行隊	1944年8月	ベルクにおいてJu88sからAr234sに転換
	1945年3月	スケペルンに撤退
第76爆撃航空団第3飛行隊	1944年6月10日	アルト-レーネヴィツにおいてJu88からAr234sに転換
	1944年12月	ベルクに移転
	1945年1月23日	アッハマーに移動
	1945年3月	マルクスに撤退
	1945年4月	カルテンキルヒェン
第76爆撃航空団第4飛行隊	1945年8月	アルト-レーネヴィツにおいて、Ju88からAr234sに転換
	1944年12月31日	解散

2

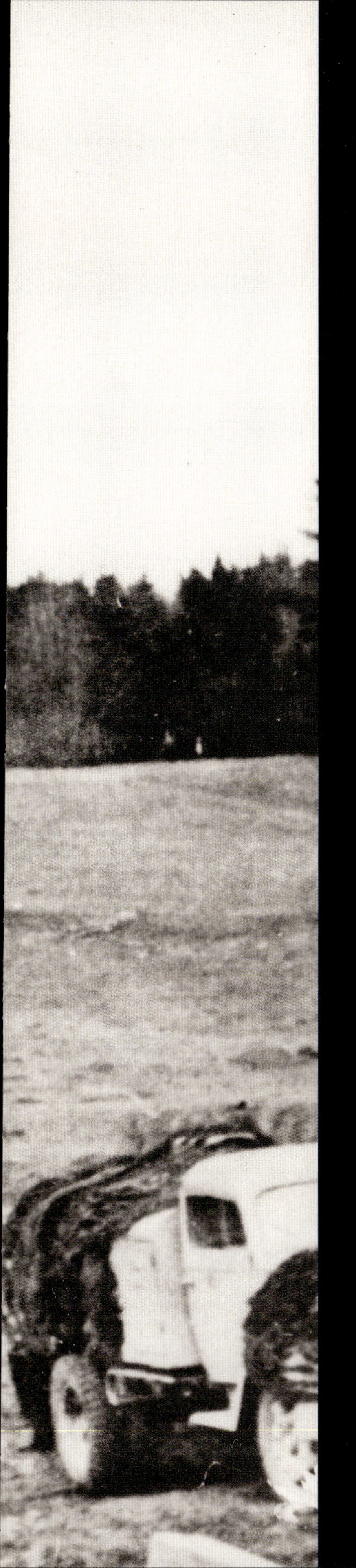

2

ロケット推進航空機

ROCKET-POWERED AIRCRAFT

ロケット推進の迎撃機はドイツ航空省にとって非常に魅力的なものであった。というのも、1944年頃にはすでに連合国軍の爆撃機によってドイツの産業基盤は破壊され続けていた。ロケット推進の迎撃機は、この連合軍の高高度爆撃機に脅威を与えることのできる現実的可能性を提示しているように見えたからである。これはある部分では事実である。当時すでに化石燃料の供給が不足していたが、ロケット機は化石燃料を必要としなかったからである。また製造費が安く、ほとんどベニヤ板で構成されていた。このような航空機の開発には多大な努力が払われたが、結局、徒労に終わった。

◀Ba 349は4基の固体燃料ブースターロケットと液体燃料サステナーモーターを装備していた。垂直に発射され、1分で14,000メートルに到達するはずであった。

もし動力飛行の歴史を、第二次世界大戦期の航空技術の発達過程における新技術のインパクトからではなく、年代順に辿るとしたら、ジェット機よりも前にロケット機を考察することになろう。実際、これにはほとんど議論の余地が無い。というのは、2種類のロケット機の最初の効果的なデモンストレーションがほとんど同時期に同じ場所で実施されたからである。開戦の前の月にロストク=マリーエンエーエにあるエルンスト・ハインケルの工場で実施されたそれである。両タイプともに実際の搭載兵器は考慮されなかった。ロケットエンジン、ジェットエンジンへの技術的期待とその未熟さゆえに、He 176、He 178とも試験機として開発された。

ジェット推進のHe 178は、エンジンへの空気供給問題が解決されず、不完全なものであった。こういう問題を予想するのは困難であったといわねばならない。他方、ロケット推進のHe 176の最大の欠陥に関しては、少なくとも専門家には明らかであった。残念なことに、1939年頃にはわずかな機体が存在するだけであった。

He 176

ドイツ航空省によりHe 176と呼ばれたロケット推進航空機は、過酸化水素を使用したヴァルターR1を動力とした。初期の型（より正確にいえば補助モーターを装備したHe 112戦闘機）はウェルナー・フォン・ブラウンが開発した動力装置を搭載しており、その燃料はきわめて爆発しやすい液体酸素とアルコールであった。過マンガン酸カルシウム、過マンガン酸カリウムあるいは過マンガン酸ナトリウムのような触媒を使用して過酸化水素を爆発的に反応させてつくる超高温蒸気は、あとで述べるように、多岐にわたる分野でドイツの推進力開発の頼みの綱となった。

He 176は1939年6月30日に初飛行した。この時は達成目標の700km/h（当時の世界記録を下回る）を超えなかった。そもそも重すぎて、動力と短い翼に見合っていなかったのである。ドイツ航空省は、のちにメッサーシュミットMe 163「コメート」（写真、図）となる設計のほうに関心を示し、He 176にはほとんど興味を示さなかったため、ハインケルはこの計画を中止した。

下　メッサーシュミットMe 163「コメート」迎撃機は1944年8月に初めて作戦行動に参加した。戦果は、6～7ヵ月の間にわずか12機の連合軍爆撃機を撃墜しただけである。

メッサーシュミットMe 163B-1

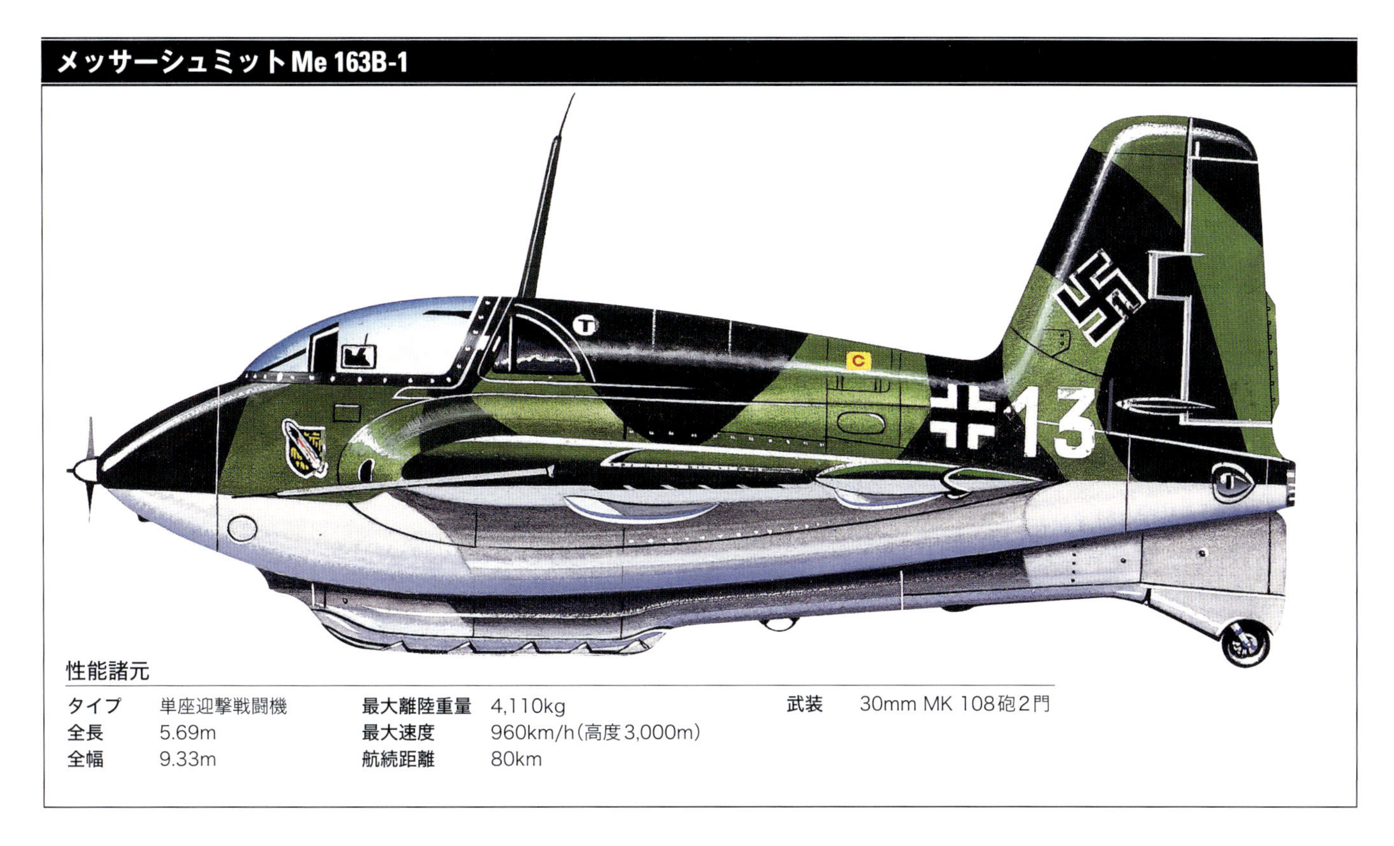

性能諸元

タイプ	単座迎撃戦闘機	**最大離陸重量**	4,110kg	**武装**	30mm MK 108砲2門
全長	5.69m	**最大速度**	960km/h(高度3,000m)		
全幅	9.33m	**航続距離**	80km		

アレクサンダー・リピッシュ

アレクサンダー・リピッシュは独学の航空力学の技術者で、第一次世界大戦後はツェッペリン／ドルニエで働き、その後はレーン・ロシッテン・ゲゼルシャフト（RRG）に勤務した。同社はとりわけ気象観測用グライダーの開発に取り組んでおり、のちにドイツグライダー研究所（DFS）に吸収された。

リピッシュはハインケルの失敗について、ハインケルが限られた範囲であれグライダーの本質を理解していたなら、He 176のような航空機を飛ばすにあたっては、限られたパワーに対して大きな翼面積が必要なことがわかったはずだと断じている。実際、ハインケル社は最初のロケット航空機に対して、操縦翼面に毛の生えたような、短いずんぐりした翼を付けていた。そしてこれが原因で実験は失敗した。リピッシュはもちろんはるか先を見ていた。ホルテン兄弟のように無尾翼、デルタ翼を強く主張し続け、1931年、実際にそういうデザインの飛行機を初めて飛ばしている。しかし、その3年前にリピッシュは自動車会社の経営者フリッツ・フォン・オペルのためにロケット式グライダーを制作している。オペルは新しい技術を、大衆を惹きつけるものという観点から捉えていたが、一方で先駆者たらんとする者に十分な資金を与えることに関心を持っていた。しかし、そういうオペルも、1930年代早々に興味を失ってしまう。ロケット推進式のグライダーによる死亡事故が相次いだからである。

リピッシュのエンテ型（鴨）グライダーは1928年6月11日、フリッツ・シュタマーの操縦で初めてロケット推進で飛行した航空機となった。1933年までにリピッシュは様々なデルタ翼のグライダーを設計し、小型エンジンを搭載し始めた。

彼はフォッケヴルフ社やゲルハルト・フィーゼラーと共同研究を実施し、フィーゼラーとは複座双発（機体の前後にプロペラがあり、推進力と牽引力を持つ）のデルタIII「ヴェスペ」（スズメバチ）とデルタIVを製造した。しかし両機とも2週間も経たないうちに墜落してしまい、パイロット1名が死亡した。

ドイツ航空省はただちに無尾翼機を禁止したが、しばらくしてDFSの指導者であったヴァルター・ゲオルギー博士が手をさしのべた。ドイツ航空省によりDFS 39と命名された改良型のデルタIVbが作られ、1939年にはヴァルターロケットモーターにより推進する型式の製造要求書が出された。ほぼデルタ型の翼部分はDFSが製作し、ハインケル社が翼以外の部分を製作した。これと並行

上 「White13」。第400戦闘航空団所属のMe 163B1aは、レウナ・メルゼブルグ精製所を守るため1944年7月から1945年4月までライプツィヒ近郊から出撃した。

フィーゼラー Fi 103R ライヒェンベルク

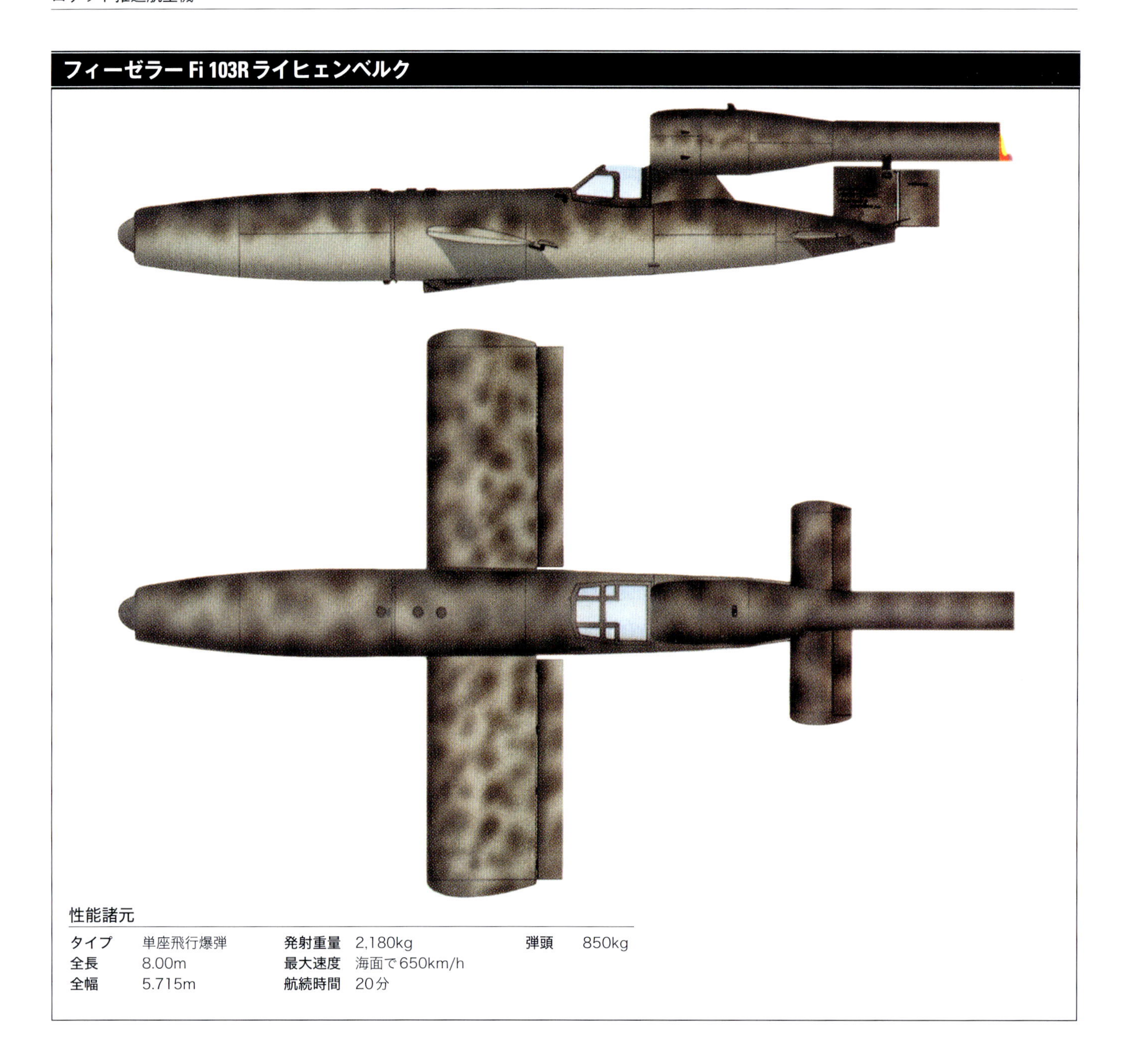

性能諸元

タイプ	単座飛行爆弾	**発射重量**	2,180kg	**弾頭**	850kg
全長	8.00m	**最大速度**	海面で650km/h		
全幅	5.715m	**航続時間**	20分		

上　V1飛行爆弾の有人型として知られるライヒェンベルクⅣは、試作機は飛行したが、空想の産物でしかなかった。

して、動力を共有するHe 176も製造された。

ドイツ航空省に譲渡された設計図では翼端に小さな方向舵が付いていたが、リピッシュは風洞試験ののち、これらがフラッターを引き起こし、結局翼の主桁を破損するだけだと結論づけた。このため、その後継機となるDFS 194では、中央軸に垂直安定板と方向舵が装着された。ヴァルターRI-203ロケットは、燃料T液（80％濃度の過酸化水素水と安定剤としてオキシキノリンを加えたもの）とZ液（反応を促進するためのナトリウムと過マンガン酸カリウムの溶液）を使用することによって500km/h以下で試作機を飛行させることとなっていた。初めからこれが主たる達成目標であったことは明らかである。リピッシュは1939年1月、自らの研究・開発チームとともにメッサーシュミット社のアウグスブルク研究センターに招請された。そしてこの研究センターでDFS 194はメッサーシュミットMe 163「コメート」に生まれ変わったのである。

Me 163「コメート」

ジェット戦闘機Me 262より2ヵ月早く実戦配備となった「コメート」は、革新的かつ大胆なアプローチをとったロケット推進戦闘機であった。重武装・重装甲かつ編隊飛行で鉄壁の防御陣を敷く敵爆撃機をいかにして撃墜するかに主眼がおかれていた。機体の名称はすべてドイツ航空省が決定したが、この名称はやや誤解を呼ぶものである。なぜなら、メッサーシュミット社アウグスブルク研究センターでは、「コメート」の開発はほとんど行われず、リピッシュの手中にあったからである。

1941年春、新しい試作機の滑空試験が行われた。高度8,000mまで曳航された試作機は速やかに850km/hに達し、優れた操縦性を維持した。そして夏になると、バルト海沿岸ペーネミュンデ西部にあるロケット開発施設に移送され、ヴァルターR1の改良型ロケットモーターを搭載された。これは推力制御を組み入れたモーターであるが、依然としてT液とZ液を用いていた。

ペーネミュンデでの開発計画は重大事故も含めて事故が多発し、たびたび揮発性の燃料が自然爆発した。ある時などは建物がまるごと破壊されてしまった。しかし他方では、Me 163V1は飛行速度の世界記録を何度も塗り替えており、ついにはテストパイロットのハイネ・ディットマーにより1,000km/h超を達成した。この時は圧縮衝撃（局部的に音速を超えた翼面での気流によって引き起こされる衝撃）が降下と大きな振動を引き起こして突然操縦不能となり、ディットマーは死に直面したが、最終的には何とか制御を取り戻し無事に着陸した。これに感銘を受けたドイツ航空省は作戦航空機の試作を命じた。MG151 20mm機関砲2門を搭載、動力はより強力な509-A2ロケットモーターを搭載することになった。このモーターは、T液とC液（水和ヒドラジン30%、メタノール57%、水13%）の組み合わせで1,500kgの推力を生み出す。推進剤は約2トン（機体全重量の約半分）で、運用上昇限度12,100mに3.35分で到達、そこからさらに4.5分の動力飛行が可能であった。したがって実際にはミッションの大部分は動力無しの滑空ということになる。

2機のMe 163B-1は1943年初頭、慣熟飛行のため、ドイツ空軍特別部隊へ移管された（実際に訓練が始まったのは7月）。「コメート」は着陸速度が速かったため（約220km/h）、パイロットは全力を傾けねばならなかった。推力がないため、ふたたび高高度をとることは不可能であり、致命的な事故が多発した。

Me 163B-1aが初めて実戦部隊に配備されたのは1944年5月のことで、ヴィットムットハーフェンで編成された。30mm機関砲2門を翼の付け根に装備し、パイロット防御用の重防弾装備が施された。8月16日、第400戦闘航空団第1飛行中隊として初めて交戦し、数日後、ハートマット・ライル中尉がライプツィヒ近くでB-17を撃墜、初の戦果を上げている。

Me 163は派生型を含め計300機ほどが製造されたが（製造権は日本に売却され、動力付き5機、動力無し50機以上が終戦までに製造された）、その戦果はわずかであった。信用できる数字によれば、アメリカの爆撃機B-17を12機余り撃墜しただけである。同機の改良型（もとはJu 248）は、のちにメッサーシュミット社によりMe 263と改称された。Me 263はやや大きく、着陸装置は「そり」ではなく車輪で、ヴァルター509Cモーターにより推進力を得た。Me 263は試作機のみ製造された。

自己犠牲（特攻）戦闘機

実際のところ、「コメート」はMe 262と同様、数が少なすぎたし、遅すぎた。1944年夏までにドイツの状況は絶望的になった。戦闘機パイロットは連合国軍の爆撃機に体当たりしていたし、第3戦闘航空団第2飛行中隊や第300戦闘航空団第2飛行中隊のような部隊は、後上方戦術を担う突撃飛行隊（強襲グループ）として編制された。この戦術では、正面に装甲板を装備したFw 190A-8R2sが使用された。

こうした戦術は一定の成功を収めた。1944年7月7日から作戦が停止された1945年3月末までの間、約500機の連合国軍の爆撃機を撃墜しているが、体当たりによるものはそのうち10機に過ぎない。1945年4月には志願者によりエルベ特攻隊が編制された。彼らは10日間体当たり戦術を訓練し、実戦に参加した。結果、エルベ特攻隊は体当たりで8機を撃墜したが、エルベ特攻隊自体も多大な損害を被りBf 109とFw 190で計77機を失った。このような潜在的に自己犠牲（特攻）を伴う戦術が用いられる場合、大戦期最良のピストンエンジン戦闘機ではなくて、戦略物資をほとんど使用しない、より低性能の航空機が用いられるべきであろう。

ここで、我々は自己犠牲（特攻）戦術の本質について少し見方を変えて考えてみる必要がある。それは日本の特攻と異なり、ドイツでは決して自爆を強要されなかったということである。この戦術は、その損害の多さと自己犠牲精神の発露により、ドイツの敗北が必至であることを、国民にアピールすることを目的として採用されたといえる。自己犠牲は航空機そのものを武器として用いる最後の手段であり（自己犠牲部隊への志願者は、自己犠牲を厭わないという宣誓を要求されるが)、攻撃に際してパイロットが脱出できるよう、あらゆる努力をすることが期待された。後述するように、有人のFi 103が議論された時、パイロットの脱出の可能性についてはほとんど言及されなかった。この議論には隠された動機があったと言わざるを得ない。関係者たち(女性ではハンナ・ライチュがこの戦術の賛同者であった）は自分たちに何が求められているかを知っていたし、反対する者たちはそれが大衆向けの宣伝であること——事態はパイロット脱出の可能性を放棄せざるを得ないほどに切迫している——を知っていたのである。

Ba 349「ナッター」

「コメート」はそれほど複雑な航空機ではなかった。しかしエーリッヒ・バッヘムに言わせると、「コメート」は複雑すぎた。バッヘムは経験豊富なグライダーパイロットであり、かつてフィーゼラー社アウグスブルク工場の技術監督であった。同工場ではのちにヘンシェルミサイルの翼やA4の制御翼面が製造されるが、バッヘムはそこで偵察その他の用途に使われる軽飛行機Fi 156「シュトルヒ」を設計している。バッヘムによれば、木製グライダーは町工場で製造できるし、「コメート」と同様のロケットモーターおよび補助として4本の固形燃料ブースターを用いれば垂直離陸が可能になり、「コメート」と同様の能力を発揮するということであった。

この機体は簡易な自動誘導システムにより高度14,000mまで1分余りで上昇する。パイロットは離陸時のショックでブラックアウトするが、うまく行けば意識を取り戻し、地上に帰還する途中で敵爆撃機編隊へ急降下攻撃を実施できると想定されていた。パイロットは唯一の兵器を発射し（機首にズラッと並んで格納された24発のヘンシェルHs 217「フェーン」7.3cmあるいはR4M5.5cm無誘導ロケット)、速度が250km/hに減じたところでパラシュートで脱出するはずであった。なお、後部機体もロケットモーターを再使用するため、パラシュートで降下回収することになっていた。1944年12月22日から無人機11機がブースターモーターだけで発射され、翌年2月22日にはヴァルターモーターを搭載した無人機1機の試射が行われた。

左　Ba 349の発射時の加速度は凄まじかったため、パイロットはブラックアウトもしくは気絶に陥ることが予想された。作戦高度への上昇は、簡易な自動誘導システムで実施された。

右ページ　「ナッター」は高高度の爆撃機を射程とする最も簡易な手段と見なされた。機首のロケット弾が唯一の兵器である。

バッヘムBa 349

性能諸元

タイプ	単座消耗迎撃機	発射重量	2,200kg	武装	フェーン7.3cmロケット弾24発
全長	6.10m	最大速度	海面で800km/h		
全幅	3.60m	行動半径	40km		

ロケット戦闘機の比較

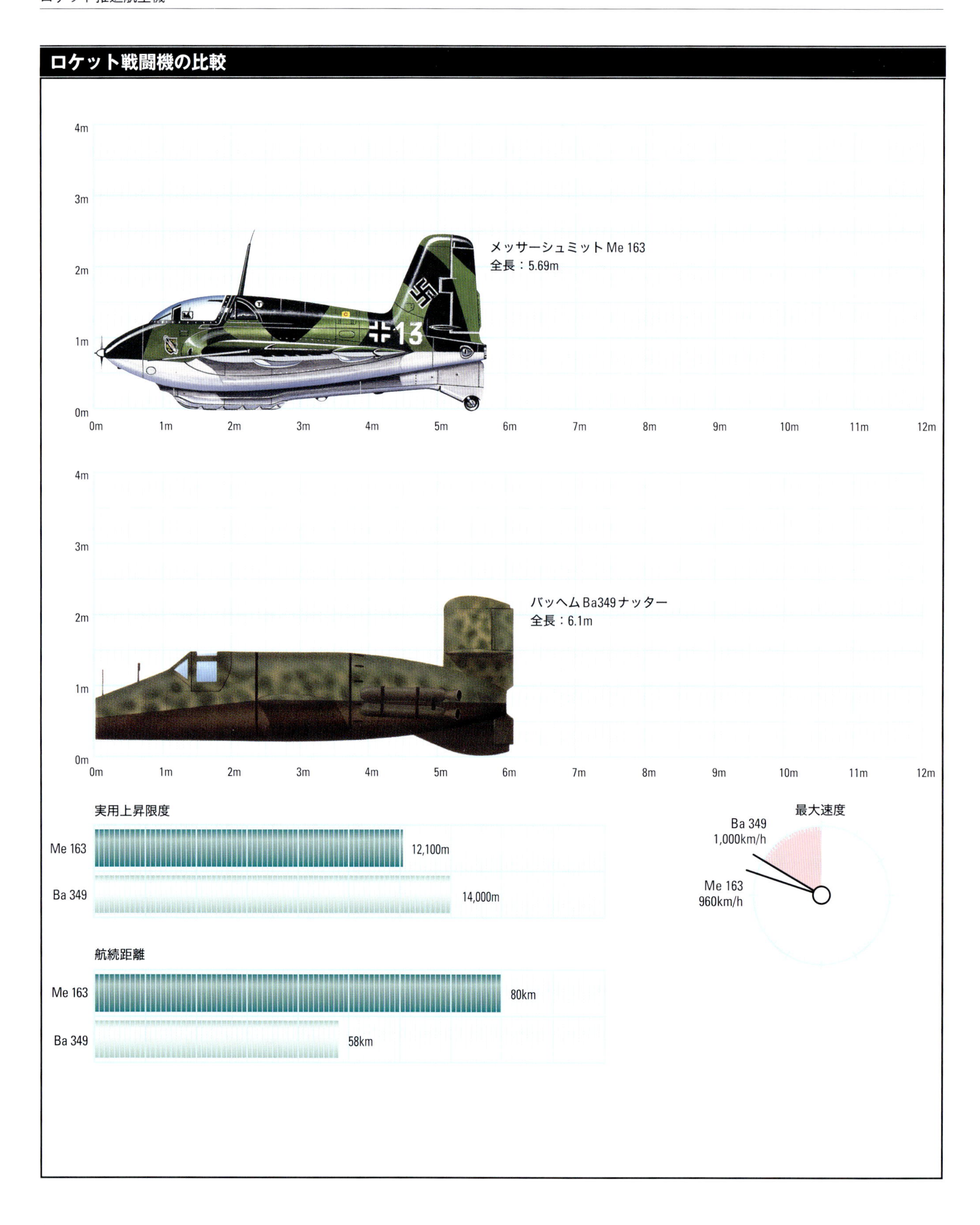
4m
3m
2m
1m
0m
0m
1m
2m
3m
4m
5m
6m
7m
8m
9m
10m
11m
12m
メッサーシュミット Me 163
全長：5.69m
バッヘム Ba349 ナッター
全長：6.1m
実用上昇限度
Me 163
12,100m
Ba 349
14,000m
航続距離
Me 163
80km
Ba 349
58km
最大速度
Ba 349
1,000km/h
Me 163
960km/h

上　実際に組み立てられたBa349は36機以下であった。いずれも戦闘に投入されることはなく、多くはバイエルンでアメリカ兵に捕獲された3機のような最後を迎えた。

数日後、すべての秘密兵器プロジェクトを統制するSS（武装親衛隊）から有人機の発射が命じられた。無人機計画がまだ完了しておらず、実行可能性に重要な疑義があったにもかかわらずである。パイロットのローター・ジーベルは、Ba 349が背面飛行になった後、上空1,500mから地上に激突して死亡した。試験計画は継続し、作戦用に20機（36機とも）が製造されたともいわれるが、戦闘への参加はなかった。2機が残存し、1機がアメリカ、もう1機はドイツの博物館に保管されている。

エルンスト・ハインケルはバッヘム「ナッター」（「ヴァイパー」）に類似した航空機を提案した。P.1077「ユリア」（ドイツ航空省の命名は受け付けなかった）もヴァルター509モーターと4本の固体燃料シュミッディンク533ブースターによって推力を得ることとなっていた。「ユリア」は傾斜のついたスロープから離陸、15,000mまで72秒で上昇し、MK 108機関砲2門を搭載する予定であった。同機はほぼ四角形の平面的な翼をもつ高翼単葉機で、翼端部にはかなりの下反角がつけられている。図面によれば、尾翼は

2種類の部品から構成されており、1つは1本の垂直尾翼と高い位置に取り付けられる短い水平尾翼、もう1つは胴体の後縁部が絞られた部分に取り付けられた単一の高水平尾翼である。これは航空機というより、有人ミサイルと見るべきであろう。パイロットがいかに任務を果たし、安全に地上に帰還するかは考慮されていない。

そもそも「ナッター」が我々の考える「自己犠牲」型航空機の基準を満たしているのかについては疑問がある。なぜならパイロットが攻撃を中止し、緊急脱出前に基地に戻ることが想定されていたからである（実際、脱出システムがあった）。しかしツェッペリン社およびDFSによって進められた同様のコンセプトについては疑念は少ない。いずれの案も、攻撃位置まで航空機による牽引を受けるモーターグライダーなるものを提案していた。ツェッペリン社の提案した「ラマー」は固体燃料ロケットモーターを装備し、メッサーシュミットMe 328として開発されたDFSの航空機は、推進力としてフィーゼラーFi 103飛行爆弾と同様のアルグスパルスジェットを装備していた。特にMe 328に対してはBa349同様に大きな期待が寄せられていたが、Me 328は試作機段階で終わった。

「ナッター」とよく似たプロジェクトがもう1つある。ゾムボルトSo 344「ラムシュスイェーガー（衝角突撃機）」は、その名前にもかかわらず、実際には激突は意図されていなかった。この機体もヴァルター509モーターを推力とし、武装としてロケット弾を装備、作戦高度まで牽引されることになっていた。Me 328と同様、これも爆撃機懸架小型護衛戦闘機プロジェクトとして始まったが、風洞モデルの製造に留まった。

ブローム・ウント・フォス社は無動力の純粋なグライダー戦闘機をBv 40として提案した。Bv 40は30mm機関砲を装備、近接信管の付いた爆弾をケーブルで牽引するが、侵入する爆撃機編隊の上空までBf 109で牽引された後、切り離されることになっていた。

このように実現可能性が低いにせよ、搭乗員の生還を可能にするような機体が試作されたということは、これら試作機を試験した1944年のドイツに合理的な理性が残っていたことを暗示している。

ツェッペリン「ラマー」

ツェッペリン「ラマー」はドイツ航空省から製造指示を受けることはなかった。まともに取り上げられなかったともいえよう。「ラマー」はまっすぐな定弦翼、水平尾翼を有する小型の航空機である。作戦高度までMe 109またはMe 110に曳航されて放たれた後、シュミッディンク533固体燃料ロケットモーターに点火、爆撃機編隊へ機首を向けてまず14

発のR4M 5cmロケットを発射、その後、非常に強固な翼を使用して体当たりすることになっていた。翼端は3cmの鋼鉄で覆われ、敵機に体当たりした際に、その胴体、水平、垂直両尾翼および主翼を切断、破壊できるように3本の厚肉鋼管の主翼桁を有していた。パイロットはうつぶせの姿勢で操縦し、脱出のためのパラシュートは使わず、機体を回収・再利用に手頃かつ広い場所に着陸させることになっていた。「ラマー」は試作機どころかモックアップさえも組み立てられなかった。

メッサーシュミットMe 328

DFSのプロジェクトとして開始した「コメート」同様、Me 328の歴史は、土壇場で製造された他の戦闘機に比べるとかなり早い1941年に始まった。Me 328は一種の護衛戦闘機として構想され、半硬式のバーでハインケルHe 177に曳航されたり（有人グライダー爆撃機や補助燃料タンクとしても検討された「ダイクセルシュレップ」システム)、「ミステル（ヤドリギ)」のようにドルニエDo 217またはメッサーシュミットMe 264に搭載されることになっていた。

純粋なグライダー型、アルグスパルスジェット搭載型、ユモ004搭載型など様々な型式が計画されたが、純粋なグライダー型とパルスジェット型のみが製造された（試作機のみ)。有名なハンナ・ライチュは高度3,000～6,000mで曳航機から切り離される2種類のグライダー型のテストの責任者であった。

ケーブルタイプのカタパルトと補助ロケットを備えたレール台車を使った地上発射も同等の成功を収めた。翼長を短縮しても機体性能は良好で、使い捨て爆撃機として1,000機が製造され、「爆撃機隊」として第200爆撃航空団第5中隊の志願者により飛ばされる予定であった。

7機のアルグスパルスジェット型の試作機がグライダーメーカーであるヤーコブ・シュヴイヤ社によって製造された。この試作機はMG 151機関砲2門を装備した戦闘機として使用されることになっていたが、地上試験を行うや、すぐにV1飛行爆弾が開発初期段階で悩まされたのと同じ問題、特に過度の振動発生に直面し、プロジェクトは難航した。有人飛行プログラムは数回の試験飛行が実施されただけで、1944年半ばに中止された。それにもかかわらず計画は推進され、アルグス109-014パルスジェットを4基も搭載する案が検討された。この案ではエンジンを後部胴体上方に2基、中翼下部に2基を搭載し、水平尾翼下の安定板の後ろにジェットチューブが突き出していた。

爆撃機型も提案されている（パルスジェットは戦闘機動力としては不適当であったので、爆撃機型は実際には賢明だったであろう)。ヒトラーの主張で爆撃機型の研究は長く継続された。Me 328の派生型として最も突飛な提案は、おそらく折りたたみ可能な翼を有し、パルスジェット2基を搭載するもので、潜水艦の上甲板のカタパルトからの発進が企図されていた。

左　ブローム・ウント・フォスBv 40は無動力グライダーで、攻撃前に爆撃機に上方から接敵できる位置へ曳航されることになっていた。

ブローム・ウット・フォスBv 40

最も簡易で安価、おそらく最も合理的な自己犠牲（特攻）戦闘機は、1943年半ばにブローム・ウント・フォス社のリヒャルト・フォークトにより提案された。Bv 40は30mm機関砲2門を装備、前面に分厚い装甲板を装着し、非戦略物資を用いて非熟練工でも製造できる簡素で小型の装甲グライダーである。Bv 40はBf 109により爆撃機編隊上空まで曳航された後、正面急降下攻撃のために切り離されることになっていた。

革新的提案としては「ゲレート・シュリンゲ」があった。これは長いケーブルで曳航される空中機雷ともいえるもので、敵爆撃機編隊内に入った時に爆発することになっていた（爆弾はグライダーの下方というより後方に曳航される傾向があり、このため母機の位置取りが困難であった)。爆撃機編隊の上空からR4Mロケット弾や250kg爆弾を投下する案も考えられたし、4本の空中魚雷を運ぶ案も検討された。6機の試作機が製造され、1944年末に計画が中止されるまでに5機が飛行した。フォークトはこの計画を復活させるため、主翼下にアルグスパルスジェットを搭載することを提案したが、大して関心を集めることなく、失敗に終わっている。

3

ハイブリッド航空機とグライダー

HYBRID AIRCRAFT AND GLIDERS

第二次世界大戦中、ドイツは無動力航空機を輸送任務に広く用いた。次第に成功しなくなっていったが、第三帝国の兵站部隊にとっては有益な支援であった。並行して開発された滑空爆弾のための技術は、無人動力機の誘導にも適用された。爆発物を搭載した無人爆撃機の上に寄生木のように単発のエンジン戦闘機を据え付け、目標付近までの飛行はこの戦闘機のパイロットが担った。

◀「ミステル」は無人爆撃に類する戦闘機であり、機首には爆発弾薬が装填されていた。

新たなドイツ空軍の設立後も、無動力航空機は依然として作戦運用上重要な位置を占めていた。おそらくはドイツが大っぴらに再軍備する以前に雇用されたドイツ空軍のパイロットが、グライダーで飛行を学習したからであろう。これまで見てきたように、航空分野における重要な開発の多くは、ドイツグライダー研究所（DFS）から生み出された。

DFS 230

最終的にはあらゆる形態とサイズ、様々な任務に応じたグライダーがドイツで開発されるはずであった。前章までに爆撃機および戦闘機用途のグライダーを見てきたが、それらグライダーは少なくとも戦闘条件下では幾分有効であった。最初に実戦に投入されたのは小型輸送機DFS 230である。1932年にドイツグライダー協会が製造した試作機をベースに開発されたもので、従来型のグライダーではあるが直線的で高アスペクト比の翼を有し、8名の武装兵員が搭乗可能であった。DFS 230は本当の意味でずば抜けて優秀な秘密兵器であった。初の実戦投入は1940年5月10日のことで、ドイツ空軍空挺部隊がベルギーのエバン・エマール要塞を急襲奪取した際に使用され、戦術的および戦略的な奇襲を見事に成功させている。これによりドイツ国防軍は、事実上抵抗を受けることなくベルギーに侵入できた。

こうした成功例はあったものの、その存在が知られるや、グライダーによる前線への歩兵輸送は大きな犠牲を伴うものとなった。少なからぬ損害を被ったクレタ島の戦い以降は空軍の大規模な作戦に投入されることはなかったが、1943年9月には非常に劇的な任務に用いられている。オットー・スコルツェニー率いる12機のDFS 230がグラン・サッソのリフジオ・ホテル前の狭隘な細長い土地に着陸し、幽閉状態にあったイタリアの独裁者ベニート・ムッソリーニを解放したのである。しかしこの救出劇以降、グライダーはもっぱら連合国軍側で使われるようになり、とりわけ1943年7月のシチリア島上陸作戦、1944年6月のノルマンディー上陸作戦、そして同年9月のアーネム奪還作戦などで用いられた。とはいえ、ドイツ空軍がグライダーに見切りを付けたというわけではない。

下　操縦が難しく手間のかかる「トロイカシュレップ」による牽引は（3機のBf 110による護衛が必要であった）、爆弾を満載した「巨大」グライダーを飛ばすために最初に用いられた方法である。

右ページ　DFS 230はベルギーのエバン・エマール要塞急襲でドイツ空軍空挺部隊を輸送した。

DFS 228およびDFS 346

1941年にDFSは貨物輸送用グライダーDFS 331の試作機を1機だけ製造しているが、その頃にはDFSにおける開発は、高性能のセールプレーン（上昇気流を利用して長距離飛行するグライダー）に重きが置かれていた。それらのうち最も重要なのはDFS 228である。高高度写真偵察航空機として計画され、高度10,000m以上まで曳航ののち切り離し、ロケットモーターにより高

DFS 230B-1

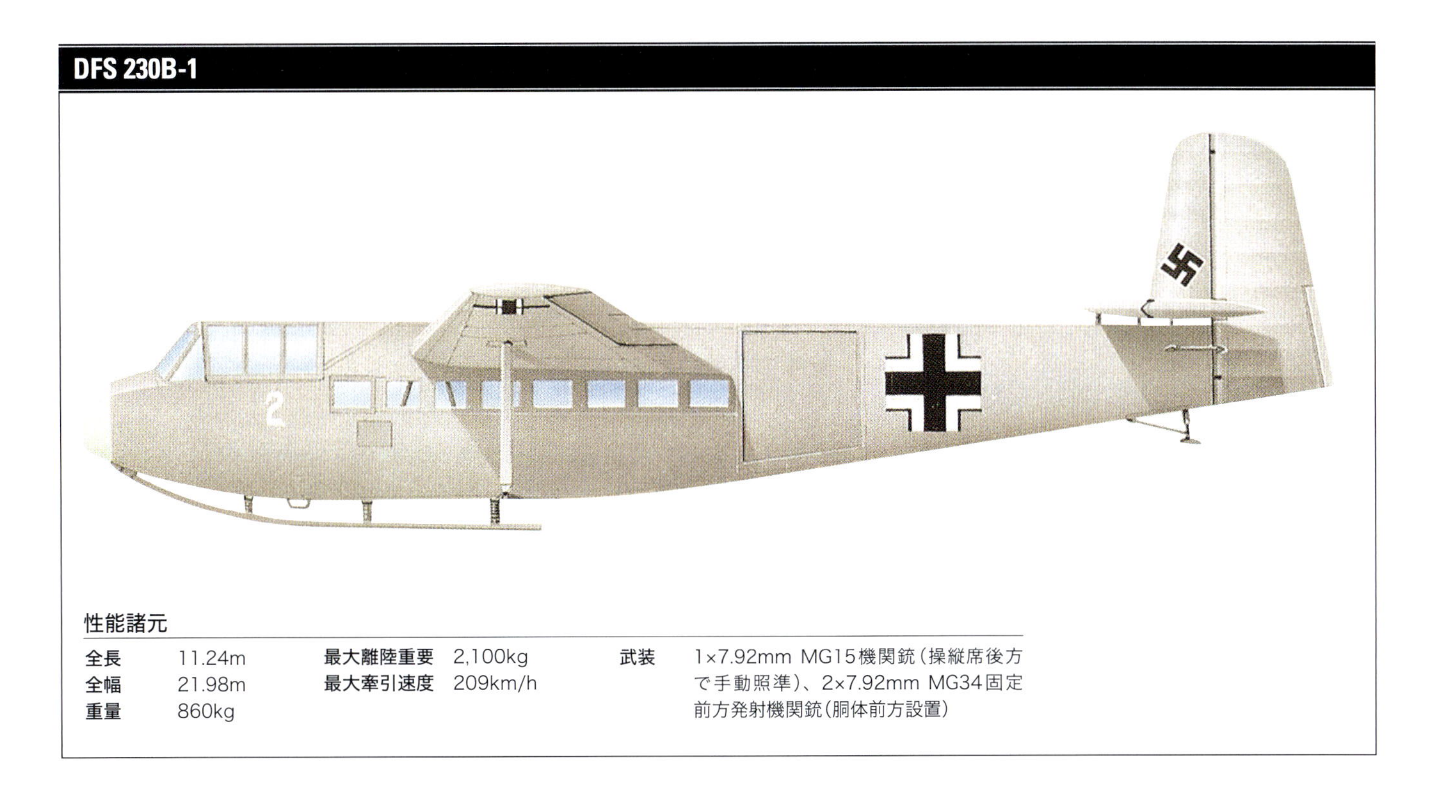

性能諸元

全長	11.24m	最大離陸重要	2,100kg	武装	1×7.92mm MG15機関銃（操縦席後方で手動照準）、2×7.92mm MG34固定前方発射機関銃（胴体前方設置）
全幅	21.98m	最大牽引速度	209km/h		
重量	860kg				

ピストンエンジン搭載爆撃機および輸送機の比較

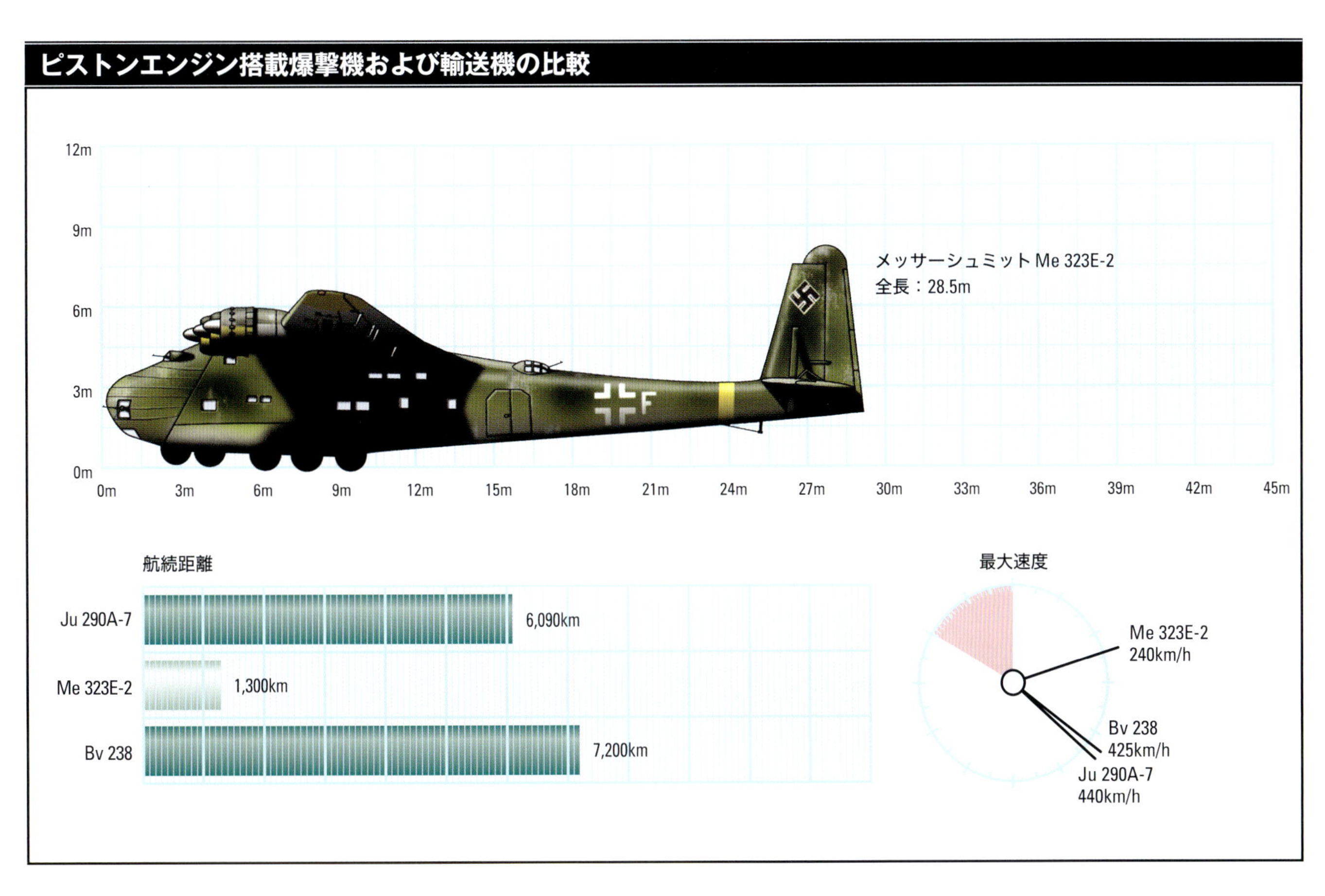

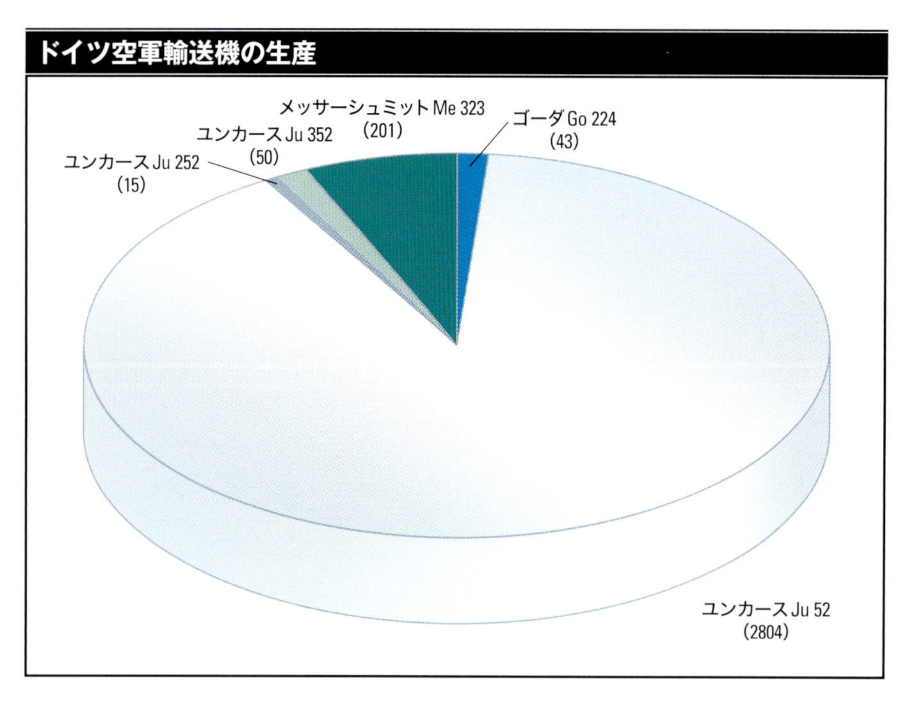

度23,000mまで上昇するものであった。ロケットモーターは高度維持のため燃料が切れるまで断続的に使われ、その後は味方領域まで滑空して帰投することになっていた。上昇温暖気流の状況次第では、1,000km離れた目標地点からの帰投が可能と見られていた。

同機はわずかに2～3機が製造されただけであった。試験飛行は何度も実施されたが、いずれの場合もロケットモーターは非搭載であり、パイロットがうつぶせで乗る与圧キャビンが開発・試用されたのは、戦争終結のわずか数日前であったと考えられている。

当初の操縦席は通常タイプであったが、その後、操縦席自体を脱出カプセルにし、爆発ボルトで機体にとりつけることになった。これは緊急時の脱出にはきわめて効果的であった。脱出する際には、爆発ボルトにより機体から操縦席カプセルを切り離し、外気および外圧がパラシュート降下が可能になるレベルまで降下する。この高度は自由に設定でき、所定の高度に達したところで射出式座席が作動し、パイロットが安全にパラシュート降下できるようになっていた。

DFS 346はDFS 228の発展型で、超音速試験航空機として設計された。ロケットモーター2基を搭載し、可変後退翼およびマルソップ型T型翼が採用される予定であったが、それ以外の点ではDFS 228に似ていた。ただし機体は木材ではなく、鍛造アルミニウム製であった。無動力の試作機も（木製で）製造される予定であった。

DFS 346およびその改良型は、戦後にソ連で製造され続けた。なお、証明されてはいないが、テストパイロットのヴォルフガング・ツィーゼ操縦のDFS 346が1947年5月に航空機として初めて音速を超えたとされている。これは同年10月14日のチャック・イェーガーによるベルX-1の超音速飛行より5ヵ月早い。

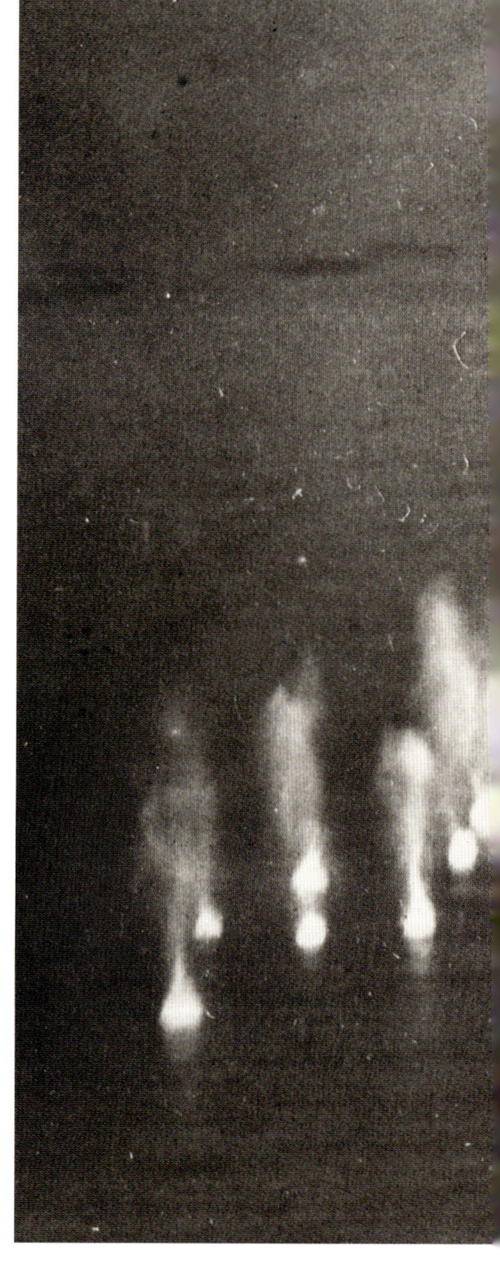

右　重積載の「巨人」。これはMe 323であるが、敵機の攻撃に対して絶望的に脆弱であることが証明された。1943年4月には、1つの作戦で少なくとも20機が撃墜された。

巨大輸送グライダー

ドイツ航空省はDFS 228の性能尺度と対極をなす2つのプロジェクトも命じている。すなわち22,000kgの貨物（完全武装した歩兵1個中隊の重量に相当）を輸送できるグライダーの開発である。1つはメッサーシュミットMe 321「ギガント（巨人）」、もう1つはユンカースJu 322「マムート（マンモス）」（当初名

称は「ゴリアテ」）であった。最終的にはMe 321が他を寄せつけない大成功を収め、約200機が建造されたのであるが、ユンカース社の「マムート」は製造上の欠陥があったものの、大変興味深い輸送機であった。

Me 321「ギガント」

Me 321は高配置の翼と尾翼が胴体に設置されている点では従来型と同じである。胴体は、骨組みが溶接組みの鋼管と木材、外面は羽布と木桁で構成され、胴体の横断面は長方形だが機首のほうは天井が高くなっており（車両積み卸し用に観音開きのドアが付いていた）、尾部に向かって細くなり、後部に乗員用入口があった。コックピットは胴体最上部、翼端と同じ高さに位置し、翼はまっすぐで端に向かって細くなっていた。翼長は55mあり、胴体床面の固定脚接合部付近から出ている筋交いの支柱によって補強されていた。尾部は、高い垂直安定板と補強された水平尾翼からなっていた。

1941年9月のライプハイムでの初飛行から完璧に機能し、設計搭載重量を十分に輸送することができた。最初の実戦投入例は1941年5月で、第18飛行隊が編

ゴーダGo 242B

性能諸元

タイプ	輸送機	**最大離陸重量**	7,800kg	**武装**	4×7.92mm MG34機関銃
全長	15.84m	**最大速度**	290km/h(高度3,000m)		
全幅	24.508m	**航続距離**	740km/h		

上 メッサーシュミットの「巨人」同様、より小型のゴーダGo 242もグライダーから動力航空機に移行し、ゴーダGo 244となった。

成された。ギガントはもともと3機のBf 110（いわゆるトロイカシュレップ）または1機のJu 290に牽引されることになっていたが、のちに特別改造のHe 111Z（ツヴィリング＝双子）が充てられることになった。He 111Zは、2機のHe 111を翼（翼端側）で接合し、接合部に5基めのエンジンが据えられた。胴体部2つに対して翼部が3つとなるわけである。

また離陸補助を目的として、様々なタイプのロケットが搭載された。たとえば航空機からの投下後の滑空距離を延伸させるためにアルグスパルスジェットエンジンを搭載する計画もあった。Me 321の主要な任務は、東部戦線への物資輸送であった。搭乗員は2名で、7.92mm機関銃が武装されていた。

グライダーへの動力搭載は、無動力の試作グライダーが飛行するよりも前から進められていた。これは主として機体構造の強化およびエンジン搭載案からなっていた。エンジンは、当初過給装置ノーム・エ・ローヌ14N型4基で、それぞれ1,150馬力を出力できた。この動力付きの試作機は、1942年4月に初飛行を実施したがパワー不足と見なされ、次の試験飛行では搭載エンジンが6基になった。以降に生産された航空機もすべて同じ仕様である。

Me 323は当初設計では空中での制御が困難で、エンジンの均衡を維持するために航空機関士2名と狙撃手2名を必要とした。また7.92mm機関銃5丁（のちに13mmに変更）を装備、加えて胴体側面にMG 34歩兵機関銃10丁を格納するスペースがあった。離陸時は、とりわけ重量貨物を積載しているときは、しばしば別の飛行機による牽引ないしロケットモーターによる補助を必要とした。有効荷重は約16.25トンで、130名の搭乗が可能であった（撤退作戦ではさらに多くの人員を輸送したこともある）。1942年11月に運用可能となり、シチリア島の基地からアフリカ展開軍の部隊への補給に使用された。この輸送は概ね成功したが、やがて大失策を犯す。1943年2月、ガソリンを運搬していた21機ものMe 323が作戦遂行中に撃墜されたのである。同機の生産は1944年中盤まで継続し、計200機ほどが建造された。

Ju 322「マムート」

ユンカース社が製造した重量グライダーは、従来型とまったく異なるものであった。ハインリッヒ・ヘルテル設計の機体は、まさしく巨大な全翼機であり、主翼内部に有効荷重のほとんどを搭載可能であった。垂直安定板は、尾部にあるブーム様の延伸部の上に取り付けられた。全体的な形状は、1929年に初飛行を遂

げたユンカースG.38という商用旅客機を思わせるものであった。ドイツ航空省の訓令に基づき、機体は木材で製造され、翼長62m、全長30.25m、翼面積は925㎡であった。主翼前縁部の中央部分には蝶番留めの積載ドアがあり、主翼部分の左舷側に半球上のガラス窓を嵌め込んだ操縦席があった。主翼上面は平坦で、主翼下面にはかなりの上反角が付けられていた。中心部の高さは3m以上ある。

試作機は1941年4月に飛行したが、その頃には有効荷重は、要求性能22.35トンの半分まで削減された。これは、乗員室の床が想定任務に対応できないという単純な理由による。要するに無限軌道車を試しに搭載しようとしたところ床をぶち破ってしまったのであるが、さらに機体が慢性的に不安定であることも判明した。なおこの試作機は安全に着陸し、メルセブルクにある飛行場まで牽引されて帰投している。不安定性への対応として、さらに大きな垂直安定板を取り付けたうえで2～3回の試験飛行が実施されたが、その後ドイツ航空省の命令により同プロジェクトは中止された。試験機およびすでに完成していた2機目、さらに製造途上の98機分の部品は、燃料にするために分解された。

ゴータGo 242/243

先の2種の巨大グライダーよりも、いくらか実用的で、はるかに多く製造されたのがゴータGo 242である。これは肩翼単葉機で、胴体部断面は箱形、胴体後部の2本のブームをクロスプレーンで接続して尾部を形成している。ローディングランプ（貨物搭載時に用いる傾斜板）を下降すれば、水陸両用車のキューベルワーゲンなどの小型車両を搭載、もしくは完全武装兵21名を収容することができる。1,500機以上が製造され、うち133機は700馬力のノーム・エ・ローヌ型エンジン2基が尾部ブームの前方延長部に搭載され、Go 244に改造された。

ごく少数ではあるが、水面に降りられるように改造されたものもある。この種のグライダーは小型双胴の攻撃用船艇を搭載しており、その船体間に1,200kgの爆薬が懸架されていた。ミッションプロファイルの想定では、敵艦近くで降下、攻撃用船艇に移動して敵艦のほうに高速度で走らせて、操縦を固定したら船艇から脱出、あとは水上飛行機や潜水艦に救出してもらうことになっていた。このような任務は実際には生じなかったが、1941年3月、クレタ島スーダ湾において、イタリア海軍X魚雷小艦隊が爆弾を搭載したモーターボートでイギリス海軍巡洋艦ヨークを航行不能にしたことは記憶するに値する。したがって、アイデア自体はひどく突飛というわけではなかったのである。

ハイブリッド型および複合型の航空機

第二次世界大戦中、両陣営の技術者たちは、無人爆薬装填航空機の目標への誘導を相当に研究していた。第5章において、1944年にアメリカ空軍がいかにして遠隔操作のB-17を用い、フランスに配備されたV兵器（報復兵器）を殲滅（せんめつ）したかをみるが、それよりもかなり前の1940年にドイツ航空省は誘導に関する問題をDFSに引き継がせている。DFSに提示された諸元は、飛行爆弾の目標領域への誘導とともに、寄生戦闘機（パラサイト・ファイター）への支援および飛行中の重爆撃機に対する給油や、飛行爆弾の目標圏までの誘導が含まれていた。最初に暫定的な解決案として、親機が子機を柔軟性のあるケーブルまたは半硬式のバーで牽引する方法が考えられた（接続部は燃料ホースを包含または補助する役割もある）。この仕組みの長所が強く支持され、実験は1945年まで継続した。しかし一方では1941年頃に同研究所の別のチームが、子機の上に親機を積載する方法の開発に取り組んでおり、1942年1月には「ミステル」構想が正式に認可された。まもなく、ユンカース社と自動操縦メーカーのパティン社に対してDFSへの協力が命じられ、約1年後にはJu 88A-4とBf 109F-1を組み合わせた試作機の組み立てが開始された。

ミステル1

ミステルはパイロットが搭乗する親機と、目標に突入する子機からなる。パイロットの操縦により目標上空まで飛行し、目標を確認すると親機は子機を切り離して目標に突入させ、親機は帰還するというシステムである。このミステルの開発にあたっての最初の課題は、親機と子機の接続に適した構造を考案することであった。親子機にかかる圧力を2本の

「ミステル」の組み合わせ例

運用中の「ミステル」は、機首を弾頭に取り換えた爆撃機1機と戦闘機1機が組み合わせたものである。練習機（右ページ）では通常の機首が保持された。

性能諸元

組み合わせ　Ju 88A-5およびBf 109F-4
動力装置（Bf 109）　ダイムラー・ベンツ601N型1基
動力装置（Ju 88）　ユンカース ユモ211J型2基
積載重量　3,500kg成形炸薬弾頭；1,000kg鋼製貫徹体

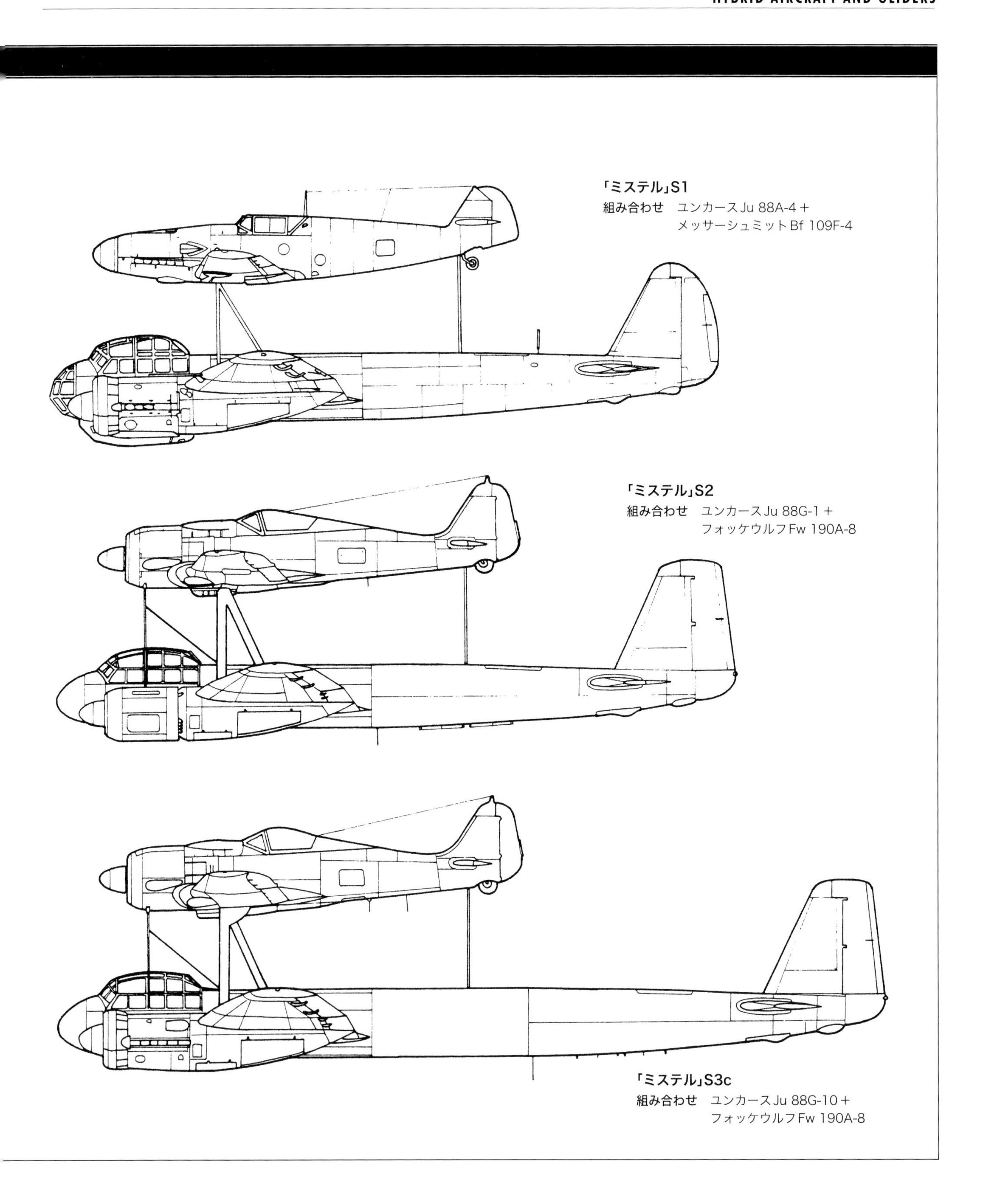
「ミステル」S1
組み合わせ　ユンカースJu 88A-4＋
メッサーシュミットBf 109F-4
「ミステル」S2
組み合わせ　ユンカースJu 88G-1＋
フォッケウルフFw 190A-8
「ミステル」S3c
組み合わせ　ユンカースJu 88G-10＋
フォッケウルフFw 190A-8

ミステルの組み合わせ

型式	航空機
ミステル試作機	Ju881-4とBf109f-4
ミステル1	Ju88A-4とBf109f-4
ミステルS1	ミステル1の訓練機型
ミステル2	Ju8G-1とFw190A-8またはF-8
ミステルS2	ミステル2の訓練機型
ミステル3A	Ju88A-4とFw190A-8
ミステルS3A	ミステル3Aの訓練機型
ミステル3B	Ju88H-4とFw190A-8
ミステル3C	Ju88G-10とFw190F-8
ミステルS3C	ミステル3Cの訓練機型
ミステル先導機	Ju88A-4/H-4とFw190A-8
ミステル4	Ju287とMe262
ミステル5	ｱﾗﾄﾞ E.377AとHe162

の主桁の間に伝わるようにして機械的方法または爆薬により結合部分を切り離すというものである。最終的に2組の三脚支柱で接続する案が採用された。三脚支柱の頂点部を親機（Bf 109）の主翼付け根部分に引っかけるようにし、子機（Ju 88A-4）側の2つの土台は耐荷重性のプレート（2本の主桁をまたいでいる）の上に設置された。親機の尾部は支柱1本で支え、機軸の平衡が保たれた（後期型では、親機の機首が15度下げられた）。

操縦および制御システムは子機の後部に設置された。これらシステムはパティン社製の主羅針盤、操縦羅針盤と3次元自動操縦装置からなっていた。この装置は、通常飛行時に親機コックピット内のサーボ（制御装置）と単純な親指スイッチを通じて親子機を操縦するのに使われた。親指スイッチは、1つは方向舵と補助翼用、もう1つは昇降舵用で、親機の操縦を制限しなかった。

ただし、親機と子機の操縦システムはリンクしており、通常は操縦桿とペダル（サーボ経由）を用いて親機から意のままに操縦できた。エンジンは、必要とされる速度や航続距離に応じて子機の2基と親機分1基の計3基を使うことができ、燃料はすべて子機から供給された。子機側の改造はこれだけではないが（事実、子機の部品は取り除かれ、組み直された）、親機の改造は最小限で済んだ。弾頭を格納するため、子機の機首部は完全に取り除かれ（コックピットカバーを形成するガラス嵌め込みのキューポラ部を

含む)、固いバルクヘッド(隔壁)が形成された。バルクヘッド部には長い鼻のような形をした3,500kgの成形炸薬弾と1,000kgの鋼鉄製の貫徹体が取り付け可能であった。訓練任務では不要部品をすべて取り除き、標準的な大人2人が乗れる機首が取り付け可能であった。

子機を発射する手順は単純である。パイロットは機体を浅く降下させたのち、親機に装備された急降下爆撃用の光像式(反射ガラス投影式)照準器を使って目標をねらう。そして子機の自動操縦装置を作動させ、子機を切り離すというものである。子機を切り離した後、親機は身軽となる。この際に自機の武装で目標周辺の対空砲火の制圧を行うこともあった。

左　最も初期の「ミステル」の組み合わせの1つ(非公式に「父と息子」として知られていた)はメッサーシュミットBf 109Fとユンカース Ju 88A-4である。1943年7月にテストが開始された。

ミステルの攻撃目標

この親子機(ミステル)の初飛行は1943年7月に実施され、10月までに成功裏に完了した。この頃には弾頭の開発作業もかなり進展し、子機の頭部の換装作業を行うユンカース社から15機分の成形炸薬弾頭が発注されている。

1944年4月までに1小隊が第101爆撃航空団第2飛行小隊としてホルスト・ルーダット大尉の指揮下に設立され、訓練を開始している。訓練は当初はノルトハウゼンにあったユンカース社の飛行場で行われ、のちにバルト海沿岸のコルベルクで行われた。4月中盤、参謀文書により、当該部隊の攻撃目標に関して概要が述べられた。すなわちスカパー・フロウ〔オークニー諸島にある入江。イギリス海軍の根拠地があった〕、ジブラルタル航路およびレニングラードの船舶であるが、後者の2つは実行可能性がかなり低いとしてまもなく却下され、スカパー・フロウが最初の攻撃目標に選定された。ミステルはデンマークのグローブを出発し、事前に配置されたラジオ・ブイのラインに沿って北海を横断することになった。計画は、連合国がノルマンディーに上陸した際にはかなり進展しており、6月中旬、第101爆撃航空団第2飛行小隊はサン・ディジェに移動、6月24日の日没後に5機の「ミステル」がセーヌ湾の船舶を攻撃するために離陸した。作戦に参加した5機のうち4機が船舶目標に命中、残り1機は器材故障のため子機を投棄したとされる。

その後4ヵ月の間に新たにいくつかの部隊が訓練を受け、「ミステル」による急襲が2度遂行された。1度目は英仏海峡の船舶に対して、2度目はスカパー・フロウの船舶に対してであったが、どちらも不成功に終わった。2度目のほうは途中で3機が損壊し、別の2機は目標を補足できなかった。

この頃には、別の組み合わせのミステルの製造が指示されていた。新型のJu 88とFw 190の組み合わせである。新型「ミステル」は、ベルンベルクにある工場で機体を使い回さずに一から製造された。1944年11月、東部戦線に関心が向けられると、ソビエト連邦の電力施設の破壊を目標とした「アイゼンハンマー」作戦が開始された。連合国軍が東西からドイツに迫るにつれ、橋梁が重要な攻撃目標となったため、1945年春には、連合国軍の河川通過および橋頭堡に対してもっぱら「ミステル」が使用された。最後の作戦は1945年4月16日に実施されている。

これらのほかにも「ミステル」作戦用として多くの組み合わせが計画され、うち数件が製造されている。その中には高高度、高速偵察機であるDFS 228と発射台として機能するDo 217Kの組み合わせ、子機切り離し後に親機を戦闘機として使用可能なDo 217(子機)とFw 190(親機)、Ta 154とFw 190、高速機同士の組み合わせであるMe 262とMe 262、Ju 287とMe 262、Ju 268とHe 162といった組み合わせも計画されていた。これらはすべて重要な攻撃目標に対する使用が提案されたが、接近速度に著しい差があった。

DFSは1945年までHs 293誘導爆弾(第7章参照)用に特別に創案されたラジオリンクおよびテレビ誘導システムを用いる遠距離制御システムにも取り組んでいる。これは試験航空機が準備されたが、試験が始まる前に火災により破壊された。

Deutschland

4

回転翼機

ROTARY-WING AIRCRAFT

回転翼機は、早くも1907年にはフランスでホバリングが成功しているが、実用に耐えるヘリコプターが開発されたのはドイツで、1936年のことであった。第三帝国の科学者たちはこの分野をリードし、1945年頃には作戦行動に運用可能な回転翼機が開発され、戦闘条件下でいかに有効であるかを実証した。

◀「何でも思い切ってやる」テストパイロットのハンナ・ライチュは、フォッケ アハゲリスFa 61を、ベルリンのドイッチュラントハレ屋内競技場（ドイツ会館）で飛ばしてみせた。

回転翼機は基本的に2種類に分類される。すなわち、オートジャイロとヘリコプターである。オートジャイロは、フアン・デ・ラ・シエルバ〔1895～1936年。スペイン生まれの航空技術者〕により考案されたもので、従来のプロペラ機と同様、プロペラの力で前方への推進力を得て上昇し、回転翼そのものは無動力である。オートジャイロの離陸には滑走が不可欠で、前進のみ可能、空中で一定の場所に留まることはできないが、下降や着陸はほぼ垂直に行える。シエルバがオートジャイロの初飛行に成功したのは1923年のことで、ハブに接合するブレード（羽根）にヒンジを付けることを発見した。登場後数年はオートジャイロのほうが真のヘリコプターより優勢であったが、シエルバが提案したヒンジ付きローターヘッドの配置が採用されると、ふたたびヘリコプターが注目されるようになった。ただし、オートジャイロの開発自体は続けられた。

1930年代には、ドイツはヘリコプター開発の中心になっていた。1945年5月までにタイプの異なる回転翼機が20種類ほど設計されており、このなかにはオートジャイロやジャイログライダー、有人凧なども含まれている。ドイツ以外で注目すべき唯一の事例としては、ロシア生まれのアメリカ人シコルスキーによる開発がある。彼は1909年に回転翼を用いた最初の飛行実験を行ったが、このあと相当の成功を収めるまでに30年を要した。とはいえ、シコルスキーはテールローター式ヘリコプターの発展に大きく寄与することになる。

フォッケ アハゲリスFa 61

1930年代初頭、ハインリッヒ・カール・フォッケ教授はドイツ国内のライセンスを得て、シエルバ社のオートジャイロ機C.19の製造に着手し（当時、別の航空機開発で協力関係にあったゲオルク・ヴルフとは組まなかった）、すぐにヘリコプターの実験を開始した。フォッケはゲルト・アハゲリスと共同研究を行い、まもなく双回転翼ヘリコプターFa 61を設計した。アハゲリスは、クルト・タンク設計のFw 44「シュティーグリッツ（オウゴンビワ）」でエルンスト・ウーデットばりのアクロバット飛行を披露した人物である。

Fa 61は、従来型の機体の前方に星形エンジン（BMWブラモSh、160馬力）を搭載している点でシエルバ社のヘリコプターと似ていたが、胴体から張り出した3枚羽根のローターを2基有している

下　Fa 223「ドラッヘ（竜）」は、な最初の実用的な輸送ヘリコプターであった。下の実験機は、戦後、チェコスロバキアで回収部品から製造されたものである。

点で異なっていた。このローターはトルク効果を減少させるために逆回転するシャフトによって駆動する。機首には小さなプロペラが付いていたが、これはエンジンの冷却を補助するものに過ぎない。尾部には、水平翼と方向蛇、最上部にスタビライザーがあり、とんぼ返りを防止するため、機首側の車輪のほか、尾部にも車輪式の着陸装置がある。ローターには周期ピッチ制御（個々の羽根の迎え角が回転周期の間に変化する）が備えられており、縦方向の姿勢と進行方向を制御した。また、2基のローターの回転周期を変えることで非対称の上昇力を生みだし、横方向の制御を可能にした。

Fa 61は、1936年6月26日、エヴァルト・ロールフスの操縦により28秒間の初飛行を遂げたが、ロールフスはその後1年間に記録を定期的に更新した。初飛行から1周年の記念日には高度記録2,440mと航続時間記録1時間20分49秒を樹立し、翌日、直線および巡回距離記録と飛行速度122.553km/h（経路20km）を達成している。その4ヵ月後には、ハンナ・ライチュがブレーメン〜ベルリン間（約109km）を飛行し、直線飛行記録を更新している。さらにライチュは翌年2月にベルリンのドイッチュラントハレ屋内競技場（ドイツ会館）でFa 61を飛ばしてみせ、その制御性を実証した。1929年1月29日には、カール・ボーデが、高度記録3,427mを達成している。この記録はしばらく破られることはなかった。

Fa 61は、秘密兵器とは言いがたい。事実、それは公然と開発されていたし、概念実証機に過ぎなかった。しかし、フォッケアハゲリス社とその競争相手アントン・フレットナーは、大戦中に多くの成果を上げた。ドイツ国防軍は、この種のヘリコプターが開拓した運用可能性をいち早く賞賛した。1938年、フォッケアハゲリスは、純粋に輸送を目的とするヘリコプター、Fa 266「ホルニッセ（スズメバチ）」とFa 223「ドラッヘ（竜）」の研究を開始した。この新しいヘリコプターは実質的にFa 61の拡大版で、Fa 61同様、2基のローターを外側に張りだすスタイルであったが、馬力はずっと強く、過給器付きで650馬力を生み出すブラモ323Q3ファーフニル型エンジンを搭載していた。同機は同時ピッチ制御を導入したおかげで柔軟性が増し、飛行しやすくなっていた。これ以前は上昇運動をスロットルで制御していたが、非常に行き当たりばったりであった。同時ピッチ制御の導入により、上昇の度合いはローター・ブレードのピッチ調整によって制御され、エンジンの速度は一定に保たれた。胴体長は12.25mで、金属板が使用されているエンジン部分を除き、鋼管のフレームは羽布で覆われていた。機内には4つの区画があり、パイロットと観測員が搭乗する操縦区画、自動漏止（防弾式）の燃料タンクとオイルタンクが配置された積荷区画（右舷側にドアあり）、エンジン区画、従来型の垂直安定板および方向舵のある尾部からなっていた。

珍しいエンジン据え付け

エンジンの搭載方法はやや奇抜であった。エンジン、変速機ともに2つの大口径リングの中に配され、4つの縦通材に調整可能なケーブルで装着されており、支柱によって前後の揺れが防止されていた。機体外殻の動力区画の前方端には隙間があり、ここから冷気を取り入れるとともに、同区画の後方端から排気するようになっていた。ローター・ブレードは高張力鋼管に木製のリブ（肋材）を取り付け、それを合板と羽布で覆っていた。ローター・ディスク〔ローターが回転するエリア〕は内側に4.5度、やや前方に傾斜しており、通常の回転速度は275回転／分、エンジン回転数に対する減速比は9.1：1であった。

「ドラッヘ」（「ドラケン」とも呼ばれた）は積荷区画に4人まで搭乗可能であったが、1944年に行われた部隊演習では機内に完全武装兵12名、さらに機外に張りだした梁に8名を乗せている。最大有効荷重は計約1.27トンであった。デモンストレーション時にはフィーゼラー社の軽飛行機Fi 156「シュトルヒ（こうのとり）」とフォルクスワーゲン社製車両1台を空輸、陸軍演習時には小型野戦砲を空輸している。大型貨物は、機体床部のポートを経由して耐荷重梁に設置されたウインチで吊り下げられた。

Fa 266試作機は1939年末に完成した。この頃にはFa 223として再設計され、1940年8月、100時間以上に及ぶ静的および限界ホバリング試験を経て初飛行を実施している。1940年10月には、カール・ボーデの操縦でレヒリンにあるドイツ航空省試験センターまで飛行し、多数の新記録を打ち立てた。通常の運用限界が最高速度120km/h、高度4,880mであるところ、最高速度182km/h、垂直上昇率528m/分、高度7,252mを達成している。ドイツ航空省は、対潜水艦、偵察、救難、訓練および輸送任務の評価試験のため、30機の製造を即座に命じた。なお、連続生産の開始までに、任務要求に応じた装備が可能な標準機の製造が決定された。

最初の試作機V1号機は、1941年2月5日、115回の飛行を達成後、低高度でのホバリング中に動力異常が生じて墜落した。また1942年6月には、試作2号機、3号機とともに量産試作機7機分、工作機械設備多数が空襲によって破壊された。このため、製造拠点はブレーメン

左　Fa 330は純粋なヘリコプターではなく、無動力のジャイロ凧であった。同機は潜水艦に搭載され、後方上空に曳航される観測台として考案された。

から南ドイツのラウプハイムに移されたが、製造が再開されたのは1943年2月であった。この新工場も1944年7月に爆撃を受け、さらに多くの機体が失われた。こういう次第で、Fa 223の完成機はおそらく12機しかない。戦争終結時点で3機が運用中であったが、うち1機はパイロットにより破壊、2機はアメリカ軍に接収された。接収された2機のうち1機は、のちにドイツ空軍で最も経験豊かなヘリコプターパイロットであるヘルムート・ゲルステンハウアーによってイギリスまで飛行し、約170時間の試験飛行後、高度18.3mから墜落した。

戦後、Fa 223の開発はフランスでフォッケ教授の協力を得て継続された。チェコスロバキアでも開発が継続され、回収された部品から2機が製造されている。ドイツ空軍にとって有益な機種であると関係者の誰もが同意していたにもかかわらず、なぜFa 223は各方面で製造されなかったのか。それは当時、第三帝国内部で行われていた資源分配闘争の点からのみ理解される。Fa 223を優先リストの上位におく有力な支持者がいなかったからである。もしV12号機が、1943年9月のオットー・スコルツェニーによるムッソリーニ救出作戦中に故障しなかったなら、おそらく事態は変わっていたであろう！

Fa 225

ドイツ空軍のグライダーへの関心は、第一次世界大戦後に解体された空軍の再建よりも前に遡る。その頃、ドイツにおける唯一のパイロット育成手段は、滑空クラブや学校を創設することであった。グライダーはパイロット養成の重要な手段であるとともに、グライダーそのものが多くの重要な役割を担うことになる。

グライダーが兵員と装備を戦線に輸送するのに初めて用いられたのは1940年5月10日のことである。この時、ドイツ空軍空挺隊員がベルギー国境地方にあったエバン・エマール要塞にDFS 230を着陸させ、要塞を占拠・保持している。これは第二次世界大戦中のドイツの軍務のなかで最も成果を上げた部類に入るであろうが、こうしたやり方は、着陸場所が適切かつ非常に広い場合のみに適用できるものであった。

フォッケアハゲリス社は、DFS 230の主翼をなくしてFa 223の3枚羽根のローター・ユニットを搭載する改造を提案した。その外観は実質的に動力付きのオートジャイロないしジャイログライダーであった。後者は牽引機から解き放たれたあと、地上に対して急角度で近づくとローターが自動回転し、機体より少し大きなエリアに着陸することができる。改造を受けたFa 225は、ドイツ空軍の集大成Ju 52に曳航されることになり、1943年に実施された試験では、着陸が可能なこと、高度18.3m以下で滞空できることが判明した。

ハイブリッド・グライダーとして知られるFa 225は、その生産準備が整うまでは良く機能したが、ドイツ国防軍の運用要求が変更されると、プロジェクトは棚上げされてしまった。

Fa 330「バッハシュテルツェ」

Fa 225はフォッケアハゲリス社が設計を予定していた唯一の無動力回転翼機というわけではない。1942年初頭、同社は、潜水艦曳航の簡易的な単座ジャイロ凧の考案を依頼された。この回転翼凧に搭乗した観測員は、Uボート艦橋上の観測台よりもずっと広い視野を得られるはずであった。

こうして生まれたのがFa 330「バッハシュテルツェ（セキレイの尾）」で、その構造はきわめて単純であった。機体は直角に取り付けた2本の鋼管からなり、短い鋼管がローター部を支え、長い鋼管には簡素な方向舵と操縦席、操縦桿が付いていた。この操縦桿でローターを傾けて縦横方向の制御を行い、方向舵で進行方

向を変えるのである。ローターのブレードの角度は飛行中を除いて調整が可能で、ピッチ角が大雑把でも最適な飛行性能を発揮したが、逆に発射には難があった。

Fa 330を発射するときは、まずローターを回転させておき（風があるときは手動で、無風のときはローターヘッド内部のドラムに巻かれたロープを引いて回した）、機体全体を後方へ押し出した。潜水艦に戻すときは、通常はウインチを用いたが、緊急の場合はローターを切り離して、操縦席後方に格納されているパラシュートを開くことができた。機体は150 mの牽引ケーブルによって曳航され、高度120mまで上昇して40km先まで見渡すことができた。潜水艦の観測台から見渡せるのは8kmであったから、これは顕著な改善である。パイロットを除いたジャイロ凧の重量は82kgで、数分で組み立て・分解が可能であった。滞空最小速度は27km/hである。

Fa 330は約200機がヴェーザー航空機によって製造され、外洋航行向けのUボートIX型に配備された。しかし、運用履歴はほとんど不明で、各艦2〜3名の乗組員がパリ近傍のシャレ・ムードンの風洞で飛行指導を受けたこと以外は知られていない。操縦はきわめて簡単で、短時間なら手を離してもよく飛んだが、自衛手段が全くないという点でパイロットには不評であった。

野心的フォッケの設計

フォッケアハゲリス社は、さらに大胆な設計を2案作成した。1つは転換式航空機のFa 269で、垂直離着陸する一方、ローターを支持するシャフトを90度回転して推進プロペラに転換するというものであったが、この種の方式（ただしより効果的な牽引プロペラを用いる）はうまく行かず、1980年代後半にボーイング・バートル〔ボーイング社のヘリコプター部門〕が、V-22オスプレイを完成するまで導入されなかった。Fa 269は空想の産物に過ぎず、当時の技術で実現できたかどうかは疑わしい。

上 Fl 282は、第二次世界大戦期ドイツのヘリコプターのなかで最も洗練されたものであった。上の後期型はアメリカ軍に捕獲されたものだが、パイロット用のプロテクターまで付いている。

もう一方のFa 284は大変実用的で、事実上Fa 223の拡大版である。機体の大部分が格子構造になっていて、双発の1,600馬力BMW801エンジンを搭載していた。重量貨物を吊り下げ運搬するように設計されており、これは1970年代のシコルスキー S-60（CH-54B）「フライング・クレーン」の考え方とまったく同じである。部品の一部は1943年後半にこの計画が中止になるまでに製造され、2機のFa 223を縦に結合する計画も検討された。この結合部分は、製造されたことが知られているが、完成はしていない。

フォッケ教授の最も野心的な設計は、フォッケアハゲリス社ではなく、フォッケヴルフ社の後援を受けて生み出された。「トリープフリューゲル」の名で知られるこの航空機は、テール・シッター型（尾部を地面に向ける方式）VTOL（垂直離着陸）航空機で、コックピット後方の胴体部を軸に回転する3翼によって上昇するというものであった。各翼の先端に搭載されたラムジェットの推力は840kgあり、翼の回転が運用速度に達するまでは分離可能なロケット3基が補助することになっていた。同機は開発が進められず、その実現可能性は推測の域を出ないが、戦後、テール・シッター型のVTOL機が3機製造されている。うち2機はアメリカ、1機はフランス製である。アメリカでは、ロッキード社とコンベア社が各々設計している。固定翼と機首に二重反回転プロペラを使用している点で従来型の航空機に近い。他方、フランスのスネクマ社の「コレオプテール（甲虫）」は環状の翼を有し、尾部搭載のターボジェットで推力を得て、4枚の旋回翼で制御するというものであった。3機とも曲がりなりに飛行したが、いずれのプロジェクトも最終的には中止となった。その後、垂直方向から水平方向への方向転換に関しては、簡単にいえば、従来型の機体でターボジェットの方向を無線誘導することによって実現している。

下　Fl 282を巡洋艦ケルンに搭載して海上試験を行ったところ、悪条件下でも飛行可能であることが実証され、1944年に製造発注された。唯一、Fl 282の任務を妨げたのは、連合国軍の爆撃である。

アントン・フレットナー

1930年、回転翼機が飛行する際の問題点に注目したアントン・フレットナーがあるヘリコプターを作った。2枚羽根のローター2基に対してアンザーニ社のピストンエンジン2基を搭載するというもので、この配置はトルクに関わる問題を解決するものであったが、他の方法と比べると大して成功しなかった（同じ問題をフォッケアハゲリス社は逆方向に回転する2つの回転翼を設置することで克服した。他の設計者たち、とりわけシコルスキーは、動力付きのテールローターによって反作用の力を打ち消した）。このヘリコプターは繋留（けいりゅう）状態での試験で大破し、その後ふたたび製造されることはなかった。フレットナーは次に、ドイツ海軍用に複座のオートジャイロ機を製造したが、このFl 184唯一の実験機は飛行中に炎上し、またしても大破した。

Fl 185およびFl 265

これ以降もフレットナーが有効な解決策を探し求めていたのは明らかである。というのは、彼が次に設計したFl 185もまた変わり種であったからである。ヘリコプターとオートジャイロ機の折衷ともいえるもので、ジーメンス・ハルケ社の140馬力のエンジンが、単一のローターと2つの可変ピッチ前進プロペラに接続されていた。垂直離着陸に際してはヘリコプターのように機能し、動力の大半はローターに振り向けられた。2つの従来

フレットナー Fl 282 V21

性能諸元

タイプ	単座開放コックピット型ヘリコプター
全長	6.56m
最大離陸重量	1,000kg

上　アメリカ軍兵士がWNF 342翼端部の小型ジェットを検めているところ。これはエンジントルクの影響を排除するためにフリードリッヒ・フォン・ドブルホフが考案したものである。

型のプロペラは、反対方向の推力を供給してトルクを打ち消す仕組みであった。前方に飛行する際は、ローターは無動力の自由回転となり、全動力が2つのプロペラに振り向けられ、前進推力を得た。フレットナーはFl 185を2～3回飛行させただけで断念し、新たな設計に目を向けた。それは差動同時ピッチ制御によって2つのローターをかみ合わせ、制御するというものであった（1960年代のカマンH-43「ハスキー」にも採用された）。

単座のFl 265の外観はFl 185によく似ており、前方搭載の星形エンジンにエンジンカウルと冷却ファンが付き、密閉式のコックピットに短い垂直安定板を有していた。ただし、Fl 185にあった舷外版やプロペラはなく、2本のインクライン・シャフトそれぞれにブレードが2枚付くという、非常に複雑なローターヘッドを用いていた。1937年に設計が完成し、翌年、ドイツ海軍は性能評価のために6機を発注した。試作機は1939年5月に初飛行を実施したが、のちに飛行中にローター・ブレードがぶつかり合って大破した。

他のFl 265は、バルト海や地中海において海軍部隊の各種運用試験に広く用いられて相当の成功を収め、軍艦へのVTOL機配備の有効性を実証した。運用試験は主として巡洋艦で行われたが、潜水艦でも行われた。Fl 265はまた陸軍部隊とともに運用され、偵察や兵站も担っている。Bf 109やカメラ銃装着のFw 190をはじめとするドイツ空軍の運用試験では、このヘリコプターの撃墜が困難であることが示された。思い出されるのは、世界最優秀の戦闘機パイロットが20分にわたってFl 265を攻撃したが、一度も命中させられなかったことである。様々な試験が行われた結果、フレットナーは量産化を命じられた。実際には、フレットナーはすでに改良型、すなわち複座式のFl 282「コリブリ（ハチドリ）」の設計に着手しており、この新型機の大量生産が進められた。

Fl 282「コリブリ」

フレットナーが、新型機の設計に際して行った最も重要な変更は、エンジンを操縦席の後部に再配置したことで、これによりパイロットと偵察員は非常に大きな視野を得られた。駆動力はクランクシャフト前面から減速ギアボックスを介して得られ、ユニバーサル・ジョイント（自在継手）式のドライブシャフトおよび2基のローターをつなぐクロスシャフト（横軸）を介して上部および後方に伝達された。クロスシャフトは左右に12度、前方に6度傾けられていた。ローター・ブレードは、機体の中心線に対して45度傾いている状態で、平行になるよう取り付けられた。垂直安定板と方向舵は以前にフレットナーが設計したものよりもずっと大きく、操縦は方向舵の動きと差動同時ピッチ制御を組み合わせて行った。

「コリブリ」は、エンジン始動時に著しい振動が生じたが、非常に満足のゆく出来であった。水平飛行時の最高速度は150km/h、垂直上昇率91.5m/分、ホバー上昇限界300m、任務上昇限界3,290m、航続距離300kmとされる。50人ほどのパイロットが当機の飛行訓練を受けたが、そのほとんどはフレットナー手配のテストパイロットであった。「コリブリ」は操作性がきわめて良好で、安定性も高かった。前進速度60km/h超で飛行状態が安定すれば、操縦桿から手を離すこともできた。

海上試験

1942年以降、巡洋艦ケルンに搭載して海上試験を行ったところ、「コリブリ」は相当の悪天候下でも使用可能なことが実証され、翌年までに20機がドイツ海軍付きで地中海およびエーゲ海で任務に就いた。1944年には、BMWに対して1,000機の生産が命じられ、ミュンヘンおよびアイゼナハ工場の生産設備が整備された。しかし両工場とヨハニスタールにあったフレットナーの作品は、生産が始まるまでに連合国軍の空襲により甚大

ドイツ製ヘリコプターの比較

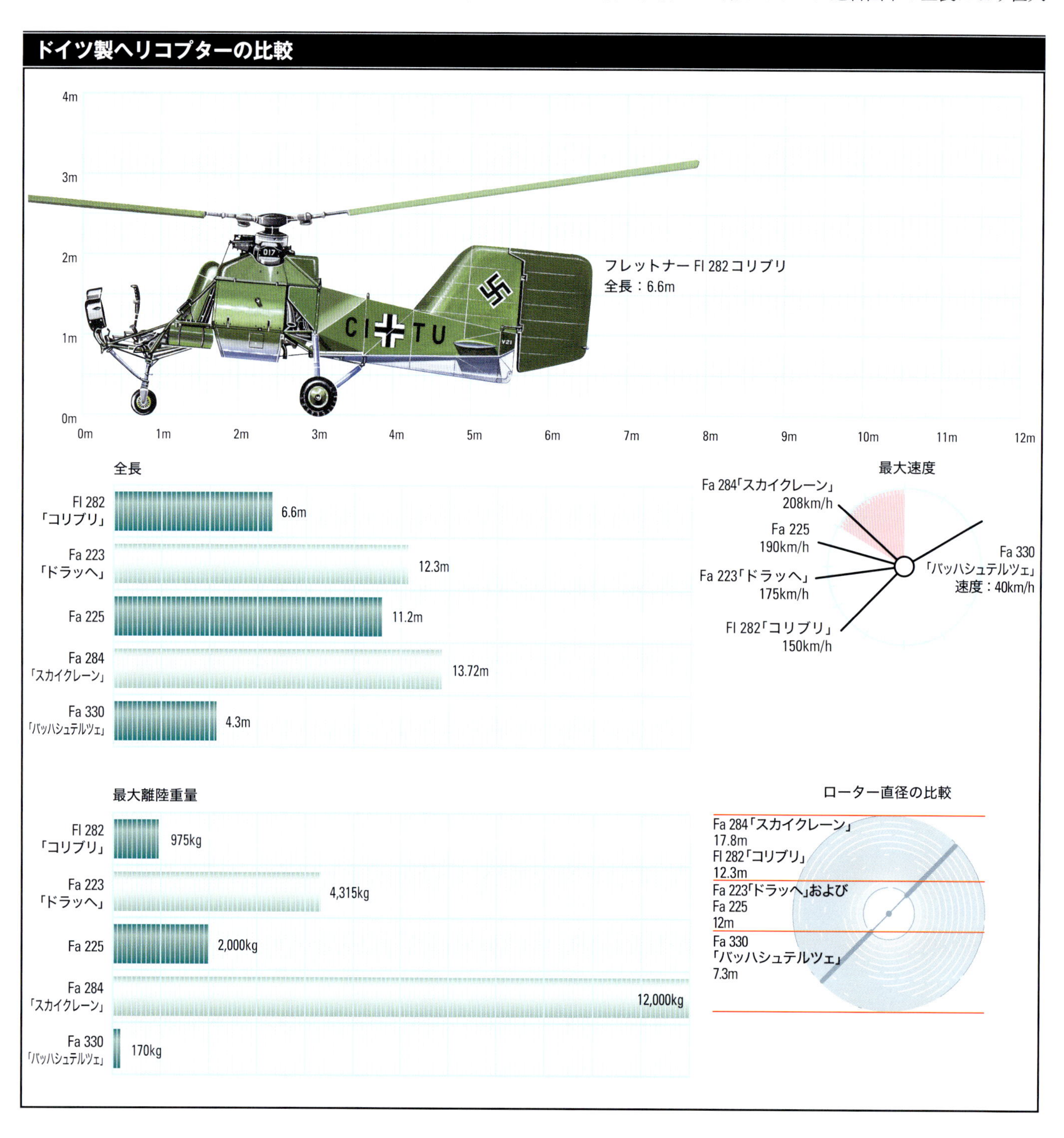

な損害を被った。アントン・フレットナーはその後20席の座席をもつヘリコプターFI 339の設計に着手したが、これは開発の域を越えることはなかった。

ドブルホフ／ WNF 342

フリードリッヒ・フォン・ドブルホフは、第三帝国における他のヘリコプターの先駆者ほど有名ではない。しかし、彼が設計し、ウィーン近郊のヴィーナー・ノイシュテッター航空機によって製造された航空機は、トルク問題の解決に対する革新的なアプローチの典型であった。

ドブルホフは、ブレードを回転させるために、ローターの先端に小型ジェットを取り付けた。ローター先端部の燃焼室への可燃性混合気の供給は、通常のピストンエンジンを動力とするコンプレッサー（圧縮機）で行い、混合気がローターハブとローター内部の導管を経てローター先端の燃焼室に至り、点火されるという仕組みである。ピストンエンジンは小型のファンも駆動させた。このファンは尾翼に空気を送り、操舵の役割を果たした。

試作機は4機のみ製造された。うち3機のブレードはピッチが固定され、静的／繋留試験でのみ使用されたが、残り1機は総体的なピッチ制御を可能にした最も独創的な（複雑な）構成であった。この最後の試作機は試験で良好な結果を残し、最高速度45kmを達成したが、1945年のソ連軍侵攻で開発計画は頓挫した。

フォッケヴルフ「トリープフリューゲル」

他の回転翼機と好対照をなすのは、フォッケヴルフ社の高性能垂直離着陸機「トリープフリューゲル」で、ラムジェット推進で飛行する迎撃機である。コックピット後方の胴体回転部（リング）に取り付けられた3枚の翼が、翼端のパブストラムジェットにより回転するというものである。

3枚の翼は、離着陸時にヘリコプターのローター・ブレードのように機能し、水平飛行時には特大のプロペラとして機能した。テール・シッター型で、尾部中央に1輪、4枚の姿勢安定尾翼それぞれに車輪が取り付けられており、これらの車輪は、飛行中は流線型の格納庫に収納された。フォッケヴルフ社は1944年9月に設計を完成し、最高速度マッハ0.9の風洞モデル実験を実施したが、製造されることはなかった。

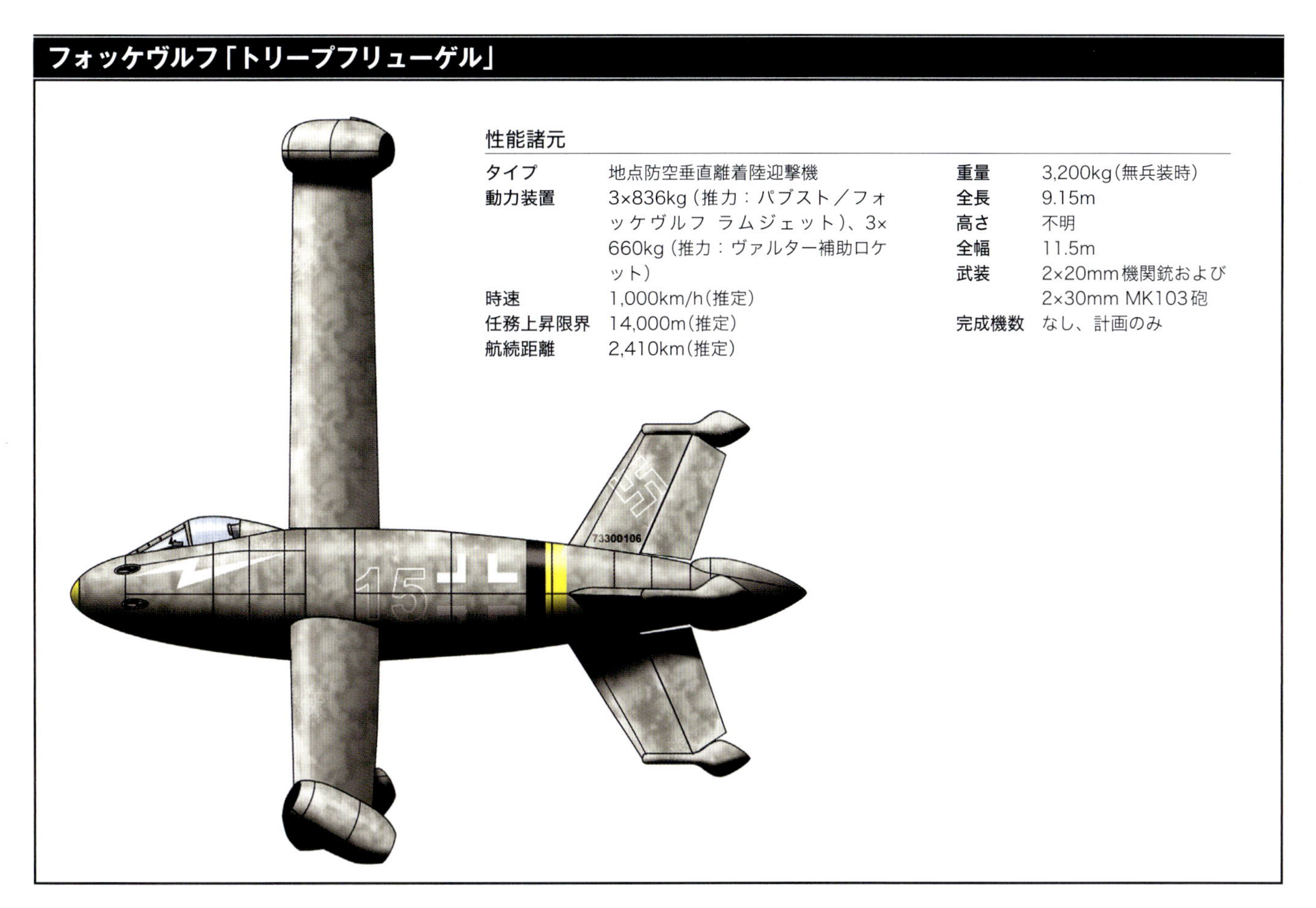

フォッケヴルフ「トリープフリューゲル」

性能諸元

タイプ	地点防空垂直離着陸迎撃機	重量	3,200kg（無兵装時）
動力装置	3×836kg（推力：パブスト／フォッケヴルフ ラムジェット）、3×660kg（推力：ヴァルター補助ロケット）	全長	9.15m
		高さ	不明
		全幅	11.5m
		武装	2×20mm機関銃および2×30mm MK103砲
時速	1,000km/h（推定）		
任務上昇限界	14,000m（推定）	完成機数	なし、計画のみ
航続距離	2,410km（推定）		

5

地対地ミサイル

SURFACE-TO-SURFACE MISSILES

第二次世界大戦開戦前、ロケット工学はほとんど科学とはいえなかった。それまではたまに小さなロケットを空へ打ち上げるに過ぎず、実質的に打ち上げそのものが目的であった。しかしロケットが戦争において長射程兵器として可能性があることが明らかになると状況が変わった。ドイツほどこの可能性を理解するところはなく、ロケットの先駆的研究の多くがドイツで実施されていた。

◀イギリス空軍によって捕獲されたA-4(V-2)が同国科学者により1945年クックスハーヴェン近郊で発射された。

第二次世界大戦期のドイツの秘密兵器のうち、最も有名かつずば抜けた効果を発揮したのは、地対地ミサイルである。1944年6月末以降、イギリスやアントウェルペン港をはじめとするヨーロッパ大陸の攻撃目標の爆撃に用いられた。

「報復兵器」と呼ばれたV1、V2には、飛行特性データを取得するためのものや、搭乗を前提として設計されたものもあった。驚くにはあたらないが、V2弾道ミサイルの成功により、さらに発展した開発計画も策定された。どれも試作段階には至らず、多くはペーパープランに終わった。しかし、ドイツのロケット工学研究に携わった多くの科学者や技術者は、戦後、米ソの宇宙開発やロケット工学の原動力となった。彼らは現代文明の中心となった技術の確立や人間を宇宙へ送り出すことに貢献したのである。

フィーゼラー Fi 103-V1

V1（報復兵器）には多くの名称があった。ドイツ空軍では対航空機火砲照準機76（対空射撃標的機76あるいは単にFZG76）と呼称されたが、これは秘匿名称であった。

正式なコードネームは「キルシュケルン（さくらんぼの種）」で、「クラーエ（カラス）」という名称も知られている。一方、ドイツ航空省ではFi 103、航空機工場ではフィーゼラーと呼ばれたが、最初の名称はP.35である。

イギリス国民にはブンブン爆弾、P航空機、アリ地獄とも呼ばれたが、イギリス空軍は「ダイバー」と呼称した。事実

上第一世代の巡航ミサイルは弾頭に爆弾を搭載し、簡単な誘導装置を装備していた。その開発の歴史を述べるには1928年まで遡らなければならない。

パウル・シュミットは流体力学と航空力学を研究していたが、1928年、パルスジェットとして知られる簡易型推進エンジンを用いた実験を開始した。パルスジェットは、一言でいうなら、管状の燃焼室である。前方開口部に小さな長方形のスプリング付きフラップ弁があり、燃焼室に適量の燃料（重要な資源ではない低オクタンのガソリン）を噴射して間欠的に爆発を起こし、推力を得るというものである。エンジンの始動速度である300km/hに達するまでは、何らかの外部的な方法で加速させなければならないが、これには送風システムを使って十分な圧力下で大量の空気を供給するという方法があった。

左　悪名高いV1飛行爆弾。この最初の巡航ミサイルはアマトール爆薬830kgを弾頭に搭載し、240km先の目標まで飛んだ。

上　アルグスパルスジェットの開口部にある多数の小さなフラップは風圧で開き、後部のジェットパイプで燃料を燃焼させると閉じるようになって。

このエンジンでは前進するにつれて空気がフラップ弁を介して管内へ送られ、フラップ弁開放により2番目の弁が開き、圧縮された大量のガソリンが管内に噴射されて爆発性の混合気が生じ（ガソリンエンジンの燃料噴射システムと同じ）、点火プラグが作動する。

燃焼によりフラップ弁が閉じると、空気と燃料の流入が止まる。これにより燃焼を後方への推力に変換する。管内の圧力が、前方開口部から流入しようとする空気の圧力を下回ると、フラップ弁が再び開放されて空気が流入する。という具合に、こうした過程が1秒間に何度も反復されるのである。V1のアルグス109-014エンジンでは、この過程が1秒間に47回反復された。

安価で簡易

パルスジェットモーターには自力で起動できないことに加えて、他にも制約がある。気圧が低下するにつれて機能が低下し、高度3,000m以上では機能不全となるのである。また、速度は燃焼室の大きさによって変更できるものの、飛行速度は一定である。さらに、フラップ弁は比較的短時間で焼損しがちである。しかし長所もいくらかある。第1に迅速に運用できること、第2に製造が容易なこと、第3に非常に安価なことである。

左　飛行爆弾は分解された状態で発射施設に運ばれたが、組み立ては簡単であった。写真はV1の翼を管状の主桁に差し込んでいるところである。

パルスジェットには短距離地対地ミサイルを飛ばせるだけの推力があった。これはシュミットが提案したロケット利用方法の1つである（彼は以前、パルスジェット推進の垂直離陸機で誰の関心をひくこともできなかった）。

シュミットは1934年にある案を航空省に提出した。当初はぞんざいに扱われたが、ヴェルナー・フォン・ブラウンをはじめとする多くの著名な科学者たちがシュミットの研究に取り組むと、航空省とドイツ陸軍兵器開発・調達機関（HWA）が興味を持った。最終的にシュミットは、大した額ではなかったものの、開発予算を獲得した。

1940年までにシュミットのパルスジェットは500kg以上の推力を持ったが、航空省は他の開発者を捜し始めていた。実のところ、アルグス発動機会社のほうが名声があるように思われたし、同社ではフリッツ・ゴスラウ博士のチームがパルスジェットエンジンを根本から開発し始めていたのである。

ゴスラウ博士のチームは1940年3月までシュミットのエンジンを見ることを許可されなかった。このため、部分的にはシュミットの弁システムを採用したが、設計のほとんどは彼ら自身で考えたものである。その年の暮れまでに推力150kgの小さなエンジンが製造され、1941年4月30日には同エンジンを搭載したゴータGo 145複座複葉練習機が飛行している。また夏には小型輸送グライダーがパルスジェットの推力だけで飛行した。この飛

右ページ　V1は蒸気カタパルトにより傾斜路から発射された。速度が約400km/hに達すると、V1本体のエンジンが作動し、誘導システムにより巡航高度までゆっくりと上昇する。

行でコンセプトの有効性が示されたが、航空省が次の段階に進むのはずいぶん後のことで、1942年6月19日にゲルハルト・フィーゼラーに飛行爆弾の機体開発の開始が命じられた。アルグス社はその間に動力の開発を進め、ヴァルターはカタパルト発射システムに取り組み、ジーメンス社は既存のオートパイロットを使った誘導システムを製造した。

機体製造はメッサーシュミット社でP.1065プロジェクトに従事したロベルト・ルッサー、さらにヴィリー・フィードラーが担った。開発には18ヵ月を要し、1942年12月初旬までに、最初の機体（無動力）がFw 200「コンドル」からペーネミュンデ・ヴェストの試射場に向けて投下されている。同年のクリスマスイブには、初めてカタパルトによる射出も行われている。航空機からの投下ないしカタパルト射出試験には約350基が投入された。

試験は最初の頃はスムーズにはいかなかった。あらゆる構成部位を同時に試験しなければならないので事態が複雑化し、問題の特定を困難にさせたのである。しかし最終的には、空気取り入れ口や燃料供給システムの設計が最大の問題であることが特定され、見直しが行われた結果、飛行爆弾の信頼性が向上した。

ただ、この飛行爆弾の速度は約600km/hと予想したよりも相当遅くなり、既存戦闘機の迎撃に対して脆弱となった。このため、V1の性能向上計画は継続され、アルグス109-014型モーターの出力向上（たとえば亜酸化窒素の燃焼室への注入）が図られる一方、109-044やポルシェ109-005ターボジェットのようなより強力なモーター（いずれも推力500kg）、ないし詳細不明のラムジェットとの換装が検討された。戦争終盤には実験モデルの飛行速度はおよそ800km/hになっていた。

しかしこの頃には、イギリス初のジェット推進戦闘機グロスター「ミーティア」のような、より高速の迎撃機が出現していた。「ミーティア」の対V1初戦果は1944年8月4日のことで、この時はV1の翼端に接触して安定性を失わせてV1を墜落させている。この戦法は想像されるほど危険ではなく、迎撃機自体がダメージを被るリスクのある、近距離での飛行爆弾の撃墜より望ましい方法と考えられていた。V1は一定の速度・高度で飛行したため、地上の対空砲にとっては航空機よりもはるかに容易な目標であった。実際、V1に対しては対空砲が最も戦果をあげている。

設計の変更

まったく驚くことではないが、誘導システムとその装置にも問題があること

左 V1は一定の速度、高度でまっすぐ飛行したため、射撃管制装置に管制された対空砲が弾幕を張るのは比較的容易であった。特にジェット噴射が明瞭に見られる夜間は容易であった。

がわかった。最初の問題は、実はFi 103の機体ができあがる前に露見していた。それはエンジンの配置である。Do 17やJu 88に搭載されたエンジンで実施されたテストにおいて、特に排気流が機体を通過するとパルス噴射が大きな振動を引き起こすことがわかったので、エンジンを尾部側に移動し、大部分を尾部から突き出す恰好にされた。エンジン搭載には細心の注意が必要で、最終的に垂直尾翼に1ヵ所、さらに前方で軸線上に双方共にラバーブッシュでしっかり留めた形態が採用された。しかし、それでも振動問題は解決しなかった。

誘導システムには3軸制御のジャイロスコープが使われていた。これは発射前に所要の方向にセットされた主コンパスと、高度制御用のアネロイド気圧計とリンクしていた。修正情報は圧縮空気によって方向舵や昇降舵を制御するサーボモーターへ送られ、飛行距離はノーズコーンの小さなプロペラの回転数によって計算された。事前に決定された数値に達すると起爆装置が作動、昇降舵と方向舵がロックされて2つのスポイラーが起動し、機体を急降下させるのである。わずか数秒作動しただけでもジェットパイプの温度はかなりの高温になるので、燃焼を持続するためには多少困難な手順が必要となった。心配するような決定的なタイミングは必要としなかったので、空気と燃料の混合気が点火プラグに達するのを停止するというシステムには問題がなかった。燃焼室が高温になり、内部の圧力が高まるため、加圧された燃料供給システムが常に作動するかは予測困難であったが、燃料供給を停止することは可能であったであろう。

いずれにしてもV1が推力を保持したままで急降下することが望ましかった。しかし、圧搾空気により加圧されたV1の燃料供給システムは、飛行時間が長くなるにつれその加圧が減じ、V1が傾くだけで燃料供給が途切れることがあった。ただ、この問題は最終的には修正されている。

爆弾は3種類の異なった信管を装備していた。1つは搭載バッテリーによって作動する電気衝撃信管である。これにはレジスタ／コンデンサ回路が備わっており、衝撃によってバッテリー接続が切断された場合､起爆するようになっていた。2つめは振動スイッチを持つ電気機械式信管、3つめは機械式（時計型）遅延信管である。衝撃信管には3つの作動装置があり、1つは機首、1つは胴体（いずれも圧力で作動）、そして信管自体に加

上 飛行爆弾を破壊する際に好んで用いられた方法は、V1に接触して飛行コースをそらすというものであり、これは想像されるほどのリスクはなかった。写真は、その翼型からしてスピットファイアである。

右 撃墜後に無傷で回収されたV1はほとんどなかったが、不発爆弾によりその秘密が明らかになることもあった。右の写真は、イギリス空軍の隊員がケント州の豆畑で調査しているところ。

速度に対応するスイッチがあった。信管は非常に高性能であったため、イギリスに到達した最初の2,500発のうち、不発弾はわずか4発であった。

蒸気カタパルトを用いた発射システムは他の部位より問題が少なかった。カタパルトの蒸気はロケットモーターで使用されたのと同じT液とZ液（過酸化水素とカルシウムまたは過マンガン酸カリウム）との化学反応によって生成された。全長42mのカタパルトの軌道にはスリット付きの射出管が通っており、土台に対して6.5度傾斜していた（軌道全長はのちに半分になる）。この射出管の中をダンベル型のピストンが疾走するのであるが、ピストンには射出管上部のスリットから突き出すひれが付いており、V1を載せる台車に嵌め込めるようになっていた。

射出管の上部にあるスリットは、ピストンが蒸気の圧力で進むにつれて、管状の棒で密閉された。蒸気を発生させるための燃料は台車付属のタンクに充填された。この台車には鍛鋼製の蒸気発生室も備わっており、ピストン射出管に差し込

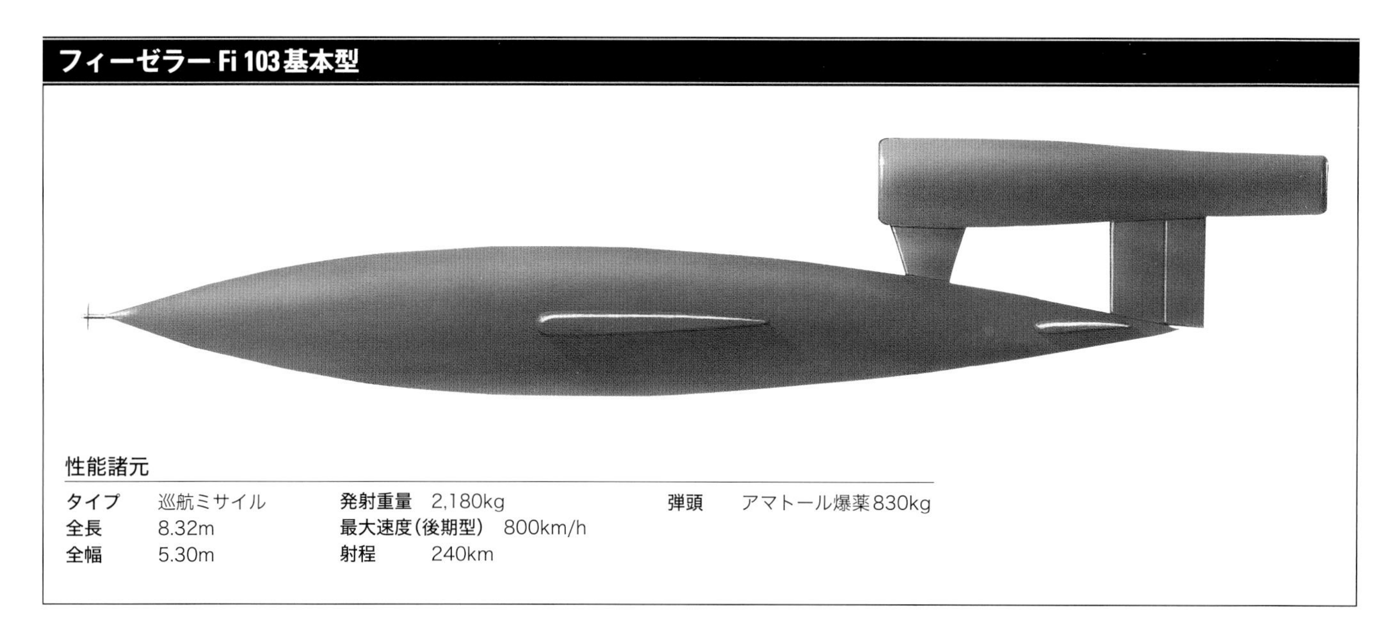

フィーゼラーFi 103基本型

性能諸元

タイプ	巡航ミサイル	**発射重量**	2,180kg	**弾頭**	アマトール爆薬830kg
全長	8.32m	**最大速度(後期型)**	800km/h		
全幅	5.30m	**射程**	240km		

上　フィーゼラーFi 103はV1の正式名称であり、1944年7月以降、作戦会議においてイングランドに向けての発射が真剣に検討された。

んで固定された。また、発射台傾斜路のすぐ後ろにはパルスジェット発動用の器材を含む起動装置が設置された。

V1発射

発射手順は簡単である。まず、パルスジェット始動後、適正な温度になるまで7秒間作動させる。すると遠隔操作により圧縮空気の入った大型容器のバルブが開き、T液60lとZ液5lが蒸気発生器に送りこまれる。化学反応により高温高圧の蒸気が発生し圧力が十分になると、ピストンを固定していたボルトがはずれ、V1を載せた台車ごとチューブ内を疾走可能になる。軌道終端まで0.5秒ほどで加速度16G、約400km/hとなり、パルスジェットが単独で作動し始める。ピストンは文字通りチューブから発射され、台車とともに少し飛んで落下する（これはあとで回収される）。

一方で、飛行爆弾は毎分約150mで作戦高度まで上昇を開始する。誘導システムが飛行中にコースを修正し、事前設定された高度に達すると、アネロイド気圧計カプセルにより昇降舵が再設定され、水平飛行に転じる。

フィーゼラーFi 103 A-1（V1）は巡航ミサイルの元祖にして、技術的にも最も典型的なものであった。全長約8m、翼幅約5m（わずかに形状と翼面積が異なる2種が作られた）、胴体の最大直径は0.84mで、弾頭にはアマトール爆薬830kgが用いられたが、焼夷弾が用いられたこともある。爆薬の代わりにガスを搭載する準備も進められたが、これは実戦には使用されなかった。オクタン価75～80のガソリンを満載すると全発射重量2,180kgに515kgが加わった。

射程は240km、最大速度645km/h、運用上昇限度は3,000mである。機体は薄鋼板でできており、鋼管の翼桁に薄鋼板を取り付けている。ノーズコーンはアルミ製である。強調すべきはコストを最小限に抑えたことで、特殊な原材料の使用を局限している。なお、1945年にはFi 103 F-1も製造されている。基本的にはA-1に類似しているが、弾頭は436kgアマトール爆薬、燃料タンクは568リットルから756リットルへと拡張され、射程は370kmまで増大した。

V1作戦開始

最初の実戦発射は1944年6月13日早朝である。10発が発射され、4発はすぐに墜落、2発は海上に落下、4発がイギリス本土に到達した（サセックス、ケント州のセブンオークス近郊、ロンドン東南部郊外、テムズ北部のベスナル・グリーンに1発ずつ落下）。2日後、ボックスルーム作戦が本格的に始まった。6月15日22時から翌日正午までの間、244発のV1が発射された。多くはロンドンを目標としたが、何発かはノルマンディーに橋頭堡を築こうとしていたヨーロッパ侵攻軍の補給基地があるサウサンプトンを目標とした。半数以上（144発）がイギリス本土に到達したが、34発は対空砲や戦闘機に撃墜されている。

パ・ド・カレーの発射基地からの発射は、連合軍が接近した8月末まで続いた。FZG 76同様、秘匿名称としてドイツ空

右ページ　このライヒェンベルクⅣは有人飛行爆弾の運用型で、弾頭はあるが、着陸用のソリや翼のフラップはなかった。戦闘では使用されなかった。

戦闘比較：V1による攻撃対BOB時のドイツ空軍による英本土爆撃（アメリカ情報本部1944年12月）

ドイツのコスト	戦略爆撃	V1
ソーティ数*	90,000	8025
爆弾量（トン）	67,631	14,834
消費燃料（トン）	72,847	4,756
喪失航空機数	3,075	0
人員喪失数	7,690	0
結果	**戦略爆撃**	**V1**
建物損害／破壊	1,150,000	1,127,000
犠牲者	92,566	22,892
犠牲者／爆弾重量（トン）	1.63	1.63
連合国空軍の状況	**戦略爆撃**	**V1**
ソーティ数	86,800	44,770
喪失航空機数	1,260	351
喪失人員数	2,233	805

＊航空機１機が攻撃ほかの任務遂行のために出撃する回数。５機の航空機が１つの任務に出撃すると５ソーティとなる。

軍第155（W）対空砲連隊とされた部隊は、マックス・ヴァハテル大佐指揮の下、1943年8月に創設された。部隊はアントウェルペン攻撃のためオランダに移動した。この時までに9,017発のミサイルを発射、うち6,725発がイギリスに到達している。2,340発がロンドン地区に着弾し、そのほとんどが計画通り爆発した。大戦中にイギリスに向けて8,892発が発射されたという報告もあれば、1万発をやや超えるという報告もある。

7月7日には地上発射に加えて、オランダのギルゼ・リジェンを基地とする第3爆撃航空団第3飛行隊のハインケルHe 111が空中発射を開始した。He 111は右翼付け根のパイロンにミサイル1発を搭載し、北海の高度400mで発射した。8月末までにこの方法で400発以上が発射され、大部分はロンドンに向けられた

左　A4ロケット発射に先立って、技術者が誘導システムの最終調整をしているところ。ロケットは移動起立トレーラーにより垂直に立てられた。

が、サウサンプトンやブリストルも目標とした。

イギリスに対する空中発射作戦は9月半ばに再開され、1月半ばまで続いた。合計約1,200発のミサイルが発射されたが（何発かはマンチェスターなどの北部の都市にも撃たれたが、1発しか到達しなかった）、そのうち居住地に到達したのは約20％に過ぎず、最重要目標であるロンドンに着弾したのは66発であった。同じ期間に約1,600発のミサイルがアントウェルペンとブリュッセルに対して空中発射された。この作戦でドイツ空軍は80機を撃墜されている。

1945年3月、ロンドンに対する新たな作戦がオランダの基地から開始された。搭載燃料を増量するとともに弾頭を小型化したF-1ミサイルを用いる作戦であるが、しかしこれは限定的な成功しか収めなかった。最後に飛行爆弾がロンドンに着弾したのは3月29日で、計2,419発がロンドンに、2,448発がアントウェルペンに着弾した（もちろんこれらだけが目標となったわけではないが）。V1による死者は約12,000名と推定される。公式記録では、イギリス国内の死者は6,184名、負傷者17,981名とされている。

V1は総計約34,000発が製造され、製造はフィーゼラー社、フォルクスヴァーゲン社（当初は失敗が多かった）、ミッテルヴェルケの地下工場（ハルツ山地ノルトハウゼンでの強制労働）が担った。

V1の有効弾はせいぜい20％であったが、費用対効果の点では非常に優れてい

右ページ　V1の重量は約2.032トンあり、通常は発射台傾斜路の端まで人力で運んだ。

Nicht auftreten

海軍航空技術廠MXY7「桜花」

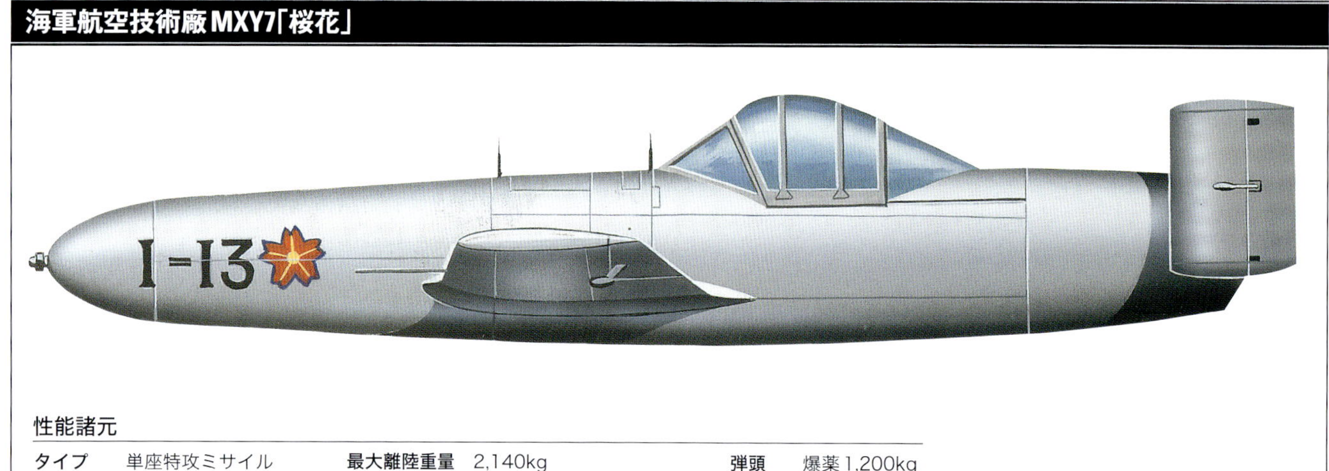

性能諸元

タイプ	単座特攻ミサイル	最大離陸重量	2,140kg	弾頭	爆薬1,200kg
全長	6.066m	最大速度(高度3,500m)	649km/h		
全幅	5.12m	航続距離	37km		

上 日本海軍も有人飛行爆弾横須賀MXY7「桜花」を製造した。ライヒェンベルクよりも簡易な構造で、滑空攻撃時に加速するロケットブースターと、ごく基本的な飛行制御装置を有していた。

た。費用には異なる見解もあるが、約5,000ライヒマルクという金額は、標準的なドイツ軍歩兵用小銃モーゼル98Kが56ライヒマルク、4号戦車が100,000ライヒマルク以上であったことを考えるなら、リーズナブルであったと思われる。

自己犠牲爆撃機

絶望的な戦況は人を自暴自棄にさせるもので、戦争継続中の枢軸国の2国は、おそらく1943年末から特攻戦術の具体化を検討し始めていた。最も有名なのはレイテ沖海戦(1944年10月23～26日)以降に実施された、イギリス、アメリカ両海軍艦艇に対する日本の神風作戦である。

ドイツも有人型Fi 103飛行爆弾など、同様の戦術の準備にとりかかっていた。この有人型飛行爆弾は最初の特攻機と目されていたが、Me 328のグライダー型の使用が支持されたため、この案は否決された。一方で「コマンド・ランゲ」あるいは「シュタフ・レオニダス」として知られるFw 190を装備する部隊が編制された。彼らは最大限の爆装をした自機を目標に向けて急降下させたのち、脱出して落下傘で降下するという訓練を開始した。

結局Me 328プロジェクトは失速した。また、重爆装のFw 190を使う案にしても、敵の対空防御網を突き崩すチャンスがきわめて少ないことは明白であった。

ふたたびFi 130を使用する案に関心が集まり、形式の異なる4種類の爆撃機がドイツグライダー研究所(DFS)で設計された。ヘンシェル社は4発のV1を改装した。このプロジェクトのコードネームは「ライヒェンベルク」とされ、4種類の爆撃機には「R」とⅠからⅣまでの数字が振られた。Fi 103R-Ⅰは単座で弾頭にバラストを積み、ソリと着陸用フラップはあるが発動機はなく、試験用に製造されたものである。R-Ⅱも同様の設計であるが、機首部分にもう1つ操縦席があった。

R-Ⅲは高等練習機として設計され、R-Ⅰにエンジンが装備されたものである。R-Ⅳは運用型で着陸装置はなく、補助翼と弾頭が装備された。弾頭の代わりに機関砲を搭載し、迎撃機として使用する案もあった。計175機ほどが製造されたと思われる。

開発計画のテストパイロットはハインツ・ケンシェとおなじみのハンナ・ライチュであった。彼らの報告によれば、飛行性能は良好であったが(間違いなくぞっとするような経験をしたはずだが)、着陸性能に関しては今ひとつであった。これらの機体は任務遂行後に着陸することはないため、訓練飛行の場合を除き、着陸そのものが考慮されていなかったのであろう。

想定では、パイロットが航空機を目標に向けた後、脱出することになっていたが、率直に言って、テストパイロットを脱出させる手順はやや皮肉なものであった。脱出するためにはキャノピーを45度開けなければならないのであるが、操縦席は主翼後縁よりも後方、モーターの空気取り入れ口のほぼ真下に位置しているため、キャノピーを開けて脱出しても

右ページ ペーネミュンデ研究所の発射台。人里離れたバルト海沿岸ウーゼドム島の松林の奥にあった。A4の試射はすべてここから開始された。

地対地ミサイルの比較

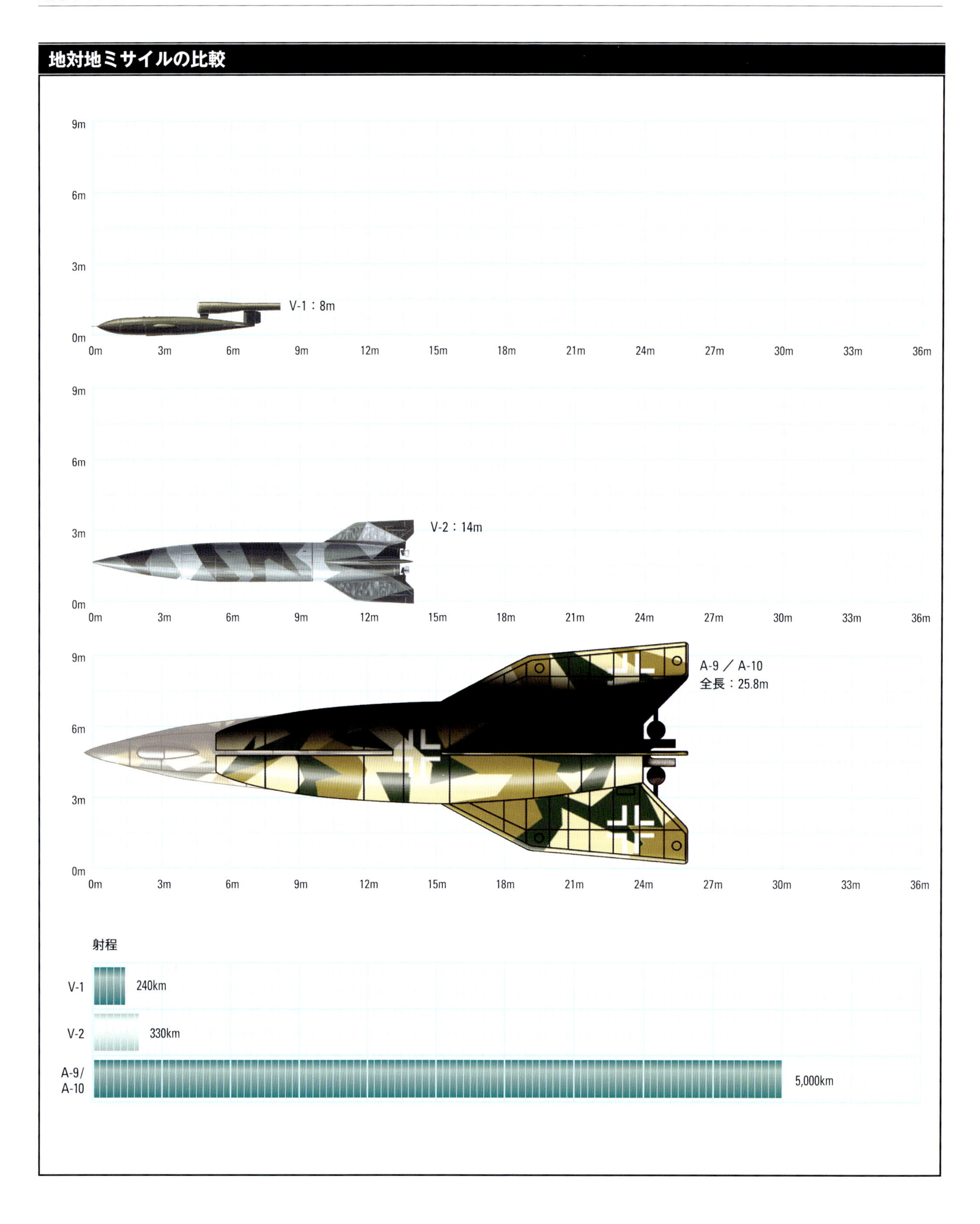
9m
6m
3m
0m
0m
3m
6m
9m
12m
15m
18m
21m
24m
27m
30m
33m
36m
V-1：8m
V-2：14m
A-9／A-10
全長：25.8m
射程
V-1
240km
V-2
330km
A-9/
A-10
5,000km

空気吸入口に吸い込まれてしまう（そもそもキャノピーは遮風板ごと開ける構造であるため、飛行中は風圧により開けることが困難である）。仮にモーターに吸い込まれなかったとしても、1,000km/hで急降下しているから、操縦席から脱出するのに死にはしなくても、無傷では済まなかったであろう。

特攻爆撃計画には何千人もが志願し、70人が訓練のため採用されたが、実戦への投入命令は下らなかった。このため、最終的な分析では評価は芳しくない。一方で日本の神風作戦の後半期に登場した飛行爆弾「桜花」のパイロットは、嘘偽りのない待遇を受けていた。彼らは「桜花」に乗れば脱出の機会はないことを知っていたのである。

日本の特攻作戦の効果は、この類の作戦結果について示唆を与えてくれる。1945年2月21日から8月15日までの間、艦船17隻を撃沈、198隻に損害を与えたが、特攻機と護衛戦闘機計930機を損失している。

アグレガートロケット

第一次世界大戦敗戦直後の1918年、ドイツは保有兵器を厳しく制限された。先述したように、国外で開発計画を進めることによってヴェルサイユ条約による制約を巧みに回避する大規模な組織的活動があった。しかしオープンな方法もあった。たとえば1929年、ドイツ陸軍兵器局は長射程砲の代わりとしてロケットの研究を始めており、ベルリンの南方約32kmにあるクンマースドルフに性能試験場を

下　イギリス空軍は1943年8月17日から18日にかけての夜間、ペーネミュンデに対して大規模な空襲を実施した。大損害を与え、特に宿舎地域の被害は甚大で、強制労働者と技術者が犠牲になった。

設けて発射試験の準備を進めている。

陸軍からの出向でシャルロッテンブルク工科大学に学んだヴァルター・ドルンベルガー大尉は、同大学で弾道学の学位を取得、1930年には陸軍兵器局研究部長としてロケット兵器開発を熱心に進めていたカール・ベッカーの下でプロジェクト担当となった。

1927年、『惑星間宇宙へのロケット』の著者でもあるヘルマン・オーベルトを中心とする熱心な愛好家グループがドイツ宇宙旅行協会を設立し、ロケットモーターの実験を始めた。当初はフリッツ・フォン・オペルから資金提供を受けていた（オペルはアレクサンダー・リピッシュにロケット推進グライダーを製作させ、補助ロケットによる自動車RAK2を製作している）。1929年には、自著『宇宙旅行への道』で得た賞金10,000フランも資金にしている。

1930年、前途有望なヴェルナー・フォン・ブラウンという学生が入会し、翌年彼らは液体酸素とガソリンを燃料とする小さなロケットを打ち上げることに成功した。この頃には資金が不足していたが、思いがけないことに、ドルンベルガーから協会に接触があり、助成金を手配してくれた。1932年、ベルリン工科大学で機械工学学士を取得したフォン・ブラウンはクンマースドルフに職を得た。彼のグループは1934年12月までにA2と呼ばれる液体酸素とアルコールを燃料とした2発のロケットを打ち上げた。その高度は2,500m以上に達した。

1935年、新たにA3ロケットの開発が開始された。高さは7.6m、重量は750kgであった。これもA液（-183℃の液体酸素）とM液（メチルアルコールまたはメタノール）を燃料としていたが、A2が燃焼時間16秒、推力300kgであったのに対し、燃焼時間45秒間、推力1,500kgを発揮した。

さらに重要なことは、フォン・ブラウンのチームが考案した新たな機体安定の方策である。A2では中央部に装備された電気モーターで回転させるジャイロスコープそのものの効果で機体を安定させていたが、A2より大型のA3は、ジャイロスコープにより検知された修正角を、排気の一部を動力とするモリブデン製の方向舵に伝え、姿勢を制御した。

A3にも垂直尾翼が4つ備わっていたが、これらは機体外径からあまり張り出していなかった。機体には測定装置一式を搭載し、パラシュートで回収されることになっていた。最初のA3の打ち上げは1937年12月6日バルト海のグライフスワロド・オイ島からであった。3発を打ち上げ、新しい安定板は機能したものの、空気力学的な欠点があり、完全に成功したわけではなかった。

ペーネミュンデへの移動

その頃には、研究グループはクンマースドルフで急速に施設を拡大していた。A2は実質的に北海沿岸エムス河口沖のボルクム島から打ち上げられるようになった。

1936年初頭、ドイツ陸軍兵器局とドイツ航空省は、バルト海沿岸ウーゼドム島のペーネミュンデ村付近にある辺鄙（へんぴ）な半島に広大な土地を購入した（現在はポ

V-2ロケット内部

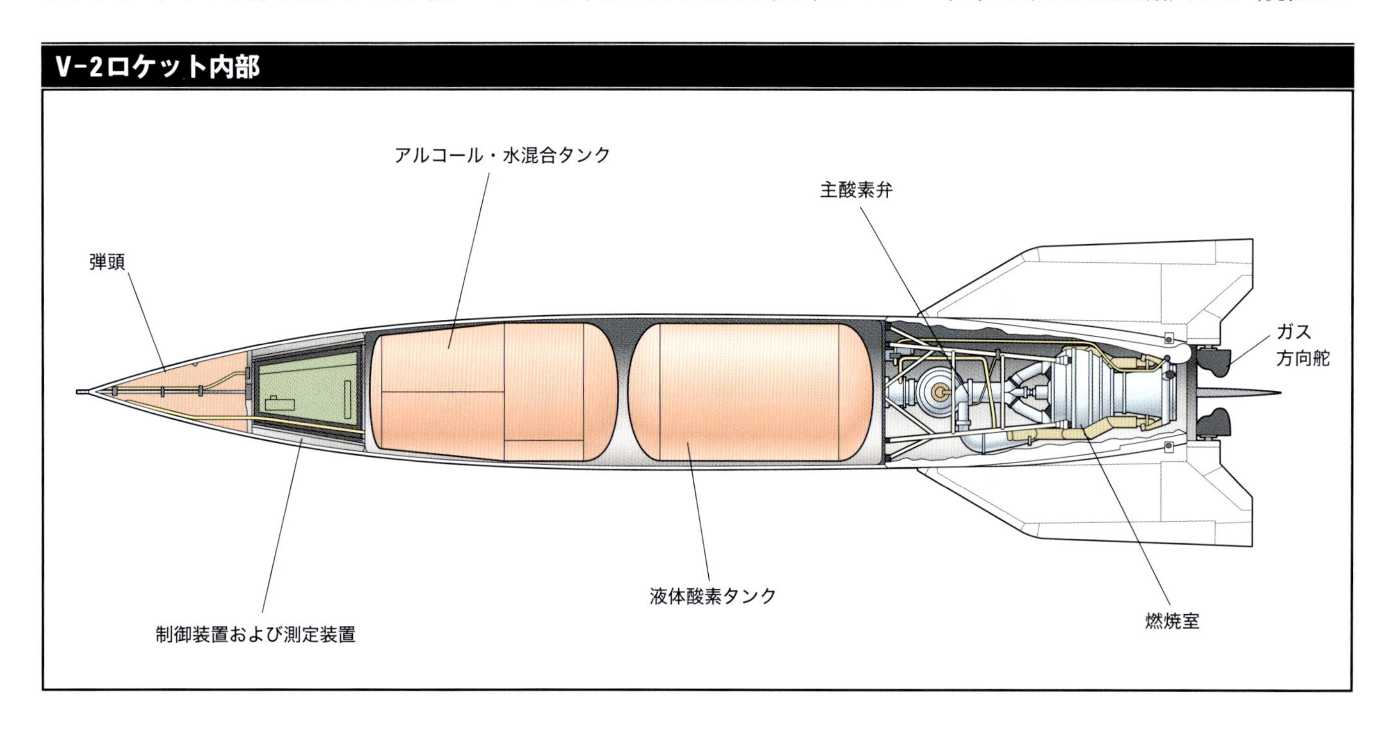

ーランドとの国境になっている）。ここに近隣のグライフスワロド・オイ島の施設も移動し、同所は両者のロケット開発計画の拠点となった。陸軍の施設としては、東側にペーネミュンデ陸軍兵器実験場（HVP）があった。これは秘匿のため「電気機械製作所（EMW）」と呼ばれていた。ドルンベルガーが兵器試験セクション11の責任者に任命され、フォン・ブラウンが技術部長に就任した。世界初の弾道ミサイルの開発および試験に成功したのは、ここペーネミュンデにおいてである。ペーネミュンデという地名は新たな意味を持つことになった。

期待を担うA3の失敗後、軍事ロケットを目指すA4の開発が中止された。その代わりフォン・ブラウンはA3より多少大きいが同じモーターを搭載する研究用ロケットA5を設計した。これらのロケットと初期ロケットの設計との主な相違点は飛行経路である。今や求められているのは、単にロケットを垂直に打ち上げることではなく、何百キロも離れた地上の目標へ向けて発射することであり、そのためには精巧な誘導装置が必要とされた。

上　完全な形で捕獲されたA4の多くは、多数の開発チーム同様、アメリカに渡った。写真はニューメキシコ州ホワイトサンズ実験場と思われる場所で発射準備をしているところ。

V1のような小さな機体の場合、目標

左ページ 捕獲されたA4ロケットのなかには、ドイツ国内の発射基地からドイツの試射地帯に向けて発射されたものもある。写真はイギリス軍の職員が専用の装備を使ってV2の発射準備をしているところ。

方向へ発射台を向け、発射後はジャイロコンパスで軌道を若干修正するだけであった。弾道ミサイルを目標地点に誘導するのは、これとはわけがちがう。まず、ロケットは垂直に打ち上げねばならなかったであろう。打ち上げたロケットを目標に正確に向かわせるとともに、地表に対して41度の角度で落下するように傾け、飛行中もそれを維持するのである。飛行距離は噴射時間で決まるので、推進燃料の供給遮断は正確かつ瞬間的に行わなければならない。燃料供給の遮断は、最初は地上からの無線信号によって行われていた。これは打ち上げ段階以降、唯一外部から出す指令である（これものちに自動化された）。

簡単に考えても、弾道ミサイルに適切な方向安定性を確保するためには、3つの軸を基準に飛行姿勢を安定させなければならない。すなわち、ピッチ（適切な上昇角度に設定、維持する）、ヨー（方向修正のための横方向の動き）、スピンである。スピンの発生は円筒形の機体では自然なことではあるが、方向舵によるピッチおよびヨーの制御がほとんど不可能になる。したがってスピンは減衰されなければならない。さらに困難なことは、ミサイルの特性として、燃料を消費するにつれ、飛行姿勢においてきわめて重要な重心が変化するということである。そしてその飛行特性は、ミサイルが上昇し、大気圏を突き抜けて再度放物線を描いて降下する過程で、これまた大きく変わってくるのである。

画期的な研究

誘導の問題はヴェルナー・フォン・ブラウンのチームが直面した最も複雑なものであったが、最終的には解決された。付言すると、この時、精巧なものではなかったが、計算尺と機械式の計算機が用いられた。弾道の問題を解決するために、初めて簡易な電算機が作られたことが重要である。

発射後数秒間は、機体制御に必要な気流が不十分であったので、開発チームは3軸ジャイロスコープを用いて安定板先端の小型の方向舵とガス方向舵を制御した。ガス方向舵はモリブデン製でロケット噴射口の直後にあり、その噴気を利用して方向を制御した（今日ではグラファイト〈黒鉛〉が使われている）。

1938年から1945年にかけてますます状況が困難になるなか、人里離れたドイツ北部沿岸で行われたこの開発チームによる研究は、文明を一変させることになる。彼らの研究により、人類は宇宙へ飛び立つことができるようになったのである。少なくとも開発チームの何人かはそう考えていたはずである。

1938年の開発は新たな設計に基づいて進められた。その年の終わりまでに4機の無誘導ミサイルが発射され、距離17km、高度11,000mを記録した。誘導システムの開発はまだ続いていた。1939年10月までに、誘導および制御装置がロケットに組み込まれ、試験発射が始まった。弾頭とモーターを別にすれば、いずれも必要不可欠の部品である。試験結果は良好で、1940年初頭ドルンベルガーは感謝しつつ、1943年半ばを生産目標にしてA-4の開発を命じた。彼はヒトラーの手の届かないところでうまくやっていた。

1940年7月頃には、事実上ヨーロッパ全土がヒトラーの支配下にあり、戦争は年末までに終結しそうに思えた。ソ連はドイツと不可侵条約を結んでおり、イギリスは孤立していた。総統は12ヵ月以内に結果の出る保証のない研究プロジェクトを中止するという、その後の命運を決する命令を下した。ドルンベルガーのロケットはその最初の犠牲であった。と思いきや、彼はどうにかして持論を通した。じつのところ、ドルンベルガーは推力25,000kgのエンジンをはじめとする個々の部品の開発を継続することによって中止命令を回避したのである。おかげでA-5計画も継続できた。この計画は、飛行特性に関して本当に必要なデータを提供しつづけた。

実を言うと、ヴァルター・ティール博士考案の新たなモーターの試験もすでに始まっていた。これらの試験は運用上、ロケットの規模に応じて燃料の供給や冷却に関してさらなる問題があることを明らかにした。計算の結果、要求される推力を得るために毎秒約125kgの燃料を燃焼室に送り込む必要があることが判明した。初期のロケットでは送り込む燃料は非常に少なく、窒素で推進用タンクを加圧してやれば十分であった。しかし今回は、液体酸素と燃料をタンクから燃焼装置に注入する手段を考案しなければならない。そこで採用されたのが、蒸気タービンである。蒸気生成の方法はV1の発射カタパルトと同様で、T液が触媒のZ液に触れることで爆発的反応が生じ、高温の水蒸気が生成された。タービンは出力675馬力、5,000回転/分で作動した。

宇宙空間の先端に

度重なる失敗のため（また、自分の研究により多くの資源を投入すべきと考える者の目につかないようにするため）、手作りのA4試作機の地上試験ができたのは1942年3月18日のことであったが、ここに至ってなお、試作機は爆発してしまった。フォン・ブラウンのチームはもう1基組み立てたが、それも爆発してしまった。とはいえ、試験発射を強行実施することで、なんとか開発を前進させることができた。

6月13日に組まれた試験発射も失敗に終わった。フォン・ブラウンは工場に戻り、別の試作ミサイルを準備した。8月16日の2度目の発射試験も失敗したが、フォン・ブラウンとドルンベルガーにとって幸運なことに10月3日の3度目の試射は成功を収めた。ミサイルは200km以上飛翔し、宇宙空間に接する電離層のある高度85kmに到達、目標の4km圏内に着弾した。あとは戦争で使用する兵器としてのコンセプトを売り込むだけであった。これは1942年末までは大した問題ではなかった。

12月22日、ヒトラーはのちにV2計画として知られることになる彼らのプロジェクトを是認したが、計画は戦略物資の不足とイギリス空軍によって妨げられた。8月17日の夜、イギリス空軍がペーネミュンデに対し596機で空襲をかけ、1,828トンの爆弾を投下したのである。この空襲でイギリス空軍は40機を喪失したが、ドイツ側の死者は約800名にのぼり（ほとんどは徴集されたポーランド人労働者であったが、ティール博士も含まれていた）、計画は2ヵ月遅延することになった。

陸軍管轄のA4は空軍のFi 103に遅れをとったかに思われたが、1943年5月の政府高官を前にした両者のデモンストレーションでFi 103の出来が悪かったため、A4計画は生き延びた。その年、戦況が悪化するにつれてヒトラーはますますA4に興味を持つようになった。最終的に最優先課題となり、フリードリヒスハーフェンのツェッペリン製作所およびヘンシェル社の工場の1つが製造施設に割り当てられた。実際にはいずれの生産拠点も生産を開始する前に爆撃されてしまったため、ヨーロッパ全土の占領地域でA4の部品を製造させ、ノルトハウゼンにあるミッテルヴェルケの地下工場で組み立てた。

最初の引き渡しは1944年7月で、V2の作戦が開始された9月以降は月産600基以上が維持された。他方では、訓練・試験部隊が編成され、発射地点が選定された。V2の配備に関しては2つの意見があった。陸軍総司令部（OKH）は巨大で重防御の固定施設を欲し、ロケットをイギリスに向けて発射できる北部フランスの3地点を選定した。1つめのサントメール近郊のウトンは、1943年8月27日、建設の初期段階でアメリカ陸軍航空軍によって破壊された。

2つめ、3つめはシラクールとヴィゼルヌであるが、大掛かりな工事が行われた。100万トン以上の鉄筋コンクリートで防御用天井が構築され、その中には保

ラインボーテ、V-1、V-2及びA-9/A-10弾頭比較

ミサイル	弾頭	射程
ラインボーテ	40kg	220km
V-1	830kg	240km
V-2	975kg	330km
A-9/A-10 アメーリカ・ラケーテ	1,000kg	5,000km

地対地ミサイルの弾頭

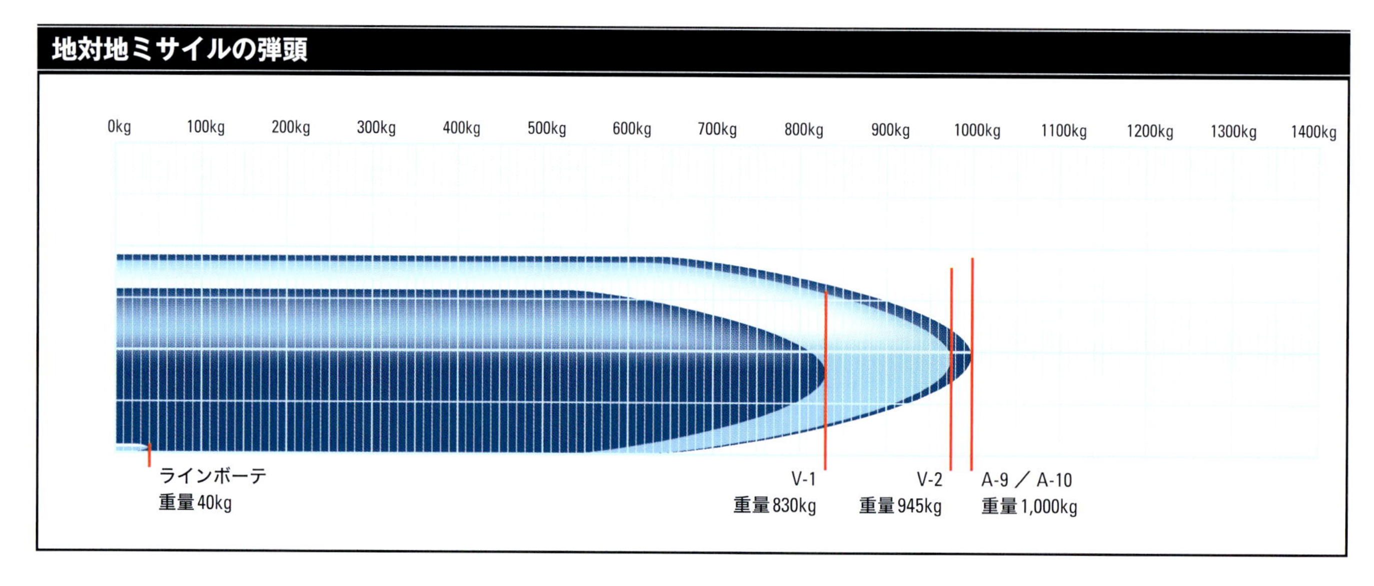

管・発射用のスペースや宿泊施設まであった。両施設とも、1944年7月にクロスボウ作戦（V1発射施設を破壊する大規模な作戦）の一環として、イギリス空軍の大型貫通爆弾「トールボーイ」で破壊された。翌月には、爆薬を搭載した遠隔操作のB-17フライングフォートレスでとどめをさされている。これを受けて上級司令部は、ドルンベルガーがかねてより主張していた移動式発射施設の検討に移った。

下　A4ロケットは弾頭に爆薬975kgを搭載しなくとも、地面に巨大な穴を穿った。写真のクレーターはアメリカ合衆国ホワイトサンズ試験場での試射によるものである。

車両30台からなる中隊

ミサイル本体は複雑であったが、発射手順は簡単であった。中隊所属の30台のトラックのうち1台が、熱遮蔽板が付いた鋼鉄製の円形発射台を運ぶ。発射台はミサイル運搬車の後方の地面に設置、ミサイルの尾部にある4本のねじ式のジャッキで水平を合わせる。製造会社にちなんで「マイラーヴァーゲン」と呼ばれるミサイル運搬トレーラーが準備された。

電力ケーブルと測定ケーブルが発電機と制御トラックから引かれてくる間に、トレーラーにミサイルを固定する3本のストラップのうち2本を取り除く。この時ミサイル先端の1本はそのままにしておき、機首に信管を差し込む。補助モーターから水圧ポンプに電力を供給してミサイルを垂直に立てる。これはおよそ12分かかる。発射台に垂直に据え付けられると、ミサイルが立ち上がるのを支えていた最後の固定ストラップが取り除かれる。

様々なケーブルが接続されると、発射台が作業場として使用できるように輸送トレーラーは少し離れた場所に移動し、点検手順が始まる。点検が正常に完了す

左ページ　「マイラーヴァーゲン」とその関連車両部隊。A4発射チームは特別列車も使用した。兵站上はやや柔軟性に欠けたが、運用的にはうまくいった。

ると、燃料作業員がメインタンクに液体酸素とメタノールを、小型タンクに過酸化水素と過マンガン酸塩触媒を注入する。発射台はミサイルを目標に合わせるため基部で回転させた（飛行中の機体傾斜は、水平軸周りのドラムを回転によった。したがってミサイルを逆方向に回転させる。そのためドラム軸は目標方位に対して正確に直角にする必要があった）。

最後に電動式の点火装置が尾部に押し込まれると、発射要員は待避する。装甲発射制御室は、SdKfz11やSdKfz251を

ヨーロッパの攻撃目標に対して発射されたV2の数

場　所	合　計
ベルギー	**1,664**
アントウェルペン	1610
リエージュ	27
ハッセルト	13
トゥルネー	9
モンス	3
ディエスト	2
イギリス	**1,402**
ロンドン	1,358
ノリッジ	43
イプスウィッチ	1
フランス	**76**
リール	25
パリ	22
トゥルコアン	19
アラス	6
カンブレー	4
オランダ（マーストリヒト）	**19**
ドイツ（レマゲン）	**11**

V-2とA-4bの比較

V-2
全長　14m
最大直径　1.68m
全幅　3.5m
発射重量　12,870kg
弾頭　975kg
射程　330km

A-4b（無人）
全長　14m
最大直径　1.68m
全幅　3.5m
発射重量　12,870kg
弾頭　975kg
射程　330km

V-2生産数	
期間	生産数
1944年9月15日まで	1,900
1944年9月15日～10月29日	900
1944年10月29日～11月24日	600
1944年11月24日～45年1月15日	1,100
1945年1月15日～2月15日	700
総数	5,200

ベースとするハーフトラックに設置されていた。1944年以降にドイツ陸軍で使用された多目的型の装甲車両である。点火スイッチを押すとT液とZ液のタンクのバルブが開かれ、タービンポンプが作動し始める。ポンプのスピードが上がるとメインバルブが開き、推進燃料が燃焼室へ送り込まれ、点火装置が作動する。最初の数秒間の方位制御は排気流の中にあるカーボン翼が担うが、ロケットの速度が増すと、外側にある安定板先端の方向舵がその役目を引き継ぐ。

ミサイルが上昇するにつれて、ジャイロスコープの働きによりミサイルをゆっくり傾斜させ、適切な角度になったところで燃料供給が停止される（当初は無線操作であったが、のちに加速度計と連動させられた）。弾頭の安全装置は発射後60秒で燃料の供給が停止されると解除された。また、適切な条件下以外では作動しないようにインターロックがかかるようになっていた。なお、飛行中のミサイルを外部からの操作で破壊することはできなかった。

目標パリ

オランダのハーグ近辺には第444砲兵大隊から1個中隊、第485および第836砲兵大隊から各2個中隊、計5個中隊がおかれていた。第444および第836砲兵大隊の部隊が南部グループを形成し、フランスとベルギーの目標に対して作戦を実施した。一方、第485砲兵大隊の部隊は北部グループを形成し、イギリスを目標としていた。

最初に実戦用V2を発射したのは第

ペーネミュンデA4(V2)

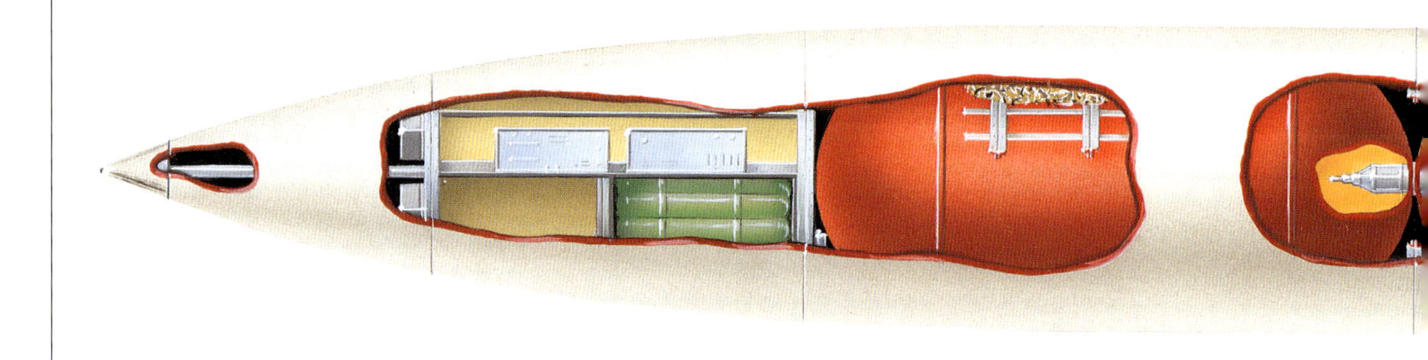

性能諸元

タイプ	長距離弾道ミサイル	発射重量	12,840kg	弾頭	アマトール爆薬975kg
全長	14.05m	速度	5,580km/h		
最大直径	1.68m	最大射程	330km		

444砲兵大隊で、1944年9月5日パリに向けて発射した。この3日後、第485砲兵大隊がロンドンに向けて2発を発射した。1発目の目標はロンドンのサザーク地区であったが、13km離れたロンドン西部のチジック地区ステイヴレー・ロードに18時45分少し前に着弾して6軒の家を破壊、3名が死亡、17名が負傷した。

ロンドンに対する攻撃はちょうど200日間継続し、最後のミサイルは1945年3月27日19時20分に着弾、ホワイトチャペル地区のアパートに命中し134名が死亡した。最後のA4はロンドンに向けて発射されたものの、ケント州オーピントンに着弾したという報告もある。200日間に1,120発が発射され、うち1,054発がイギリスに到達した。このうちロンドンおよびその近郊に着弾したのは517発で、公式記録によれば2,754名が死亡、6,532名が負傷した。

より規模の大きい南部グループからはさらに多くのミサイルが発射され（約1,675発）、その大部分はアントウェルペンに向けられた（1,341発）。ミサイルはブリュッセル、リエージュ、ルクセンブルク、パリ、ライン川にかかるレマゲン鉄橋にも向けられた。

もちろんV2に対する防御手段はなかった。唯一の望みは連合国軍による北欧進撃で、V2を保有する移動砲兵大隊を重要地点の射程外に追いやることで、V2発射作戦を阻止した。伝えられるところによれば、北部グループは3月29日にドイツに撤退した際、まだ60発のミサイルを保有していたという。

潜航中のUボートからA4を発射するプロジェクトが1945年までにかなりの程度進行していたことは注目に値する（実際にはミサイル格納コンテナが曳航された。尾部に浸水させることでコンテナを垂直に立てた）。このコンテナはシュチェチンにあったフルカン造船所で完成しており、試験も行われていた。プロジェクト「テスト・スタンドII」として知られるこの計画は1944年末にフォルクスヴァーゲン社によって考えられたといわれ、ニューヨークへの攻撃を目的としていた。

しかし、バルト海での試射はおおむね成功したものの、燃料を満載したミサイル（海上で燃料を注入する方法はなかっ

下　図が示すようにA4の内部はほとんど燃料となる液体酸素とメタノールが入ったタンクで占められていた。

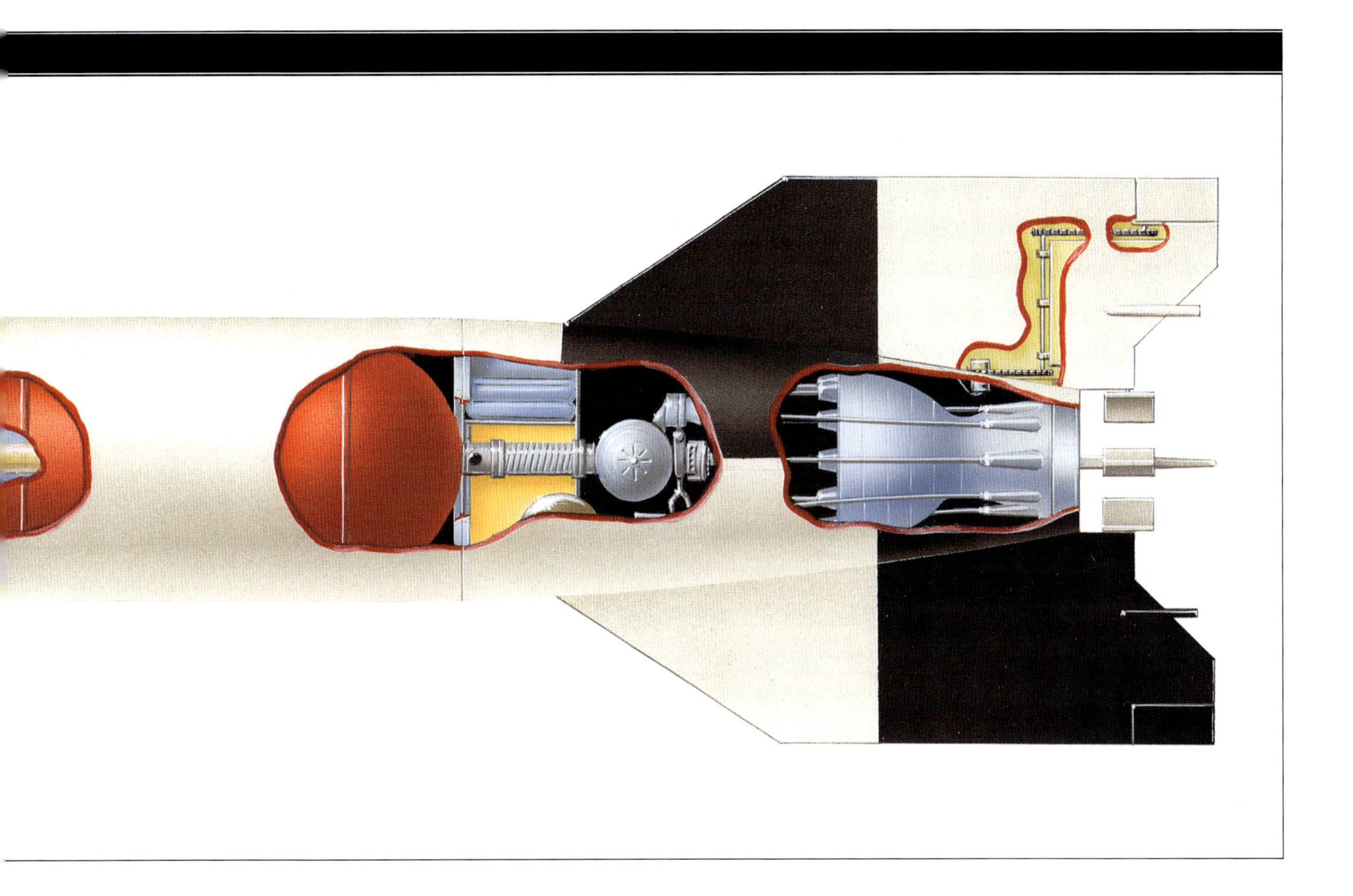

V2発射地点と目標

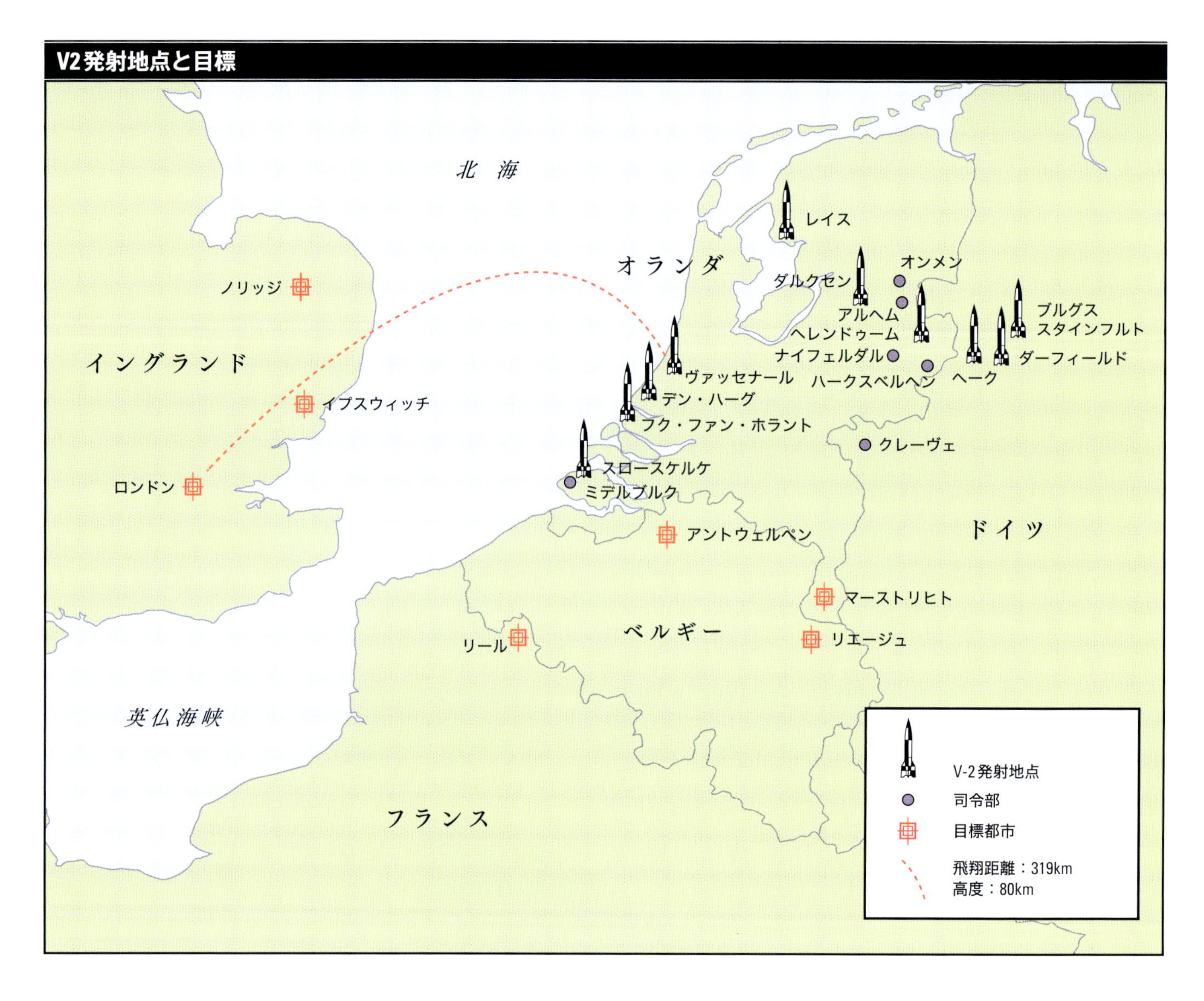

た）が、潜航するとはいえ、激戦の大西洋を横断する見込みはありそうになく、このプロジェクトは中止された。

A4ミサイルの最終型は全鋼鉄製になる予定であった。全長14m、胴体部最大直径1.68m、安定板全幅3.5m、全重量12,870kgである。975kgが弾頭を構成するアマトール火薬で、推進燃料の大部分を構成する液体酸素は4,900kg、メタノールは3,770kgであった。最大射程は330kmで、3分40秒で到達し（そのうちロケット噴射は70秒間）、最大速度は5,580km/h、最大高度は96,000m、着弾時の速度は2,900km/hに達した。A4の総生産数については様々な数字があるが、6,000～10,000基程度と推測される。

その後のプロジェクト

A4が運用可能となると、このプロジェクトはフォン・ブラウンの手を離れた。フォン・ブラウンとそのチームはA4ではまったく満足していなかったようで、幸いなことに彼らは設計の改良を続行していた。

しかし、すべての秘密兵器計画を掌握していたハインリッヒ・ヒムラーはその改良計画を認めなかった。そこで、フォン・ブラウンは射程延長の研究に取りかかった。最も簡単な方法はA4に翼を取り付けることで、飛行最終段階の滑空距離を延長し、射程を435kmまで延ばすというものである。しかし彼は空気密度の高い下層大気に再突入する際の影響を計算に入れていなかった。A4bミサイルの試射は成功したが（1基目は発車直後に爆発した）、再突入がうまく行かず、墜落してしまったのである。

A6の開発は構想の域を超えなかったが、A4に燃料としてSV液（硝酸94%、

上　A4は防水シートにくるまれて長物車で発射地点付近まで運ばれた。連合軍はV2大隊を重要施設の有効射程外に追いやった。

亜酸化窒素6%）とビゾル液（イソブチル・ビニル・エステル基の一般名）を搭載し、推力が20%向上するはずであった。

A7はA5に固定翼を付けたタイプで、A9のコンセプトのように空中で発射される。

A8はA6とほとんど同じであったが、燃料はSV液と軽油で（液体酸素とメタノールを加圧タンクに充填したという指摘もある）、燃焼室への燃料供給にタービンポンプを用いなかった。

A9はA4bの翼平面図を修正したものであった。要は、水平安定板が単純な曲線を描いて機首のほうまで伸びており、これにより大気圏再突入を乗り切る算段であった。なお、A6のエンジンを搭載し、射程は600kmになる予定であった。

最後の弾道ミサイルプロジェクトとなったA10はもっと大掛かりなもので、もしこれが実現されていたら、史上初のICBM（大陸間弾道ミサイル）となったであろう。この時提案された大陸間弾道ミサイルは2段式ロケットになる予定で、第1段はベンチュリ管に連結された6基のA4モーターを装備した機体で、高度24kmに達すると2段目（A4またはA9）のエンジンが始動する仕組みであった。アマトール爆薬1,000kgを弾頭に搭載した場合の射程は4,800km、飛行時間は約45分間とされた。このプロジェクトが最初に提案されたのは、アメリカの参戦よりかなり前、1940年であったとされているが、構想以降の段階に進んだことを裏づけるものはない。

2段式ロケットの2段目となるA9ミサイルにパイロットを乗せる案もあった。パイロットはミサイルを目標へのコースにロックしたら脱出する手筈であったが（パイロットは潜水艦により救出されることになっていたと思われる）、これは非現実的な構想であった。

「ラインボーテ」ロケット

FZG 76およびA4は第二次世界大戦時に使用された唯一の地対地誘導ミサイルであるが、A4だけが実戦用ロケットではなかった。交戦国の多くはよりシンプルなロケット——固体燃料を用いる無誘導タイプ——を大砲の補助的なものとして、あるいは攻撃兵器として使った。しかしここでもドイツのみが1段階先を行き、長距離無誘導弾道ミサイルRH.Z.61/9「ラインボーテ」（「ラインメッセンジャー」）を製造した。

SAVE for VICTORY

地対地ミサイルの射程

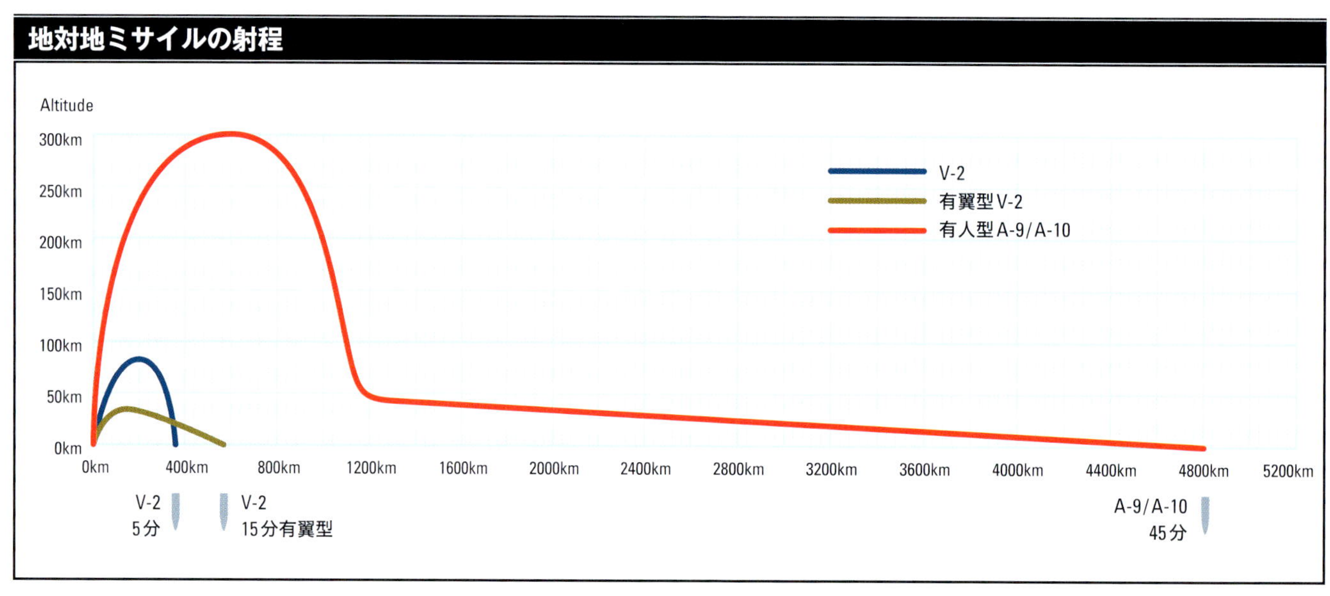
Altitude
300km
250km
200km
150km
100km
50km
0km
0km
400km
800km
1200km
1600km
2000km
2400km
2800km
3200km
3600km
4000km
4400km
4800km
5200km
V-2
有翼型V-2
有人型A-9/A-10
V-2
5分
V-2
15分有翼型
A-9/A-10
45分

左ページ上 A4ロケットが1945年、ロンドンのトラファルガー広場で公開されている。このロケットはフランスで捕獲され、のちにネルソン記念柱の隣にまるで発射するかのように展示された。ロンドンには1944年から45年にかけて500発以上が着弾した。

このミサイルの開発は、大砲部品の製造や汎用機関銃の最高傑作MG42の開発にも関与したラインメタル・ボルジッヒ社が担った。A4は複雑で高価であったが、「ラインボーテ」のほうは単純で、安定板を備えた4段式の固形燃料ロケットであった。1段目から3段目までは、燃料が尽きて切り離される際に次段のエンジンに点火するという仕組みで、誘導システムはなかったが、目標の方向に発射レールを向けることで狙いをつけた。発射レールは8.8cm高射砲の砲架や改良された「マイラーヴァーゲン」に搭載することができた。

全長は約11.5m、胴体部最大直径（第1段）が535mm、安定板を含めた最大幅は1.49mである。総重量は1,715kgで、うち3分の2が燃料である。上昇角度65度のときの最大射程は220km、40kgの弾頭を有する4段目の速度はマッハ5.5（約6,000km/h）に達し、到達最高高度は78.5kmとされた。これらのロケットは200発以上が1944年11月アントウェルペンへ向けて発射された。

A-10「アメリカラケーテ」

性能諸元

全長	25.8m	発射重量	101,000kg
最大直径	4.3m	弾頭	1,000kg
全幅	9m	射程	5,000km

L
L
S
S
VP
L
K
VP

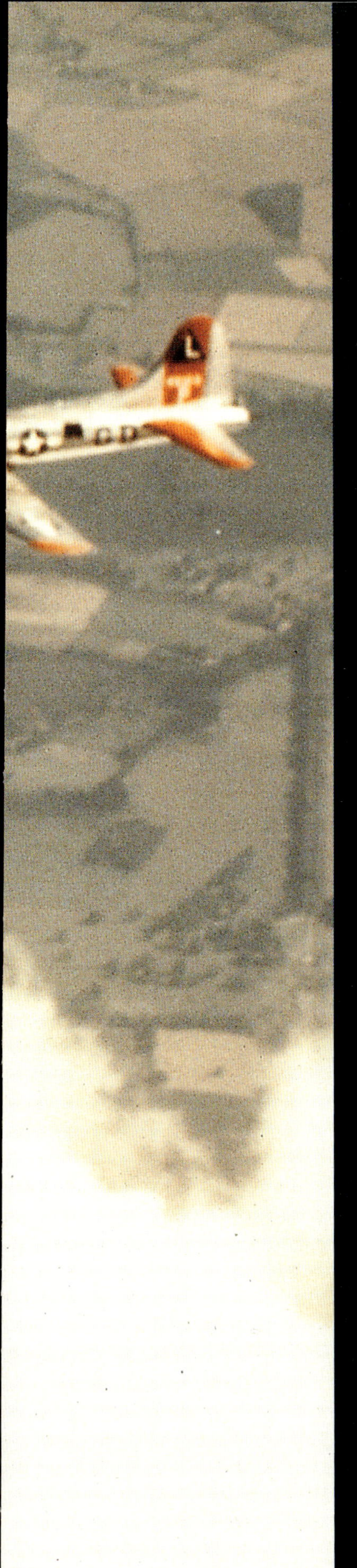

6
空対空ミサイル
AIR-TO-AIR MISSILES

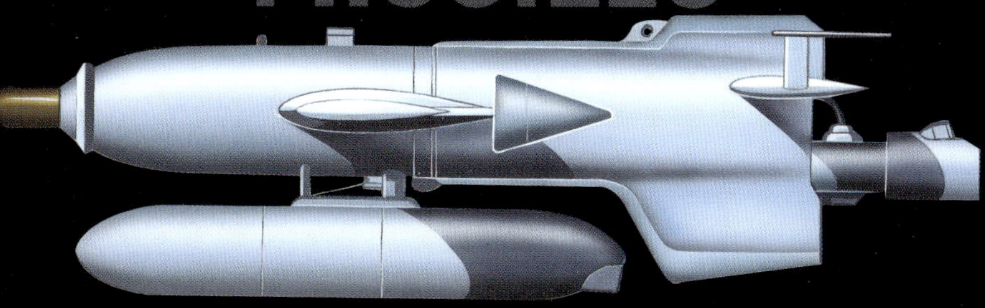

機関銃の採用は空対空戦闘を可能にしたとはいえ、第二次世界大戦の中盤には膠着状態に陥りつつあった。つまり、機関銃（機関砲）を装備した航空機はあえて互いに接近しないようになった。あまりに危険すぎたからである。ドイツの科学者による代案は単純明快であった。危険空域外の航空機からワイヤーまたは無線を介して攻撃目標に誘導しうるロケット推進式の小型飛行爆弾の開発である。

◀ドイツは、写真のB-17などからなる連合国軍の爆撃機の大編隊に対する防御手段を切実に求めていた。

戦後の尋問でアドルフ・ガーラント中将は、重防御火力を有する連合国軍の昼間爆撃機の密集編隊に対してドイツ空軍が使用した、あるいは使用を考えていた多くの様々な兵器について語った。また、敵編隊に後方から攻撃を仕掛けると、攻撃側が直ちに甚大な損害を被ってしまうこと、それゆえドイツの迎撃機は敵編隊を離散させ、脆弱になった個々の爆撃機を追撃できるように、正面攻撃に切り替えたことも供述した。これはある程度効果があったが、それも爆撃機が回避行動を取るまでの間だけであった。

1942～43年の冬、ドイツ空軍は航空機搭載の通常の機関砲や機関銃に代わる武装を探し始めた。敵方の予期せぬ方向からの攻撃、あるいはB-17やB-24の12.7mmブローニング機関銃の有効射程外からの攻撃が可能な武装である。爆撃機は緊密な編隊で飛行していたため、編

隊内で爆弾を爆発させることが何度も検討された。急降下爆撃による各個撃破をはじめとして、様々な方法が試された。1つは指令爆破式の10kgの破片爆弾に長いケーブルを付けて牽引するというものである（牽引航空機の後方に爆弾をつないだ状態での運搬は物理的に困難であったにもかかわらず、実戦で試験運用され、未確認ではあるが2つの成功事例がある）。

もう1つは爆裂破砕爆弾〔爆風および破片散布の効果をもつ爆弾〕にパラシュートを付けて敵編隊の前方に投下して空中機雷原をつくるというものである（この方法は期待がもてたが、有効な兵器の開発に時間がかかりすぎた）。

別の方法として、迎撃機の前方に重機関砲（もとは対航空機、対戦車用の軽砲）を装備して遠距離から敵編隊を撃つというものもあったが、これは大して効果がないことがわかり、胴体上面に機関銃を斜め上方に取り付け、サーチライトに照らし出された敵夜間爆撃機を下方から攻撃する斜銃が使用された。これはイギリス空軍の夜間爆撃機に対しては絶大な効果があったが、胴体下部などに銃座を持つアメリカ空軍機に対してはそうでもなかった。

前方搭載の重機関砲が効果的でなかった理由の1つは、その反動の大きさであった。相当数の弾を発射すると、反動によって航空機が目に見えて遅くなってしまうのである。その影響は過少評価されるべきではない。短すぎる滑走路に着陸しようとしていたMe 262の訓練生の1人は、機首の4門の30mm MK108を発射し、そのブレーキ効果のおかげで航空機を滑走路末端手前で停止させたのである。その他の理由として機体外部に取り付けられた機関砲が作り出す余分な空気抵抗があった。これは航空機の性能をかなり低下させた。ドイツ人にとって比較的大口径の機関砲の搭載は断ちがたい魅力を持っていたようである。

他国の空軍も同様の方法を試みた。その最たるものは、資料によればモスキート〔主にイギリス空軍で用いられた木製の爆撃機〕に搭載された32pdr（94mm）対戦車砲のように思われる。ドイツでは、3.7cm、5cm口径（7.5cmもテストされた）の軽対空砲や対戦車砲を搭載するプロジェクトが戦争終結まで継続され、末期に実戦配備された2機のMe 262A-1a/U4は機首に5cmマウザーMK214を装備していた。「ウィルマ・ジーン」という渾名のある機体はアメリカ空軍によって無傷で捕獲されたが、アメリカ行きの船に積み込むべくシェルブールへの飛行中にエンジン故障が発生し、その後廃棄された。

機関砲の前方搭載に関しては代案があった。デービスというアメリカ海軍士官が発明した、いわゆる「無反動砲」である。様々な無反動砲が航空機に搭載され、テストされている。このタイプの銃砲はうまく作動し、戦闘で首尾良く結果を出した例もあったが、単発式であることが大問題であった。じつのところ、これまで空対空戦闘が可能であったのは、ひとえに、攻撃対象に命中するまで弾を撃ち続けられる機関銃があったからこそであることに留意したい。無反動砲には2つのタイプがあった。簡易タイプは作用反作用の原理を用い、たいてい1ヵ所に2門の砲がついていた。通常の砲身に主砲弾が装填され、その正反対方向の補助砲身に砲弾と同重量の固形物（カウンターマス）が装填される。カウンターマスには、通常は紙製カートリッジにワックスかグリースと鉛玉を詰めたものが用いられた。2つの砲身の中間には薬室があり、ここに発射火薬が入る。主砲身の砲弾とカウンターマスを同時に発射することで各砲身に同量の反動が生じ、互いの反動を相殺するのである。

左　最も簡易な空対空ミサイルは無誘導で一斉発射された。このBa 349は250gの弾頭を有するR4Mロケットを24発装備していた。

ヘンシェルHs 293

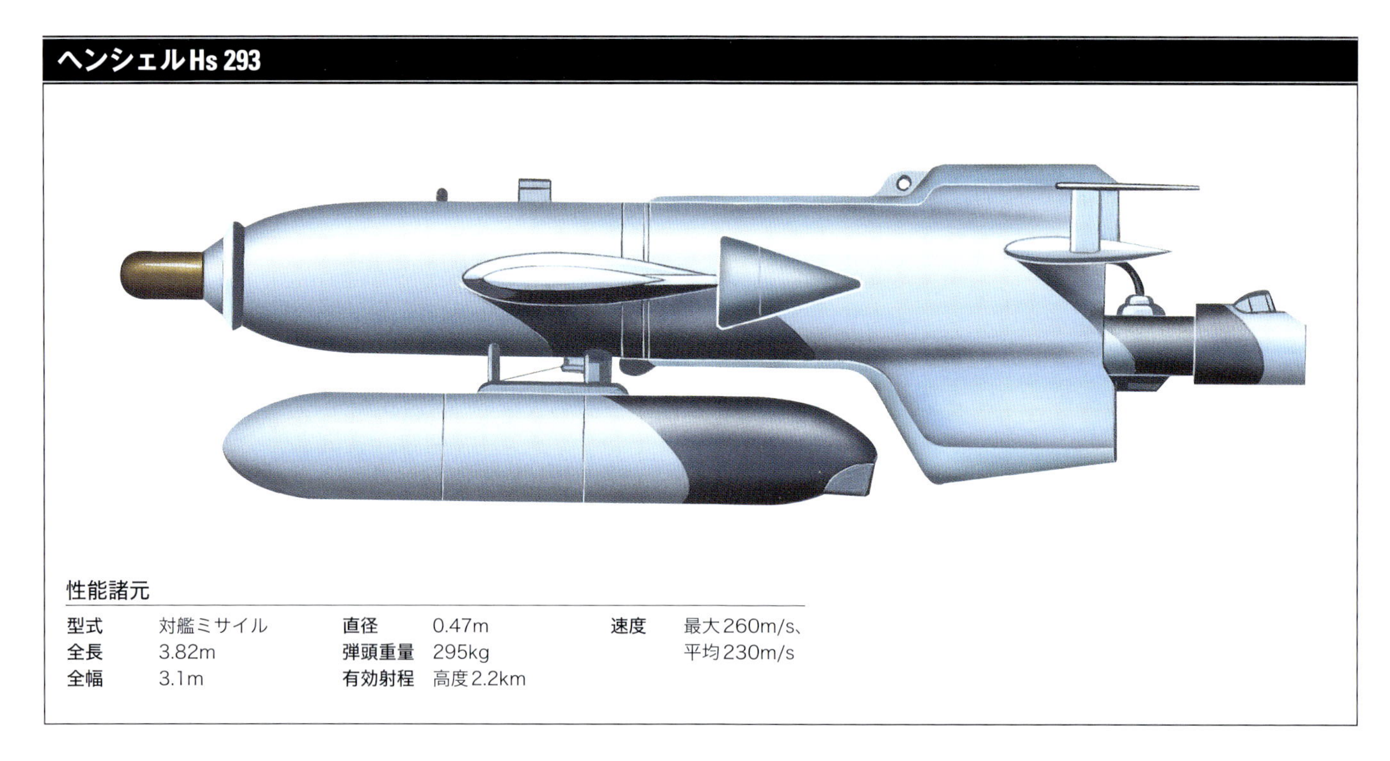

性能諸元

型式	対艦ミサイル	直径	0.47m	速度	最大260m/s、平均230m/s
全長	3.82m	弾頭重量	295kg		
全幅	3.1m	有効射程	高度2.2km		

上　ヘンシェル社は艦艇用のHs 293を開発したが、空対空用も製造した。

ツォッセン装置

ドイツ空軍は無反動砲を束ねて49発を一斉射撃できるようにして単発射撃による問題点を克服しようとした。無反動砲の束は前方および上方へ撃てるように搭載された。ただ、上方への射撃は照準と発射タイミングにやや問題があることがわかったため、光源と光電管を合体させた引き金装置、いわゆる「ツォッセン」装置が開発された。ツォッセン装置は1944年にテストに成功したが、航空機にはほとんど装備されなかった。それどころか、対戦車用の下方射撃の無反動砲のために、より複雑な機構の自動射撃装置が開発されている。これは戦車の磁界を探知し、航空機が戦車の真上を通過する際に射撃する仕組みになっていた。

1939年初頭には、航空機搭載の銃火砲に関するものとしては最も野心的といえる計画が提案されている。ゲレート104は635kgの徹甲弾を撃ち出す無反動砲で（薬莢は同じ重量でカウンターショットとして作用した）、これはスカパー・フロウに停泊するイギリス海軍艦艇に対して使用される予定であった（北方への接近路を制する場所であるとともに、1919年の大洋艦隊自沈の場所としてドイツにとって特別な場所であった）。この計画はご破算となったが、より大型の54cm「ミュンヒハウゼン」砲が提案された。試作製品が製造され、急降下爆撃機ユンカースJu 87に装備されたようである。まったく驚くべきことではないが、無反動砲であれ何であれ、この種の大口径砲を比較的軽量な航空機で使用したときの影響については、控えめに言っても予測不可能であり、結局この計画は中止された。

射撃時の反動を克服するより簡便な方法としては、銃砲の代わりにロケットを用いる案もあった。ロケットは反動が生じず、この案はほぼ間違いなく成功することがわかっていた。当初使用されたロケット兵器は陸軍の21cmネーベルヴェルファー42ロケットランチャーの縮小版である。これは様々な方法で装備されたが、最終的には5.5cm R4Mロケットに取って代わられた。21cmロケットは当初Fw 190に2門1組で装着された。これらのロケットは、使用後に投棄できるようになっていた。というのも、ロケット発射装置を装備していると速度が50km/hも減速してしまうからであった。ロケットは爆撃機編隊に使用され、空対地兵器としても使用された。Bf 110やMe 410のような双発戦闘機は発射機2連装×2組を搭載していた。双発戦闘機は前方に向かってのみロケットを使用したわけではなかった。たとえばJu 88やHe 177の一部は、胴体内に最大24発まで搭載できるよう改造され、上方へ撃てるようになっていた。また何機かのFw 190は後方に撃てるようになっていた。このロケットは21cmヴルフグラナーテ（シュプレンク）といい、弾頭は10.2kg、初速320m/sという強力な兵器であった。砲撃用ロケットは射程約8,000mとなり、空中では800～1,200mまで有効であると見なされていた。

R4M

R4Mはかなり実用的な兵器であった。非常に小型で空気抵抗が小さく、その分たくさん搭載できたからである。通常Me 262にはエンジン外側の翼下のラックに24基が搭載されたが、ラックを追加すれば、その2倍を搭載可能であった。ラックは8度上方へ向けて装着され、ミサイルは非常に短い間隔で（「リップル・サルボ」）連続発射が可能で、射程は600mであった。

R4M本体の構造は単純で、ニトロセルロースをベースとする固体燃料を搭載し、着発信管付きの弾頭を持ち、尾部には発射直後にバネで展張される安定板を有していた。発射管を離れると安定板（初期は金属製のちに段ボール製）が開いた。全長は82cm、直径5.5cmであり、様々な用途があったが、主に航空機と戦車に搭載された。このロケットは数年先んじて運用されていたイギリスの3inロケットと実質的には同一のものであった。

R4Mの後継ともいわれる「フェーン」はやや大きいが、実質的には同じようなもので、もともとは対航空機用兵器として設計された。直径7.3cm、250gのTNT/ RDX（R4Mの対航空機用弾頭PB-3は400gのヘキソーゲンを含んだ成形炸薬弾であった）弾頭を搭載していた。これは実戦ではほとんど使用されていない。

ロケット弾は30mm機関砲弾と同様の弾道を描くため、既存の照準器が使えることがR4Mの長所の1つであったが、残念なことに、この点についてはほとんど言及されない。というのも、回避行動をする敵機に正確な狙いをつけるのは容易なことではなかったからである。この問題を解決するのは、いうまでもなく、飛行するミサイルを制御する誘導システムを付与することである。

空対空ミサイル

ヘンシェル社は航空機業界では新参者であったが、重工業では確固たる基盤を有し、早くも1939年には無人飛行機の遠隔操作を研究するチームを支援している。1940年1月、ヘルベルト・ヴァグナーがこの研究チームのトップに就任した。彼は、ドイツ航空省から空対地ミサイル（ASMs）の開発に専念するように命じられていた。開発は成功し、1943年には同社はHs 293ASMを改良した空対空ミサイル（AAM）の開発を提案している。多くのASM同様、Hs 293Hは爆風効果を追求する高爆榴弾弾頭であり、個々の敵機を狙う代わりに爆撃機編隊内に誘導して爆発させるものである。弾頭重量は259kgであった。

Hs 293Hのある形式には、機首にテレビカメラが搭載される予定であった。送信画像は4km以上離れていても鮮明に写ったが、これはきわめて信頼性に欠けることが判明した。このアイデアはASMでも試されたが、棚上げとなった。ミサイルの制御は発射母機の照準線による目視で行われ、操作員はジョイスティックを使って無線信号を送り、ミサイルの制御板を作動させて誘導した。このシステムはドイツの誘導ミサイルすべてに用いられることになった。以下に、もともと地対空ミサイルとして開発されたことと関連づけて詳細に説明する。

このミサイルは地上に着弾する前に自爆させるために、気圧変化による信管はもちろん、指令信管および近接信管も備えており、M液（メタノール）とA液（酸素）を使用した特別設計のシュミッディンクロケットにより飛行した。A液は通常ガス状で、11秒間に610kgの推力を発揮した。Hs 293は対航空機用としては大きすぎたし、扱いにくかったので、ドイツ航空省が当初の熱気を失っていったというのも驚くには当たらない。しかし、その時までにヘンシェル社は「シュメッターリンク」地対空ミサイル（SAM：第8章参照）の開発を始めており、空対空ミサイル用の改修型を提案した。

ヘンシェルHs 117H

既知の派生型同様、Hs 117Hは外部のブースターロケットを必要としないことを除き、ベースとなった「シュメッターリンク」とほとんど違いがなかった。ただし「シュメッターリンク」には、炸薬100kgを擁するとてつもなく大きな弾頭があった。誘導システムはHs 293Hと同じ装置が用いられた。計画ではHs 117Hの射程は「親飛行機」に搭載された状態で、最高高度5,000mから6～10kmとされた。これは初期のミサイルの射程を大幅に改善するものであった。Hs 117Hの開発は終戦時まで続けられ、1945年1月に多数の開発プロジェクトが中止された時も継続されたが、これは単にベースとなったASMと多くの部品を共有していたからであろうと思われる。

ヘンシェル社は空対空に特化したミサイル、Hs 298も開発した。Hs 298は他のミサイルに比べるとかなり小型で、射程も短かった。また他のミサイルと同じく後退翼を有し、先端に短い安定板のある水平尾翼が付いていた。ミサイルの制御は、無線指令に対応した電磁石により作動する「ヴァグナーの遮断棒」が担った。モーターは固体燃料の2段ロケットで、第1段は5.5秒間で推力150kg、第2

段は20秒間で推力50kgを出力するシュミッディンク109-543であった。最初の実験用Hs 298は1944年5月に発射され、約300発が製造されたが、これらは試験で使い果たされた。炸薬25kgまたは48kgを含む弾頭を有し、近接信管あるいは指令で爆発した。射程は2,500mで、940km/hまたは680km/hで飛行した。このミサイルはDo 217、Fw 190、Ju 88のようなピストンエンジンの航空機への搭載を前提に設計されたが、ルールシュタールX-4の開発が優先されたため、1945年1月にはその開発が中止されている。

ルールシュタールX-4

会社名からわかるように、ルールシュタールAGは鉄鋼メーカーである（シュタールは鋼鉄の意）。1940年、同社はドイツ航空試験所（DVL）のマックス・クラマー博士とともに、スポイラー制御の爆弾やミサイルの開発を命じられた（ミサイルに関しては2年前に実験が行われていた）。共同開発では3種類の興味深いミサイルが開発されることになった。いわゆる「フリッツX」誘導滑空爆弾、X-7「ロートケプヒェン」（「赤ずきん」）対戦車ミサイル、X-4空対空ミサイルである。X-4の開発はヘンシェル社のHs 298と同じ1943年に開始され、これら2つのミサイルは細部まで非常に類似しているが、X-4のほうは、飛翔速度を上げるために開発当初からジェット戦闘機による運用を想定して設計された。

X-4と他のミサイルの第一の相違点は、通常の主翼と水平尾翼を装備せず、尾部に4枚の安定板と中央部に鋭角をなす後退翼を2組有していることである。この他、尾部の安定板には可動スポイラーが取り付けられ、45度の角度で開いた。第二に、X-4は当初から無線ではなく有線誘導を前提として設計されていた。というのは、無線はジャミングを受けやすく、すべてのミサイルの有線誘導への切り替えが計画されていたからである。ピッチコントロールは信号の極性を変えることで、ヨーコントロールは信号の強さを変えることで得られた。このシステムにはデュッセルドルフ／デトモルト（FuG510/238）送受信機が用いられたが、これはケール／ストラスブール送受信機とよく似ている。また、あとで見るように、この送受信機はもともと滑空爆弾用に開発されたものである。

右 ルールシュタールX-4は第二次世界大戦中に製造されたすべての空対空ミサイルの中で最も精巧なものであった。

地対地ミサイルの項で述べたように、飛行中の円筒形の機体は回転する傾向がある。X-4の回転特性を是正するための小型の安定翼はクラマー博士考案の制御スポイラーの妨げとなった。そこでX-4の設計者たちは主安定板にオフセットトリムタブを取り付けることにより1秒間で約1回転に制御できるようにした。これは銃身の旋条のように、不安定さ（ミサイルをコースから外すような）の発生を消す補助的な効果があった。機体がゆるやかに回転するため、そのままでは尾部のスポイラーは安定板の制御が困難になることが予想された。このため機体にジャイロスコープを装備し、目標に対して水平面45度以内にある時はスポイラー付安定板により上下方向を制御し、垂直角45度以内の時は左右方向を制御した。

長さ5.5kmの電気信号を送受信する長いワイヤーは、2つの主安定板の末端にある流線型ポッドから引き出された。ミサイルは飛行中に最大24回転しかしないため、回転につれてコントロールワイヤーが絡む心配はなかった。

X-4には液体燃料を使用するBMW 109-548ロケットを使用する計画であった。回転（飛行中の高機動でも）が燃料の流入を妨げる傾向を減殺するため、R液とSV液のタンクはミサイルの本体内にらせん状に同心円を描いて配置された。いずれも圧縮空気で作動する可動ピストンを有していたが、R液は金属に対して強度の腐食性があるため皮製タンク

が用いられ、酸化剤タンクにはアルミニウムが用いられた。モーターの推力は140kgであったが、17秒間の燃焼が終わる頃には30kgに減衰したため、試験発射でのみ用いられた。代わりにシュミッディンク109-603ジグリコール固体燃料モーターが使用された。

1944年8月11日、航空機（Fw 190）からの発射実験が初めて実施された。この時までに224発が試作され、1944年8月から12月にかけて実戦用に計1,000発が製作されたが、エンジンの製造が遅延していた。諸々の問題が解決しかけた、まさにその時、109-548を製造するBMWの工場が空襲で大損害を受け、遅ればせながら製造中であったモーターが破壊された。これがX-4の結末で、結果的にこのミサイルは実戦で運用されることはなかった。

7

空対地ミサイル

AIR-TO-SURFACE MISSILES

航空機から落とした爆弾を地上の目標に直撃させることは決して簡単ではない。爆撃機は目標に近づくや否や、効果的な対空砲火や戦闘機の脅威にさらされ、よりいっそうの困難に遭遇するのである。空爆に際しては多大な犠牲も生じ、とりわけ搭乗員の命が奪われる。20世紀の終わりには、遠隔操縦によるスタンドオフ爆弾は一般的兵器となった。しかし、第二次世界大戦当時、このような兵器はまったくの幻想でしかなかった。ドイツの科学者たちがその開発に取り掛かるまでは……。

◀初期の空対地ミサイルの1つ、ブローム・ウント・フォスBv 143。ハインケルHe 111H型に懸架されている。

1936年から39年まで戦われたスペイン内戦に参戦した結果、ドイツ空軍は、爆弾を精密に目標に命中させる有効な手段は急降下爆撃しかないとの結論に達した。急降下爆撃は1939年のポーランド侵攻と1940年のオランダ、ベルギーおよびフランスへの侵攻〔いわゆる西方攻勢〕でくり返し実施された。しかし、同年後半から行われたイギリス本土航空作戦において、ドイツ空軍はこのやり方に基本的な欠点があることに気づいた。すなわち、降下爆撃は打撃力のある戦闘機と密集した対空砲火に対してきわめて脆弱であるということである。高高度からの水平絨毯爆撃（広域散布爆撃）は、代替手段の1つであるが無駄が多く、孤立した重要目標に対してはほとんど効果がなかった。特に洋上の軍艦に爆弾を命中させることは困難であった。またドイツ空軍は頻繁に重要な海上目標に対して攻撃を仕掛けたが、その戦果はきわめて少なかった。こういう次第で、ドイツ空軍はかなり早い段階で、飛行中に誘導可能な爆弾を開発するという発想に転じた。

ルールシュタールX-1

ルールシュタールX-4空対空ミサイルは有望ではあったが、ドイツ空軍の期待にはまったく応えなかった。同じくルールシュタール社が作った誘導爆弾X-1のほうがよほど実用的であった。X-1には多くの名称があり、航空省ではPC1400X、ドイツ空軍ではフリッツ-X

空対艦ミサイル：仕様比較

仕様	フリッツー X	ヘンシェル 293	ヘンシェル 294
全長	3.32m	3.82m	6.12m
胴体最大幅	0.853m	0.47m	0.62m
翼幅	1.5m	3.14m	4.025m
発射重量	1,362kg	1,045kg	2,107kg
炸薬重量	320kg（徹甲）	295kg	656kg
射程	5km	5km	14km

下　ルールシュタールX-1の機構は洗練からは程遠いものであったが、最も成功した空対地兵器の1つである。1943年9月9日、2発のルールシュタールX-1によりイタリア戦艦「ローマ」が撃沈されている。

空対艦ロケットの比較

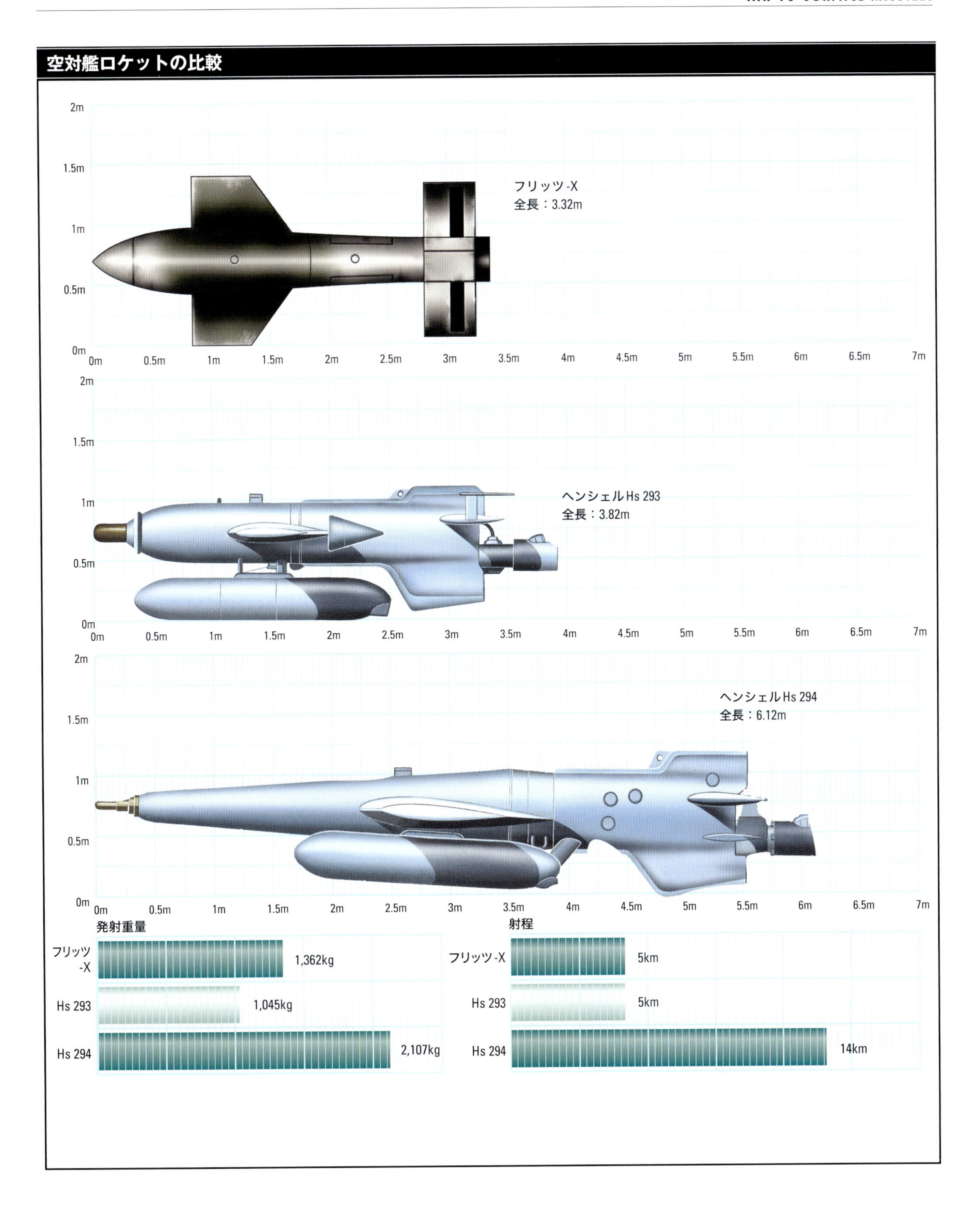
フリッツ-X
全長：3.32m
ヘンシェルHs 293
全長：3.82m
ヘンシェルHs 294
全長：6.12m
0m
0.5m
1m
1.5m
2m
2.5m
3m
3.5m
4m
4.5m
5m
5.5m
6m
6.5m
7m
発射重量
フリッツ-X
1,362kg
Hs 293
1,045kg
Hs 294
2,107kg
射程
フリッツ-X
5km
Hs 293
5km
Hs 294
14km

と呼ばれた。試作審査中にはFX-1400、単純にFXとも呼ばれている。ただ、X-1は安価かつ単純な仕組みを念頭に設計されたが、その成功は長くは続かなかった。

X-1は開発開始時にはドイツ空軍の標準的な爆弾であった1,400kg爆弾を搭載していた。フリッツの名で知られ厚い鋳鉄の弾殻をもつSD1400、もしくは鍛鋼製の徹甲型爆弾PC1400である。ラインメタル・ボルジッヒ社で製作された原型の爆弾は、ごくありふれた外形であった。本体は先端が丸くなったきれいな円筒部、尾部は円錐形で4枚の薄い鉄板に補強用のリングをつけた安定板が付いていた。

ルールシュタール社は、この爆弾の誘導爆弾への改修にあたって円筒形部はそのままにし、元の円筒形の長さの3分の2のところに巨大な枠を取り付けた。

爆弾の空力特性を最大にするために、X-1には爆弾の中間部前方には比較的大きな安定板が4枚取り付けられた（122頁写真参照）。この安定板は前縁が水平、後縁は下方に傾斜しており、1.5対1の長方形の対角線に向けて突き出す形で非対称に取り付けられた。

尾部は単純な筒型の尾翼から12枚の金属板で覆われた箱型の尾翼に取り換えられた。ただし箱型とは言っても、四隅の直角が欠き取られた長方形である。箱

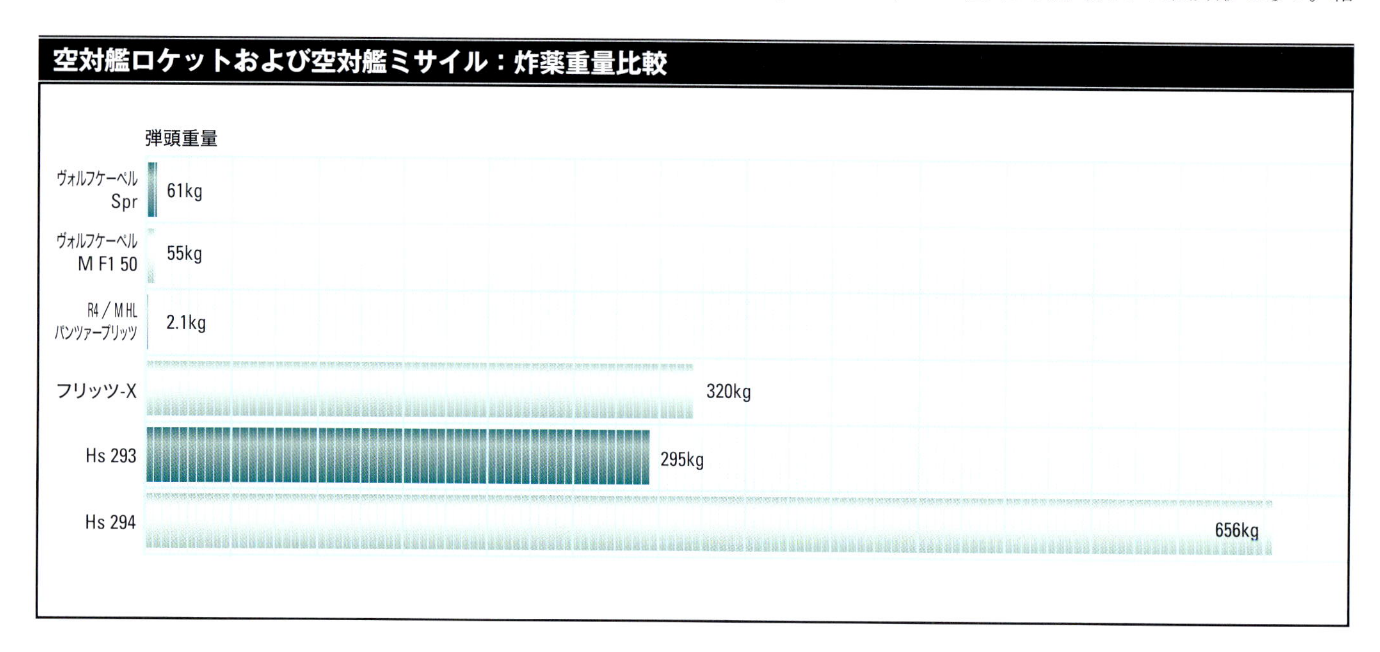

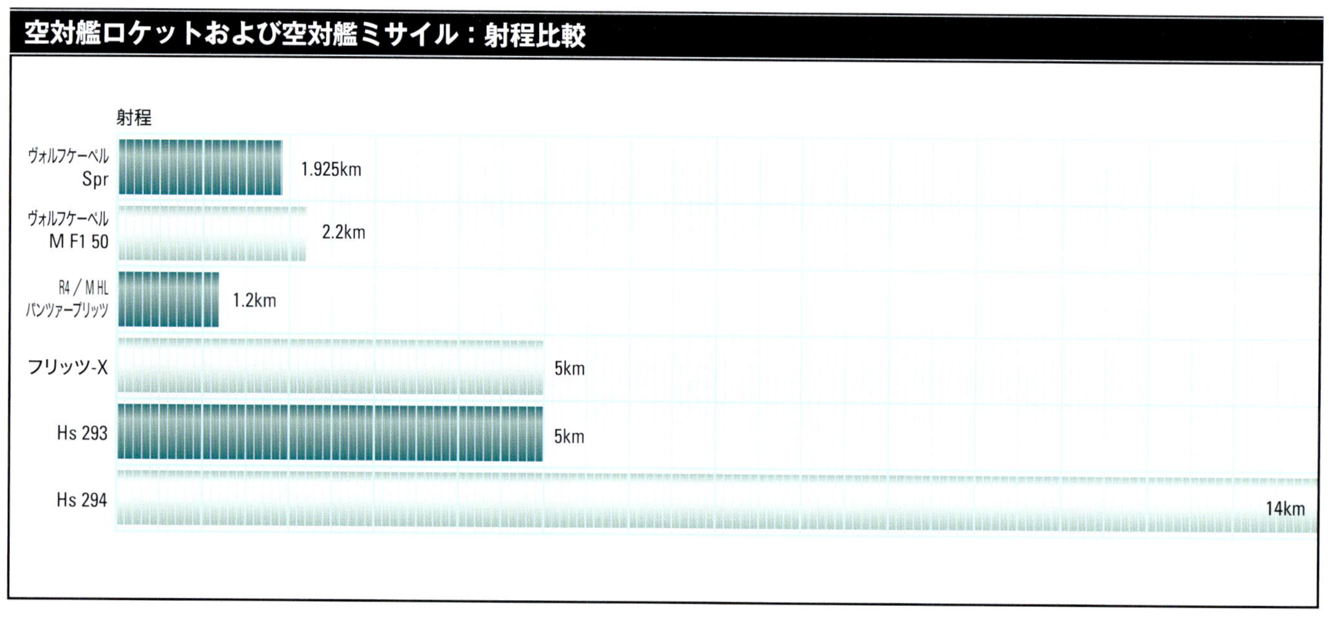

型の覆いの中にある垂直・水平方向に取り付けられた4つの安定板には、クラマー博士考案の電気磁石で作動するスポイラーが収納された。スポイラーを主安定板前縁の軸線に沿って作動させることでX-1のコースや降下角度を変更させた。

無線誘導

誘導には、ケール／ストラスブール・システムを利用する無線リンクが使用された（しかしその後、有線リンクによる管制システムがX-1にも適用された）。操作員は、夜間は尾部に取り付けられた発火灯または内蔵電池による電灯の明かりによって、落下していくX-1の航跡を追った。この誘導システムは単純かつ相当巧妙なもので、高高度からのX-1の落下に申し分のない性能を発揮した。投下最低高度4,000mでは射程4.5km、投下最高高度はX-1搭載機によるが8,000mでは射程9kmに増えた。貫徹能力は高度6,000mからの投下で130mmの装甲鈑を貫徹できた。X-1はしばしば「滑空爆弾」と呼ばれているが、これは正しくない。X-1の前進速度は搭載母機に依存しており、一般的な意味では「飛ぶ」とはいえない。進行方向は下方のみであり、すべてのスポイラーを使用してもその軌道修正能力はごくわずかであった。ただ、それは、のちのX-1の実戦配備状況から見て、十分な能力であった。1943年4月から1944年12月の生産中止までの間に計1,386発のX-1が生産されたが、当初予定の月産750発には遠く及ばなかった。このうち602発が試験や訓練、実戦で使われた。

実戦におけるルールシュタールX-1

ルールシュタールX-1を初めて実戦で用いたのは、マルセイユ近郊イストレに所在した第100爆撃航空団第3飛行隊所属のドルニエ217 K-2（Do 217）で、1943年8月29日以降、地中海を航行する連合国艦船に対して攻撃を仕掛けた。最初のうちは成功しなかったが、2週間のうちに大きな戦果を上げ、X-1が強力な兵器であることが証明された。

9月4日、イタリアは枢軸国側から脱退し、連合国と単独講和を結んだ。強力だが今まで上手く運用されていなかったイタリア海軍が、今後どう行動するかは明確ではなかった。

9月9日、連合国軍はサレルノに上陸した。同日正午のイタリア艦隊に関する偵察報告によれば、艦隊は洋上にあり、マルタ島に向け南進しているとのことであった。その2時間後、ベルンハルト・ヨーペ少佐率いる第3飛行隊の12機のドルニエ217が、各々1発のX-1を搭載して飛行していた。彼らは低空飛行で東に向かい、サルディニアの海岸に近づくと高度を上げた。戦艦3隻と護衛の巡洋艦6隻、駆逐艦8隻を視認したヨーペ少佐は編隊を高度6,500mまで上昇させ、艦隊のほうへ旋回した。これに対し

下 Hs 293ロケット推進誘導爆弾を利用可能なドイツ軍機の1つ、遠距離哨戒爆撃機フォッケヴルフFW 200「コンドル」。2発のミサイルをナセル下部に懸架することができた。

フォッケヴルフFw 200C-6

性能諸元

用途	長距離海上哨戒爆撃機	**最大離陸重量**	22,700kg	**航続距離**	3,560km
全長	23.85m	**最大速度**	360km/h（高度4,700m）	**搭載量**	2×ヘンシェル293A誘導ミサイル
主翼幅	32.84m				

て艦隊の各艦は散開して回避行動をとりつつ、各々の対空砲で応戦した。最初のX-1はハインリヒ・シュメッツ大尉（騎士鉄十字章を受賞、のちに飛行隊長となった）により投下され、4万トン級戦艦「ローマ」の艦体中央に命中した。着速は約330m/sに達し、「ローマ」の艦底部までまっすぐに貫徹して爆発した。2発目は艦橋の真ん前に命中している。この2発目は防御甲板のために貫徹速度が落ちたが、前部弾薬庫の下部で爆発した。「ローマ」の艦体は2つに折れ、1255名の乗組員とともに40分後に沈没した。そのなかには艦隊司令長官のベルガミニ

下　FW 200以上に成功を収めたのはドルニエDo 217E-5で、Hs 293Aを2発搭載できた。第100爆撃航空団第II飛行隊の所属機が、この新型兵器の初めての戦果を記録した。

ドルニエDo 217E-5

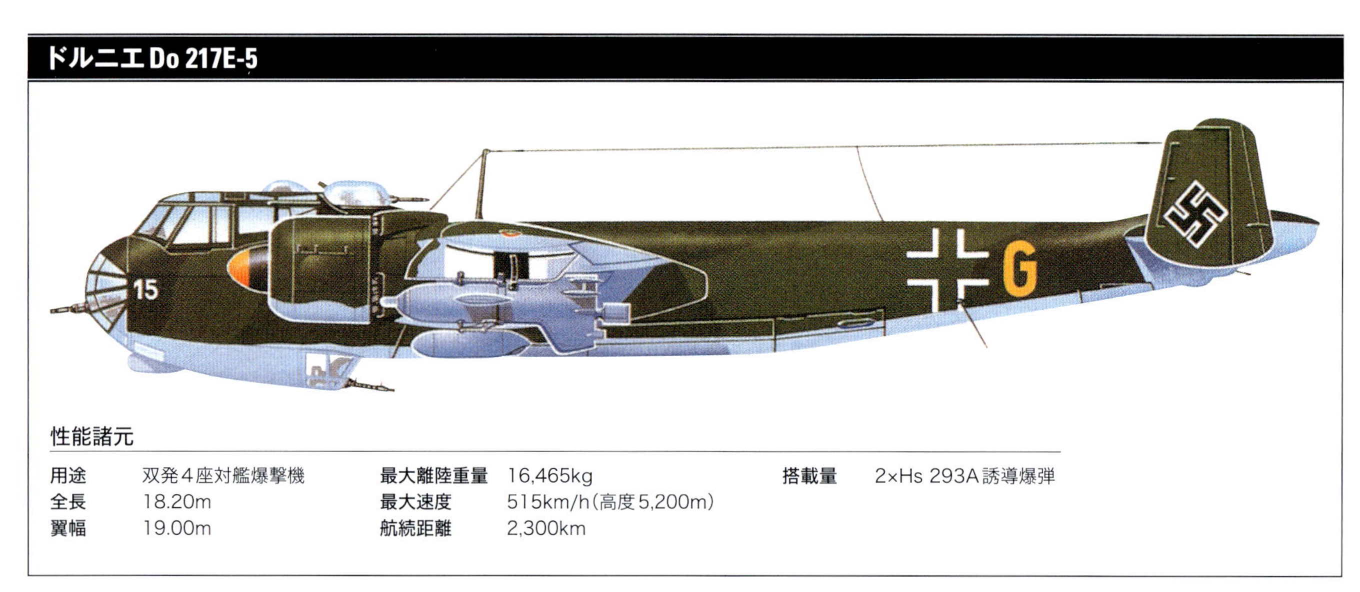

性能諸元

用途	双発4座対艦爆撃機	最大離陸重量	16,465kg	搭載量	2×Hs 293A誘導爆弾
全長	18.20m	最大速度	515km/h（高度5,200m）		
翼幅	19.00m	航続距離	2,300km		

1943年の対艦攻撃による連合国艦艇の損害

艦艇名	種別	戦役／作戦（被弾海域）	原因	損害の程度	死者数
HMS ビディフォード（英）	中型船団護衛艦（スループ）	対潜パトロール（ビスケー湾）	Hs293 ロケット推進誘導爆弾	破損	–
HMS ランドガード（英）	中型船団護衛艦（スループ）	対潜パトロール（ビスケー湾）	Hs293 ロケット推進誘導爆弾	破損	–
HMS エグレット（英）	小型船団護衛艦（コルベット）	対潜パトロール（ビスケー湾）	Hs293 ロケット推進誘導爆弾	沈没	194名
HMCS アサバスカン（カナダ）	駆逐艦	対潜パトロール（ビスケー湾）	Hs293 ロケット推進誘導爆弾	破損	–
HMS イントレピッド（英）	駆逐艦	エーゲ海	Hs293 ロケット推進誘導爆弾	沈没	–
RHS ヴァシリサ・オルガ（ギリシャ）	駆逐艦	エーゲ海	Hs293 ロケット推進誘導爆弾	沈没	–
HMS ダルバートン（英）	駆逐艦	エーゲ海	Hs293 ロケット推進誘導爆弾	沈没	–
HMS ロックウッド（英）	駆逐艦	エーゲ海	Hs293 ロケット推進誘導爆弾	破損	–
SS デリウス（英）	客船	大西洋	Hs293 ロケット推進誘導爆弾	破損	–
HMT ローナ（英）	輸送船	地中海 KMF-26 船団	Hs293 ロケット推進誘導爆弾	沈没	1,152名
RN ローマ（イタリア）	戦艦	サルディニア、テツサ岬沖	SD-1400X フリッツ X 誘導爆弾	沈没	1,352名
RN リットリオ（イタリア）	戦艦	サルディニア、テツサ岬沖	SD-1400X フリッツ X 誘導爆弾	破損	–
USS フィラデルフィア（米）	軽巡洋艦	サレルノ	SD-1400X フリッツ X 誘導爆弾	破損	–
HMS ウォースパイト（英）	戦艦	サレルノ	SD-1400X フリッツ X 誘導爆弾	破損	9名
USS サバンナ（米）	軽巡洋艦	サレルノ	SD-1400X フリッツ X 誘導爆弾	破損	200名
HMHS ニューファウンドランド（英）	病院船	サレルノ	Hs293 ロケット推進誘導爆弾	沈没	–
SS ブッシュロッド・ワシントン（英）	客船	サレルノ	Hs293 ロケット推進誘導爆弾	沈没	–
HMS ウガンダ（英）	軽巡洋艦	サレルノ	SD-1400X フリッツ X 誘導爆弾	破損	16名

提督も含まれていた。

「ローマ」の姉妹艦「リットリオ」もX-1の直撃を受けた。爆弾はちょうど第1番主砲塔（A砲塔）の真正面の甲板と舷側を貫通し、炸裂する前に海に落ちた。これにより「リットリオ」は800トンの浸水を被ったが、何とかマルタ島にたどり着いた。ただし「リットリオ」にはそれ以降、活躍の場はなかった。

戦果はまだ続く。9月11日にはアメリカ重巡洋艦「サヴァンナ」（10,000トン級）を、その2日後にはイギリス軽巡洋艦HMSウガンダ（8,500トン級）を戦闘不能にした。

さらに戦果を挙げたのはヨーペ少佐自身による、サレルノ上陸作戦の火力支援にあたっていたイギリス戦艦HMS「ウォースパイト」（33,000トン級）への攻撃である。X-1は「ウォースパイト」の中央部に命中、6層の甲板を貫通して艦底部で炸裂し、大破口をあけた。ウォースパイトは総計5,000トンの浸水を被ったほか、蒸気ボイラーが壊滅。推進力その他の全システムを駆動する動力源すべてが失われ、曳航されることとなった。「ウォースパイト」はマルタ島にたどり着いたが、その後12ヵ月の間、行動不能となった。イギリス軽巡洋艦HMS「スパルタン」とイギリス駆逐艦HMS「ジェイナス」もX-1により撃沈され〔Hs 293による撃沈との異説あり〕、アメリカ軽巡洋艦「フィラデルフィア」も大損害を被った。

ヘンシェルHs 293

ルールシュタールX-1の開発開始と時をほぼ同じくして、ヘンシェル社のヴァグナー博士が率いるチームがHs 293の開発を開始した。意外にも開発に時間がかかったが、Hs 293のほうが単純で、ミサイルよりも容易に「飛ばせる」爆弾であることを実証した。結局、X-1もHs 293もともに配備されることとなった。

ドイツ航空省は、最初ヘンシェル社に対して2種類のミサイルの開発を命じた。1つは目標到達まで海面の少し上を水平飛行するミサイル、もう1つは文字通り水中にもぐり、魚雷のような働きをするものであった。しかし、ヘンシェル社にはそのようなシステムの設計経験はなく、不可能であるとして拒絶した。その代わり、ヘンシェル社が、無動力ではあるが、空力特性を利用した誘導滑空爆弾の概念を打ち出したところ、ドイツ航空省も賛成した。

最初の試作弾の試験は、実用弾頭を付けずに1940年春に行われた。その年の終わりまでにロケット推進システムを付けた改造型も登場した。このタイプは、以前は高度1,000mからの発射が必要であったが、高度400メートルからの発射も可能となり、生産用として採用された。

10秒間の噴射

ヘンシェルHs 293A-1はSC 500薄壁爆弾の頭部と本体をベースとし、長く伸びた後部には先細り形状の垂直安定板が付いていた。垂直安定板は上下に付いているが下部のほうが大きく、誘導部品が組み込まれている。主翼は左右対称で短く、通常型の補助翼が付いており、弾頭部と尾部の接続部分に取り付けられていた。通常の昇降舵のある水平尾翼は動力部の上部にあり、噴流に影響を受けなかった。補助翼は電磁石で作動し、昇降舵は電気モーターとウォームねじによって作動した。ロケット推進器は、加圧式のタンクに入ったT液（過酸化水素水80％と安定剤）とZ液（過マンガン酸カルシウム液）で稼働するヴァルター109-507液体燃料ロケットで、これは

フリッツX攻撃イメージ図

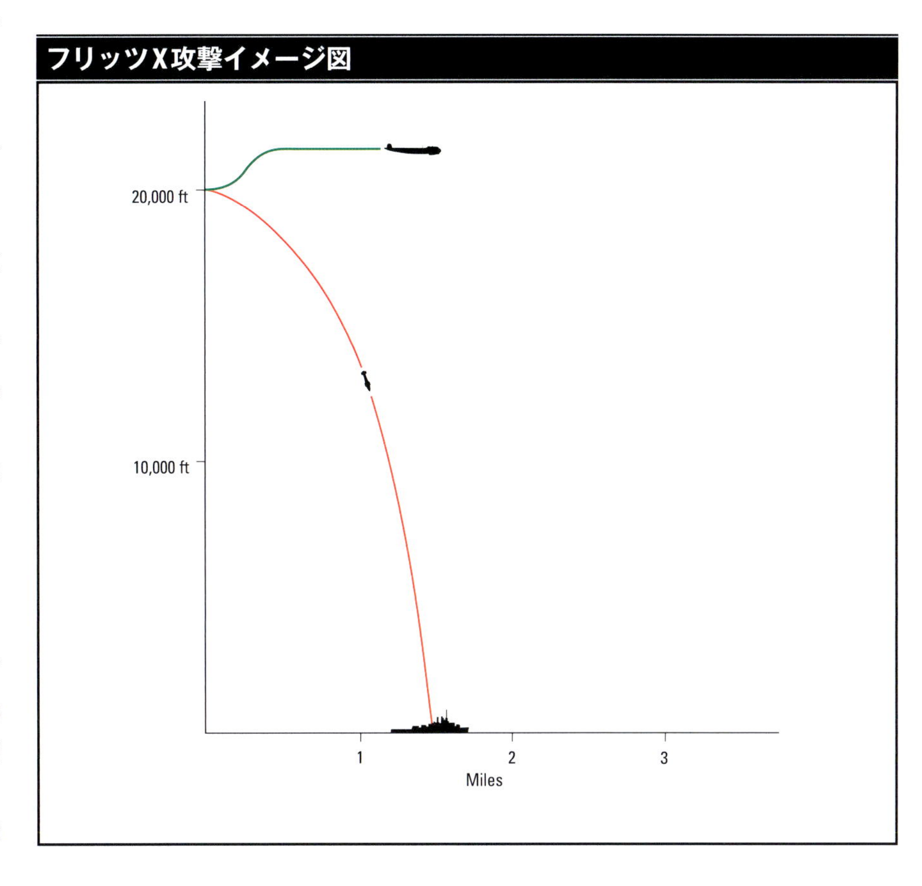

Hs-293攻撃イメージ図

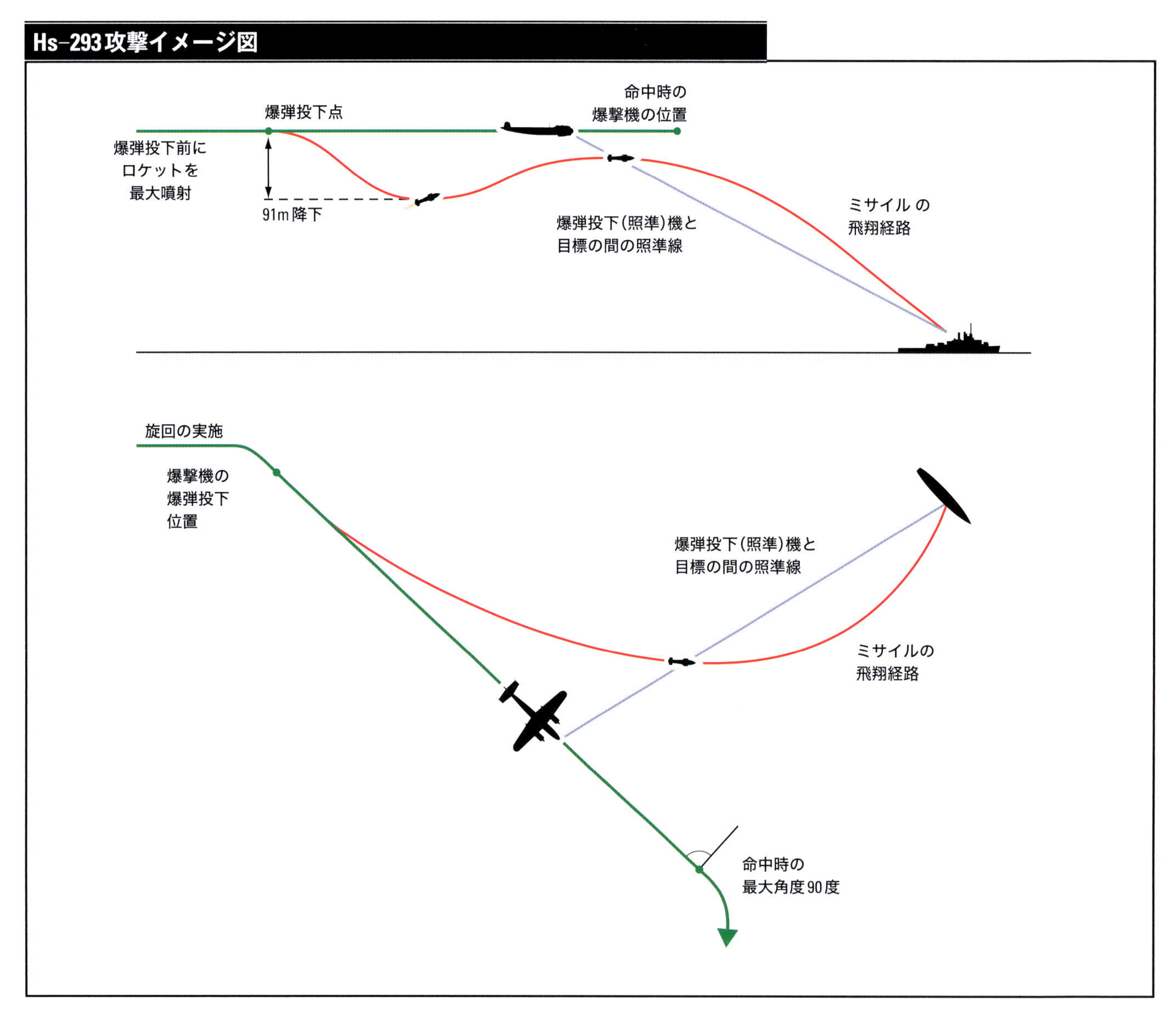

胴体下部のポッドに搭載された。推力は600kgを10秒間維持するという限定されたものであったが、爆撃機の照準手が確実に視認できる位置にHs 293を射出するのに十分なものであった。

X-1と同じ問題もあった。X-1の場合、照準手はX-1を視認し続けるために、母機の速度をX-1に合わせる必要があった。Hs 293では、パイロットはスロットルレバーを絞り、フラップを下げることにより減速するしかなかったのである。パイロットはほとんど失速直前の状態を維持する必要があり、このため母機が攻撃される危険性が大いに増した。

Hs 293の飛行形態は、X-1の飛行形態とはかなり異なっていた。通常、Hs 293は高度400～2,000m、目標の3.5～18km手前で母機から分離された。最終速度は母機から分離した高度次第で435km/h～900km/hであった。誘導は、毎度のことながらジョイスティックとケール／ストラスブール・システムによる無線リンクで行われたが、有線リンクも計画され、まもなく実装される予定であった。その場合、航空機側とミサイル側同時に有線が伸びる二重の優先巻き取り装置を使用し、最大射程は30ｋｍにもなった。X-1同様、尾部には発煙筒が搭載されており（これは夜間運用時には小型電池使用のランプと交換可能であった）、これにより照準手はHs 293の航跡を追うことができた。

派生型としてテレビカメラを収納したHs 293Dも開発された。テレビ装置はフェルンシェ有限会社がドイツ郵政研究所と共同開発した。このテレビシステムは垂直ラスタースキャン224本のシステムを50Hzで走査していた。これは、同システムの開発者が操作するという理想的な条件下（つまり、実験室の環境下）であれば十分に機能したが、実際の運用ではうまく機能せず、結局この案は放棄された。テレビ誘導システムが完全に実現するのははるか後年、1980年台のアメリカのAGM-65「マーベリック」とイギリス・フランス共同開発の「マーテル」まで待たなければならなかった。

派生型としてはこのほかにHs 293Hもあるが、これは空対空ミサイルの項で述べている。さらに計画段階で終わった、三角翼を有する無尾翼形式のHs 293Fもある。Hs 293の全形式が何発製造されたかは不明である。しかし、状況から見て1,500発が製造され、大多数が長期間の開発試験や訓練に使用されたと見られている。

実戦におけるHs 293

実戦仕様のHs 293を搭載したDo 217E-5は、フランスのコニャック近郊に展開していたハインツ・モリヌス率いる第100爆撃航空団第II飛行隊に配備された。初めて空対艦（地）ミサイルを装備して実戦に参加した部隊であ

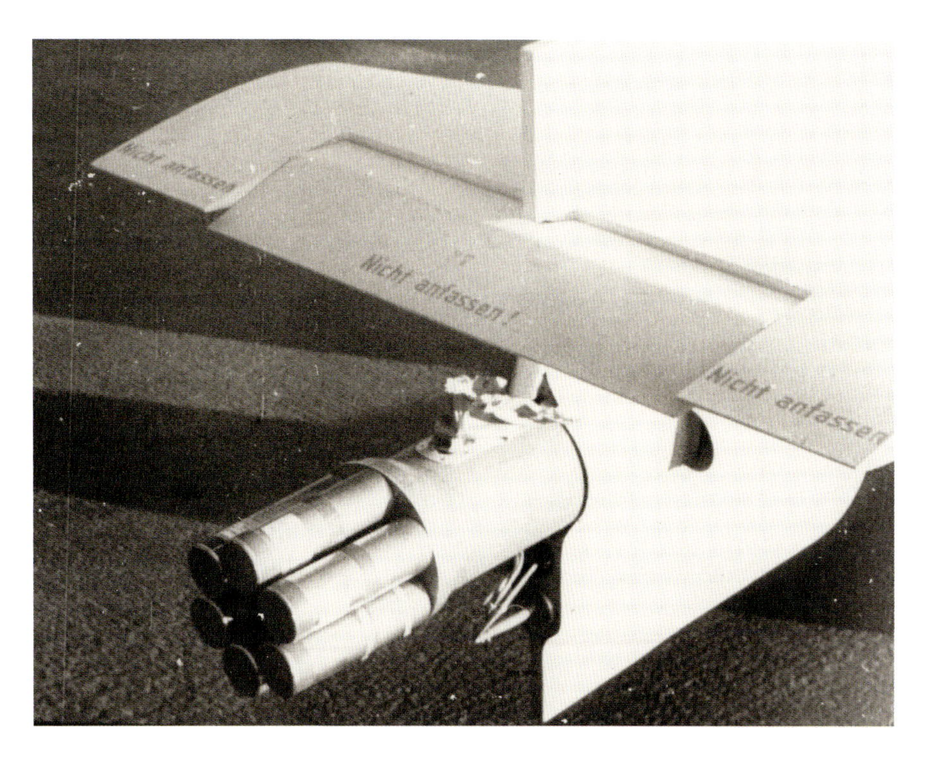

上 誘導員はHs 293が目標に命中するまでの間、Hs 293を視認し続ける必要があった。このため、複数の発煙、発火筒からなる照明装置がHs 293の尾部に取り付けられた。

1944年の対艦攻撃による連合国艦艇の損害

艦艇名	種別	戦役／作戦（被弾海域）	原因	損害の程度	死者数
HMS スパルタン（英）	駆逐艦	アンツィオ	Hs 293 ロケット推進誘導爆弾	沈没	35名
SS エリフ・ヤーレ（英）	輸送船	アンツィオ	Hs 293 ロケット推進誘導爆弾	沈没	12名
SS サミュエル・ハンチントン（英）	輸送船	アンツィオ	Hs 293 ロケット推進誘導爆弾	沈没	
LCT-35（米）	戦車揚陸艦	アンツィオ	Hs 293 ロケット推進誘導爆弾	沈没	
USS ハーバート・C・ジョーンズ（米）	駆逐艦	アンツィオ	Hs 293 ロケット推進誘導爆弾	破損	
HMS ジャービス（英）	駆逐艦	アンツィオ	Hs 293 ロケット推進誘導爆弾	破損	
HMHS セント・ダヴィット（英）	病院船	アンツィオ	Hs 293 ロケット推進誘導爆弾	沈没	
HMHS セント・アンドリュー（英）	病院船	アンツィオ	Hs 293 ロケット推進誘導爆弾	沈没	
USS プレヴェイル（米）	掃海艇	アンツィオ	Hs 293 ロケット推進誘導爆弾	破損	
HMS ボーディシア（英）	駆逐艦	ノルマンディ	Hs 293 ロケット推進誘導爆弾	沈没	175名
USS メレディット（米）	駆逐艦	ノルマンディ	Hs 293 ロケット推進誘導爆弾	沈没	
LST-282（米）	戦車揚陸艦	サン・ラファエロ（仏）	Hs 293 ロケット推進誘導爆弾	沈没	
LST-312（米）	戦車揚陸艦	サレルモ	Hs 293 ロケット推進誘導爆弾	破損	

上 誘導員は2軸制御のジョイスティックを使用してHs 293を誘導した。この誘導は無線または有線のいずれかで行われた。この写真の装置はHe 111H-12のもの。

り、1943年8月25日、ビスケー湾でドイツ潜水艦（Uボート）の掃討にあたっていた戦闘艦の攻撃任務に就いた。史上初の空対艦誘導弾での戦果は8月27日に上がった。ミサイルは1,270トンのイギリス小型護衛艦（スループ。アメリカのコルベット艦に相当）HMS「エグレット」の弾薬庫に直撃し、乗員222名ともども瞬時に沈没した。第100爆撃航空団第Ⅱ飛行隊がマルセイユ近郊のイストレに移動すると、後任にHe 177A-5（4発爆撃機）を装備した第40爆撃航空団第Ⅱ飛行隊が、大西洋岸に配備された。Hs 293部隊は「エグレット」の撃沈に加え、5隻の駆逐艦と多くの商船を撃沈したが、これに対して連合国軍は、誘導信号の妨害や搭載母機を狙うなどして応戦した。搭載母機はミサイルを制御する際、速度を落として直線的な水平飛行をせざるを得ず、攻撃に対して脆弱であったからである。

連合国軍のこうした防御戦術は空対艦ミサイル部隊に大きな損耗をもたらした。11月23日、第40爆撃航空団第Ⅱ飛行隊がアルジェリア沿岸で重防御の護衛船団を攻撃した際には、投入した戦力の半分を失っている。Hs 293部隊が最後に一定の戦果を挙げたのは、1945年4月、ソ連陸軍のオーデル川渡河に対する攻撃である。この時は親子航空機「ミステル（ヤドリギ）」も投入された。

右ページ上 Hs 294は、目標の直前で入水し、目標の最も脆弱な部位である喫水線下の艦体を攻撃することが企図されていた。

右ページ下 Bv 143はロケットエンジンを持った滑空爆弾。そのロケットエンジンは、滑空爆弾が水面上高度2mになったところで点火する。

ブローム・ウント・フォス社の空対艦ミサイル

ドイツ航空省の「水上を超低空飛行す

ヘンシェルHs 294

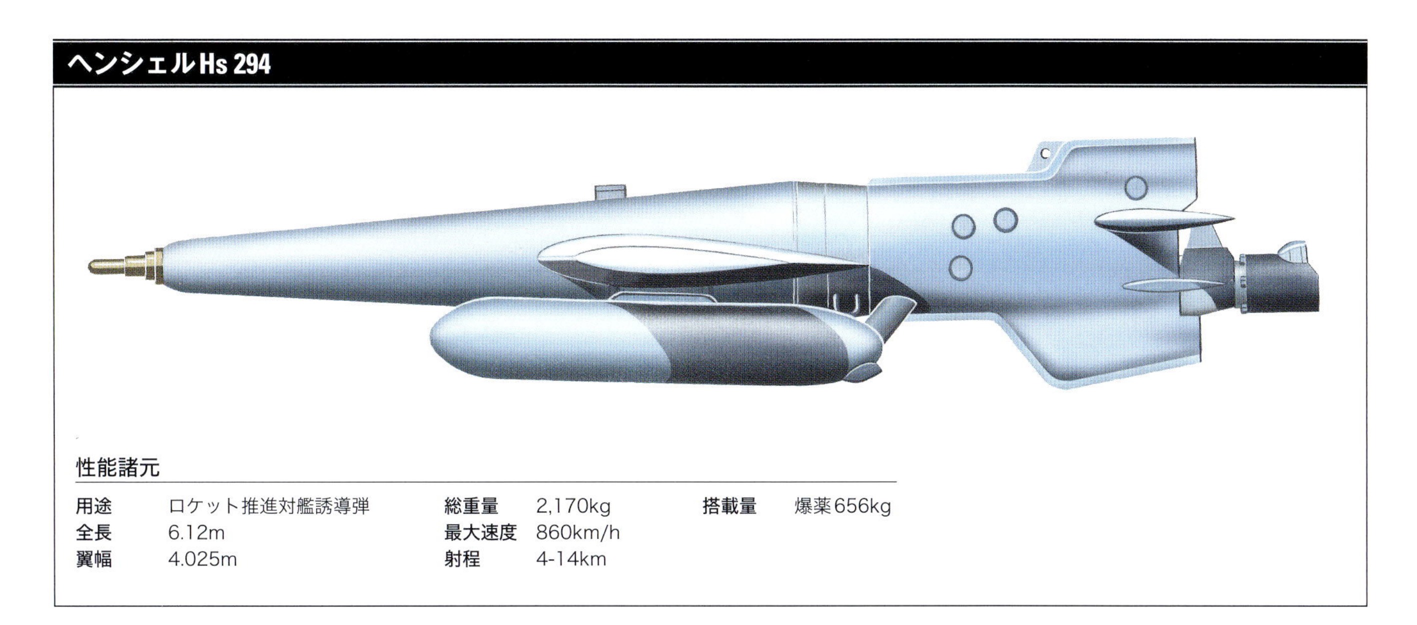

性能諸元

用途	ロケット推進対艦誘導弾	総重量	2,170kg	搭載量	爆薬656kg
全長	6.12m	最大速度	860km/h		
翼幅	4.025m	射程	4-14km		

るミサイル」という要求に対して、ブローム・ウント・フォス社は誘導式の滑空爆弾を提案した。これは爆弾落下の最終段階で高度2メートルで飛行するためのロケットモーターを装備していた。これは独創的な方法ではあったが、実際には上手く機能しなかった。ロケットモーターが始動するまでに時間がかかりすぎ、試作第1号機は海に突っ込んでしまっている。

これよりやや改善されたのが、Bv 246「ハーゲルコーン（雹）」である。Bv 246は純粋な滑空仕様で、イギリス空軍の爆撃機向けの航法援助信号を遡り、発信元の送信局を攻撃することに特化していた。Bv 246は浅い滑空角を維持して長距離の滑空が可能なように（滑空比が1：25、角度にして4度弱）、高アスペクト比の主翼と垂直方向を制御する十字形の尾翼を持った機体であった。

下　悲惨な結果を巻き起こしたHs 294発射の瞬間を捉えたこの連続写真。母機Do 217から放たれたHs 294は、母機に衝突してその尾翼をもぎ取った。

10,500mで投下した場合、滑空距離は210kmに及んだ。この計画の起こりは1942年だが、当時イギリス空軍がすでに航法支援に無線を使用していたにもかかわらず、当局の興味をひかなかった。「ハーゲルコーン」は1943年12月までに生産が命じられ、数百発が生産されたが、その2ヵ月後、1944年2月には緊縮政策により生産中止となった。完成したミサイルは、1945年1月まで延々と優先度の低い試験課題に費やされた。総重量は730kg、うち弾頭重量435kgと軽く、Fw 190に十分搭載可能であった。

空飛ぶ魚雷

ドイツ航空省は、空対艦ミサイルの開発を断念せず、結局ヘンシェル社は、誘導航空魚雷のようなものをいくつか設計した。なかでも最も構造がシンプルなのがHs 293で、1943年にはHs 293より大型、強力なHs 294が派生した。これは装甲が施された艦船への攻撃に使用される予定であった。無線誘導タイプと有線誘導タイプの2種類が、原型機から製作されている。

Hs 294は実質的にHs 293空対艦ミサイルと同じ形状であるが、長い円錐形の頭部とロケットモーターを加えた形状となっている（131頁図参照）。Hs 294は浅い進入角（最適進入角22度）で海面に入水する。主翼と後部胴体は入水時の衝撃で飛散するように取り付けられた。弾頭には656kgの炸薬が充填されており、その上部形状により放物線を描きながら最大45m進み、目標を捕捉できない場合は自爆するようになっていた。ただしHs 294は計1450発前後が発注されたものの、ごく少数しか生産されなかった。

Hs 294が開発されると、GT 1200の名で知られるより野心的なプロジェクトが進められたが、これは試作段階にも達しなかった。GT 1200はHs 293の誘導装置をもつ無動力の滑空機であるが、発射補助用のロケットモーターは付けないことになっていた。その代わり、飛翔の

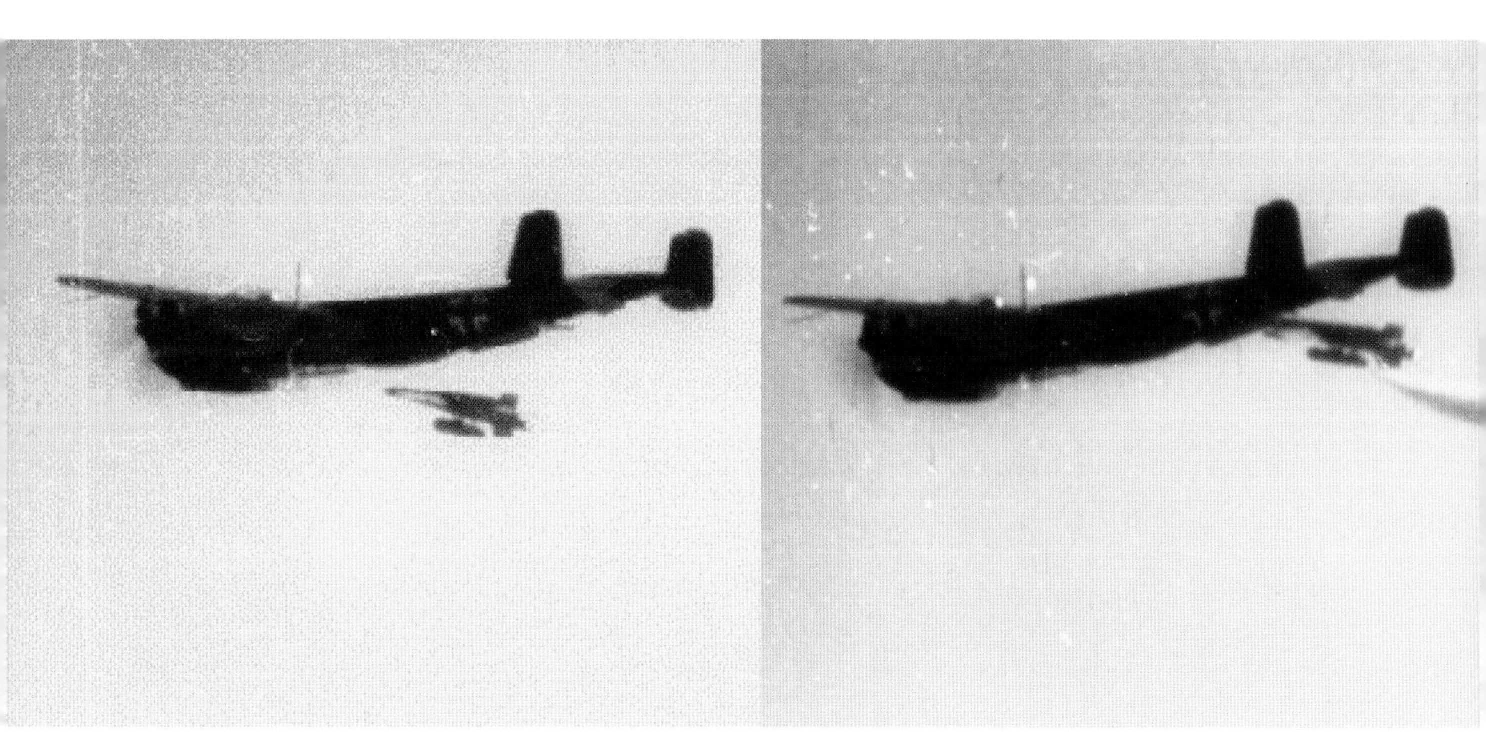

右 ドルニエDo 217は、Hs 249空対艦ミサイルを装備する機体として選ばれた。1,450発の誘導ミサイルが発注されたが、ほとんど完成しなかった。

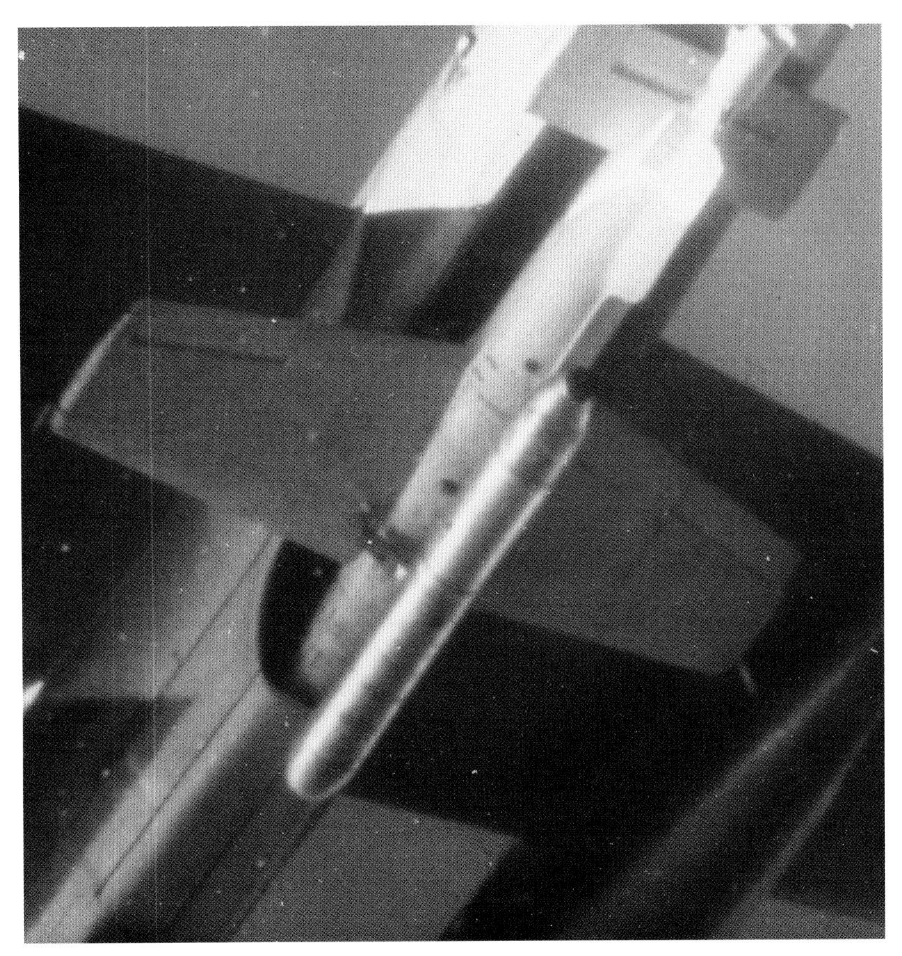

最終段階では標準装備のシュミッディンク固体燃料ロケットモーターが作動することになっていた。水面下に突入すると、主翼と胴体延長部が脱落して従来型の魚雷となり、尾部の十字型の安定板に取り付けられた舵により操縦された。GT 1200は水面に突入するまでの間、誘導されなければならなかったが、誘導方式は不明である。

ヘンシェル社は、最後に、「ジッターロッヘン（シビレエイ）」の名で知られる、超音速空対艦誘導弾の分野に足を踏み入れた。その三角形の飛翔体は、補助翼の代わりに翼後縁に「ヴァグナーの遮断棒」と呼ばれたスポイラーを有していた。「ジッターロッヘン」は飛び立つことはなかったが、その誘導システムは地対空ミサイルHs 117「シュメッターリンク（蝶）」や空対空ミサイルHs 298にも用いられた。

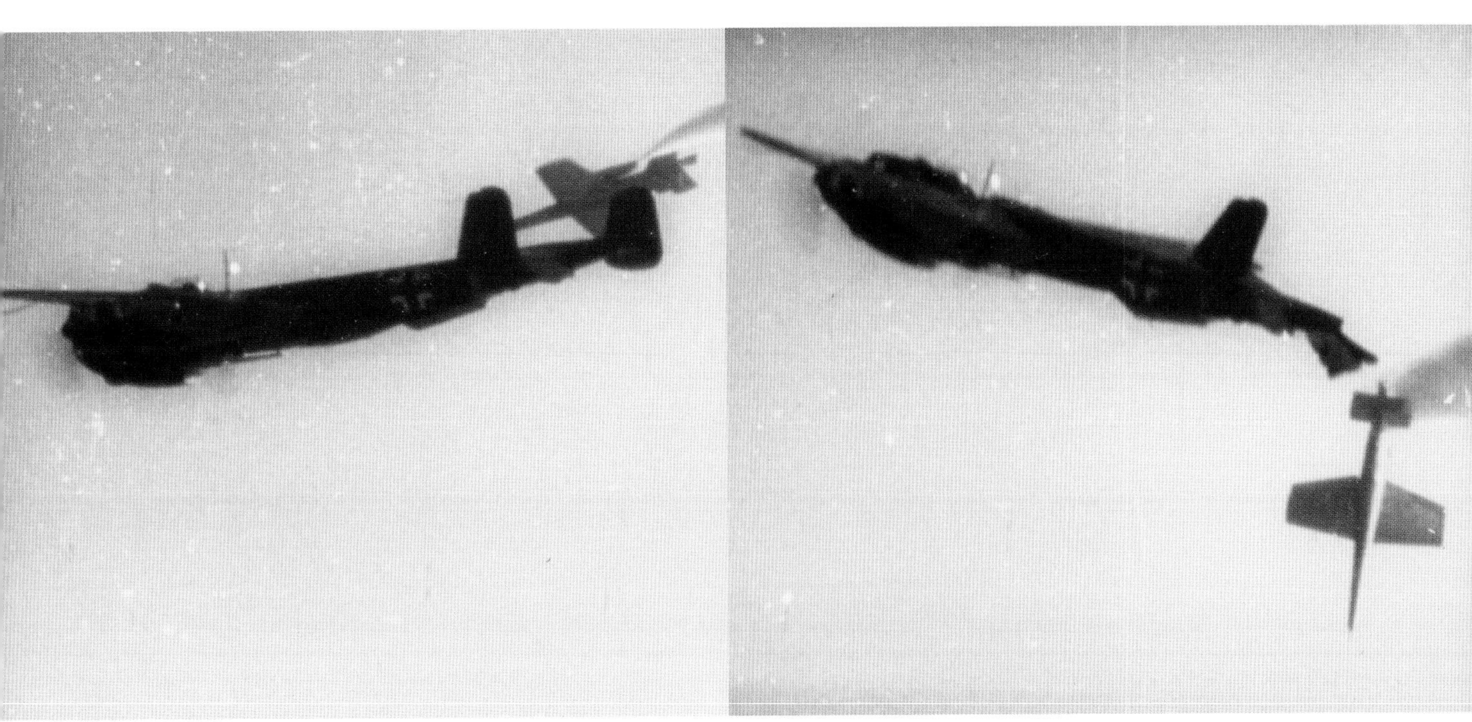

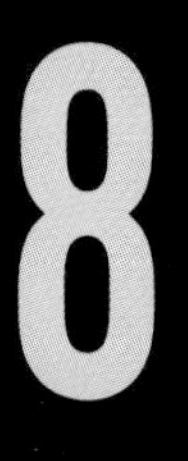

地対空ミサイル
SURFACE-TO-AIR MISSILES

ドイツの科学者・技術者たちは、空対空ミサイルと空対艦ミサイルの開発と並行して、地対空ミサイルの開発にも励んでいた。開発は1941年に始まったが、その進展はまたしても現実の状況に追いつかなかった。実戦配備が可能になったのは1945年半ばであり、その頃には戦争はすでに終わっていたのである。

◀「エンツィァン(リンドウ)」同様、「ヴァッサファール(滝)」は爆風効果にものを言わせた。その弾頭は砲兵用の信管で爆発した。〔これらの地対空ミサイルの信管は近接信管であった〕

ドイツ空軍とドイツ航空省は、帝国領土に猛威を振るっていた連合国の爆撃機編隊を撃退する方法に執心していた。このため、多くの研究開発チームが新兵器の開発に励んだ。なかでも最も重要なものは、すでに論じたように、一定の成功を収めていたジェット推進およびロケット推進の航空機であった。しかし、地対空ミサイルの開発にも、相当のエネルギーと資源が投入された。これら兵器のうち、非常に重要なものとしては以下のものがある。誘導システムを有するヘンシェルHs 117「シュメッターリンク（蝶）」、メッサーシュミット「エンツィァン（リンドウ）」、ラインメタル・ボルジッヒ「ラインホター（ラインの娘）」、EMW（電気機械製作所。秘匿名称）「ヴァッサーファール（滝）」および無誘導の「タイフーン（台風）」である。

下　ヘンシェルHs 117「シュメッターリンク」は、ドイツが最初に開発を試みた地対空誘導弾である。このシステムは、低・中高の侵入機の撃退に用いられた。

ヘンシェルHs 117「シュメッターリンク（蝶）」

数あるプロジェクトのうち最初に進められたのは、亜音速で飛翔する中短距離ミサイルの開発である。これは地上操作員による無線誘導式ミサイルであった。ヘンシェル社が最初にこの作業に着手したのは1941年のことで、いくつかある無誘導の対空ロケット計画の1つであった。その2年後、Hs 117として正規に開発が命じられている。

ずんぐりとした後退翼と十字翼のついた尾部を有するHs 117「シュメッターリンク（蝶）」は、主翼や水平尾翼の後縁にある従来型の補助翼ではなく電磁的操作で作動する「ヴァグナーの遮断棒」と呼ばれるもので航空機のように制御された。Hs 117の頭部は2つに分かれていて、アンバランスのように見える。右舷側の先端は弾頭の延長部で、左舷側の

ヘンシェルHs 117

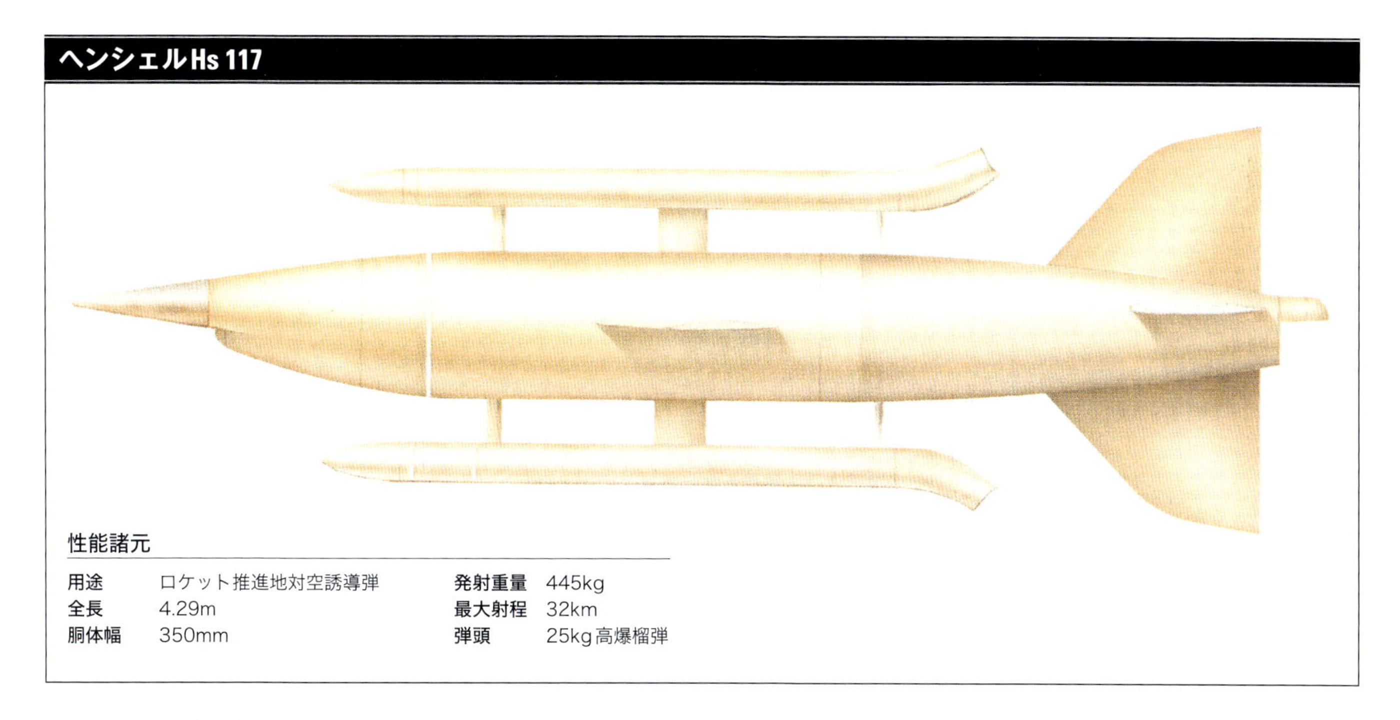

性能諸元

用途	ロケット推進地対空誘導弾	発射重量	445kg
全長	4.29m	最大射程	32km
胴体幅	350mm	弾頭	25kg高爆榴弾

上 ヘンシェルHs 117「シュメッターリンク」地対空誘導弾。Hs 117は空対空誘導弾として製造されたものに、地対空誘導弾として地上から発射できるようにブースターを取り付けたものである。

先端には発電機を作動させるための小さな風車が付いていた。

発射時の推進力は、胴体の上下に取り付けられた固体燃料ロケットによった。この外部ロケットは4秒間に1,750kgの推力を発し、ミサイルを1,100km/hまで加速させると切り離され、次に飛行維持用モーターが作動する。この飛行維持用モーターにはBMW 109-558エンジンかヴァルター 109-729エンジンのいずれかが使われた。双方とも液体燃料を使用するが、BMW 109-558エンジンではR液または「トンカ」という合成自然発火燃料と、酸化剤としてSV液（濃縮硝酸）が用いられた。ヴァルター109-729エンジンではSV液およびBr液（低オクタンガソリン）とアルコール点火器が用いられた。

Hs 117「シュメッターリンク」の発射

Hs 117「シュメッターリンク」の全長は4.3m、固体燃料ブースターを取り付けた総重量は420kgであった。ミサイルは、発射要員によって事前におおよその方位角と仰角を設定され、高射砲の砲架を改造した発射機から発射された。発射後に尾部の発炎筒が点火されると、操作員はその軌跡を望遠照準器でとらえ、ケール／ストラスブール・システムを用いて、軌道を修正するのである。この無線誘導システムには「パーシバル」という暗号名が付けられ、この他にも操作員が誘導するタイプのミサイルに広く利用されており、4つの異なる無線周波数を用いていた。うち2つの周波数が水平軸の運動を制御し、別の2つの周波数が垂直軸の運動を制御する仕組みである。誘導は単純なジョイスティックで行った。第5の無線周波数は、破片効果より爆風効果を重視した25kg弾頭の炸裂に使用された。弾頭の爆発は地上操作員からの指令によったが、その後、遅延機能付きの近接信管に進化した。有効射程は16km、有効高度は11,000mであった。

視界が確保できない状況下では、「マンハイム・リーゼ／ラインゴルド」レーダーシステムが用いられた。ヴュルツブルク戦闘機管制用レーダーシステム同様、1つのレーダーが目標を捕捉し、もう1つのレーダーでミサイルを誘導する仕組みである。操作員は、視界良好時と同様、ブラウン管上の目標とミサイルの輝点を観察しながら、両者を一致させるようにジョイスティックで誘導した。その後、この操作は自動化されている。

Hs 117シュメッターリンクの試験は1944年5月に始まり、9月までに22発が発射された。このなかには派生型の空対空ミサイルHs 117Hも含まれている。命中率は上々であったため、12月には月産150発の生産命令が出され、1945年3月には同年11月までに月産3,000発の生産命令が出た。

いうまでもなく、これはどうしようもないほどに楽観的な命令であった。当時、ドイツの工業生産は壊滅状態にあったのであり、これらのミサイルはまったく実戦配備されることはなかったのである。

メッサーシュミット「エンツィアン」

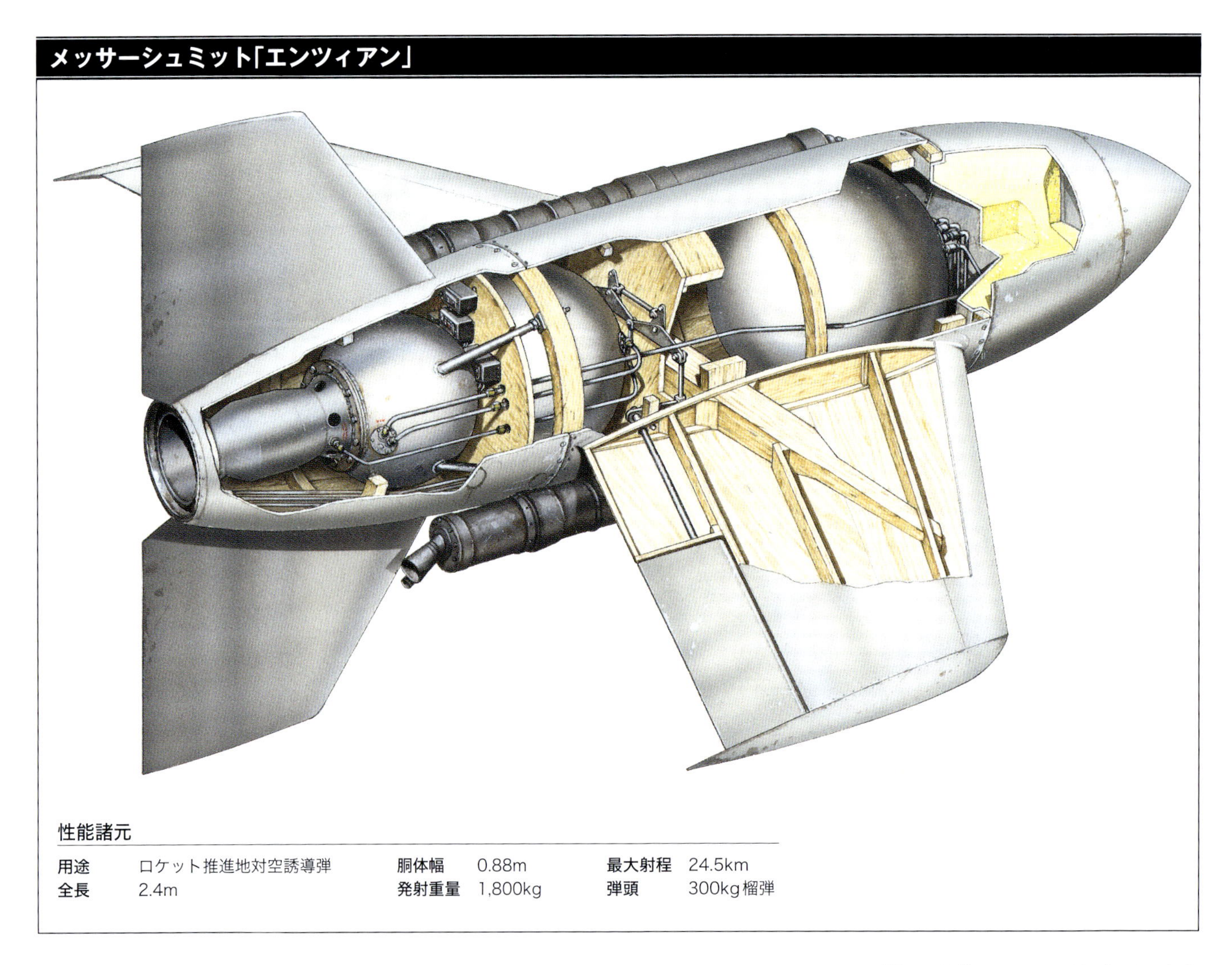

性能諸元

用途	ロケット推進地対空誘導弾	胴体幅	0.88m	最大射程	24.5km
全長	2.4m	発射重量	1,800kg	弾頭	300kg榴弾

上　外見上、「エンツィアン」はメッサーシュミットMe 163「コメート」ロケット機に似ていた。すべての液体燃料ロケット同様、「エンツィアン」の胴体内部は大部分が燃料タンクで占められていた。

メッサーシュミット「エンツィアン」

メッサーシュミット社の提案は、Me 163「コメート」の無人仕様に似ていた。Me 163と同じく、ずんぐりとした胴体と主翼の他に、一対の安定板が胴体後部の上下の部分に付いている。「シュメッターリンク」よりかなり重く、総重量1,800kgに対して弾頭は300kg、最大運用高度は12,000m、低空域における射程は24.5kmとされた。「エンツィアン」の最大の特徴は、機体が成形合板製であったということである。ドイツには大量の合板があり、ほとんどそれが理由で生産が承認された。また、合板技術がすでに確立された、実績のある技術であったことも大きい。

「エンツィアン」は、もともとは高射ロケット1型として1943年6月に設計が開始された。開発チームを率いたのはヘルマン・ヴュルスターであり、オーバーアマガウにあったメッサーシュミット社の研究開発本部で開発が進められた。プロトタイプはアウグスブルクで生産され、以降の機体生産はゾントホーフェンのホルツバル・キッシング社で行われた。Me 163コメート同様、最大直径0.9mの円形部の胴体をもち、尾部上下の安定板と胴体中部に後退翼があった。その翼全幅に昇降舵があり、独立あるいは連動して作動することで方向舵の役割を果たした。

発射時の推力には「シュメッターリンク」と同じくシュミッディンク109-533固体燃料ロケット4基が用いられ、推力は4秒間に計7,000kgであった。発射台は88mm高射砲の砲架を改造したものに6.8mのレールを設置したもので、方位角と仰角が設定可能であった。飛行用ロケットはヴァルター R1-210Bで、燃料のSV液とBr液はA4（V-2ミサイル）で使用された蒸気駆動タービン

エンツィアン・ミサイル

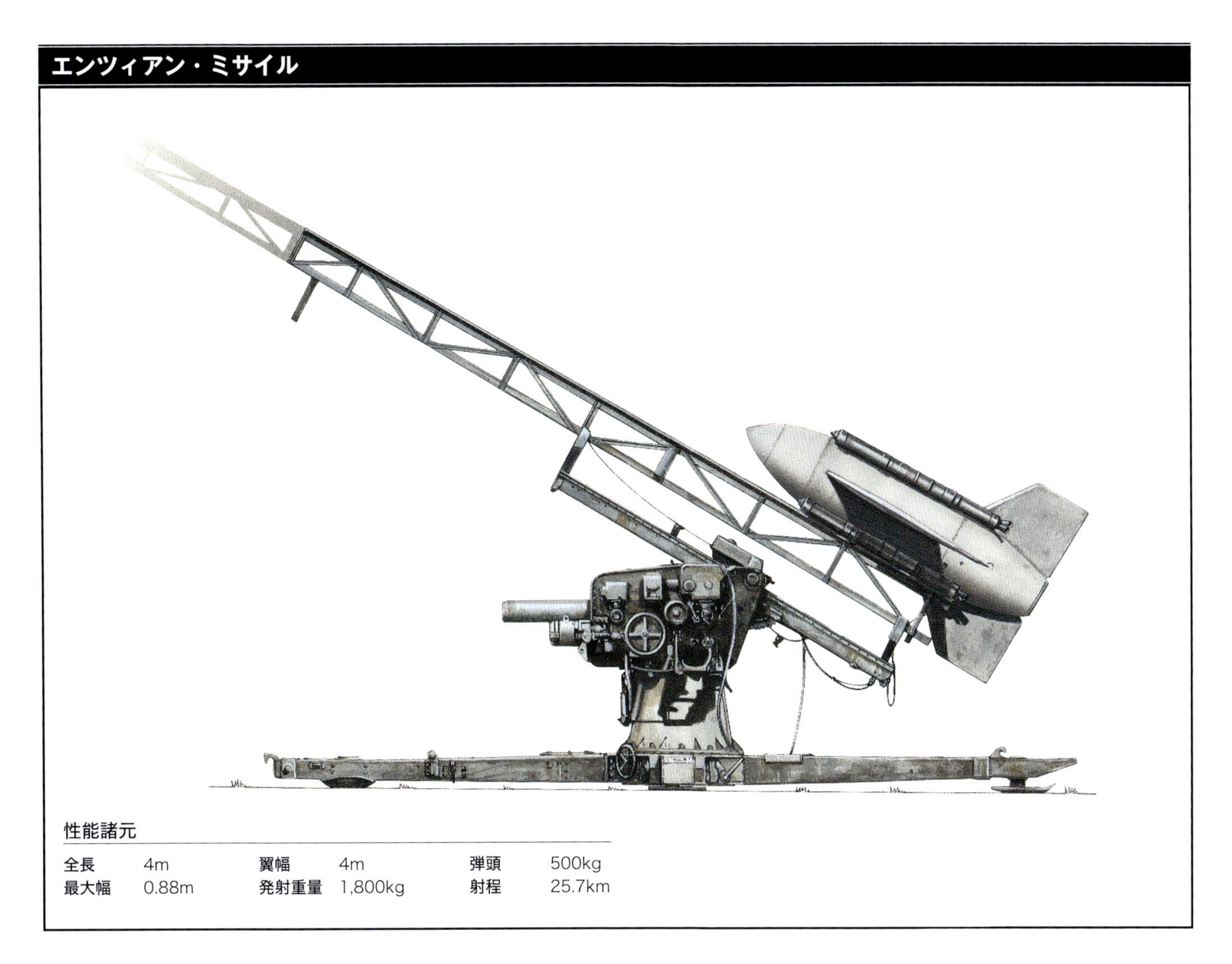

性能諸元

全長	4m	翼幅	4m	弾頭	500kg
最大幅	0.88m	発射重量	1,800kg	射程	25.7km

ヴァッサァファールW-10　仕様

性能諸元	
全長	6.13m
胴体最大幅	0.72m
翼幅	1.58m
発射重量	3,500kg
弾頭	306kg
射程	26.4km

ポンプで燃焼室に供給される仕組みであった。エンジンは約15基が生産されたと考えられ、試作ミサイルのテストに使われた。しかし量産用ミサイルには、コンラート博士とドイツ飛行推進実験研究所（DVK）のベック博士が設計した簡素化したエンジンが搭載され、圧縮空気により供給されるS液とビニール・イソブチル・エーテルが用いられた。最終形態では2,500kg強の推力を発揮したが、56秒間の燃焼が終わる頃には1,500kgにまで落ち込んだ。1,500kg程度の推力ではミサイルが最大マッハ数を超えることができず、飛行も不安定になった。誘導システムは「シュメッターリンク」と同一で、近接信管も同じものであった。

おそらく60発のエンツィアン・ミサイルが生産され、うち38発が1944年4月に始まった試験で使用された。最初の試験は、ミサイル本体の重心と、推進力の方向を一致させる重要性が認識されておらず失敗に終わったが、この問題が解決したのちに行われたテストは成功した。「エンツィアン」は生産力の一般的悪化という悪い流れに陥り、ドイツ航空省の関心がMe 163とMe 262の生産に移ると、1945年1月、「エンツィアン」製造計画は中止された。

ラインメタル・ボルジッヒ社のミサイル

ラインメタル・ボルジッヒ社は無誘導の「ラインボーテ」地対地ロケットで成功を収めていたが、地対空ミサイルの分野では出遅れていた。同社が最初に手がけた誘導兵器は「ヘヒト（カワカマス）」

有翼ミサイルであるが、これは概念設計と実証試験どまりであったと思われる。空中投下式で動力付と無動力の数種類の形態が知られているが、1941年に開発が中止され、「火ユリ」計画が開始された。同計画ももとは純粋な調査研究計画であったと思われるが、ドイツ航空省は、必要とあらば対空ロケットとして使えるようにと要望した。

対空ロケットへの転換や無誘導であることを示す資料はないが、ついでに解説しておこう。「火ユリ」は流線形の円筒胴体を有し、胴体前方に後退翼の主翼、尾端に対称形の小さなフィンがある。胴体直径の異なる派生型が製造される予定であったが、なかでも最も重要なのはF 25およびF 55である。「火ユリ」の推進力には、ラインメタル・ボルジッヒ社がグライダーや重量物積載用輸送機の離陸促進用に完成させていた固体燃料ロケット（RATO）が用いられる予定であった。もっとも、直径55cmの超音速ロケットの生産計画もあった。これは主翼部品の代わりに単純な安定版を付けたもので、コンラート博士が設計した液体燃料ロケットである。この「火ユリ」計画は1945年初頭まで継続されたが、「火ユリ」

左ページ　ラインメタル社は火砲で有名であるが、「ライントホター」地対空ミサイルの最大飛翔速度は1,300km/hという野心的設計であった。

を兵器として運用する試みがなかったことは明らかである。F 25ミサイルは数発が製造され、ペーネミュンデ西部試射場やポーランドのウェバにあったラインメタル・ボルジッヒ社の試験射場で試験が行われたが、まず間違いなく実戦用の派生型は製造されてはいない。F55のほうはおそらく6発が製造され、うち1発はウェバでの試射に成功、ペーネミュンデに送られた2発のうち1発は発射時に制御不能になった。

「ラインの乙女」こと「ライントホター」の開発経緯はこれとはまったく異なる。もとは対空ミサイルとして構想されたもので、2段式ミサイルという野心的な方式を採用した。円筒形の1段目は固体燃料ブースターを4つ束ねたものを収容し、安定を保つため相互を支え合う後退翼形の安定翼が取り付けられ、燃焼終了後に投棄された。第2段目は先端が尖り、尾部がやや絞られた円筒形で、先端から全長の2/3のところに6枚の安定翼が取り付けられ、先端には4枚の小さな丸みを帯びた操舵用ラダー、いわゆる先尾翼が付いており、サーボ機構によって誘導された（142頁写真参照）。

通常とは異なり、弾頭は弾体の後部、フィンとロケットモーターの後ろに取り付けられている。ロケットモーターの6つの噴射口は、フィンとフィンとの間に斜め後方に向けて開口しており、これは飛行中のミサイルの安定に寄与した。「ライントホターⅠ」の目標速度は約1,300km/hとされ、100～150kgの弾頭を搭載して高度6,000mを飛翔、射程は40kmとされた。

このミサイルの開発には多大な時間を要した。1942年11月に開発契約が結ばれたものの、1944年末の段階で比較的少数（おそらく50発）が発射されただけである。このうち半分以下は、実質的に「シュメッターリンク」や「エンツィアン」などすでに成功を収めていた誘導滑空爆弾と同様の誘導装置を搭載していた。生産計画は1944年末に中止され、「ライントホター」はその計画高度に一度も達することなく終焉を迎えた。

開発陣は、ブースターが要求性能を発揮し得ないことを熟知していた。このため「ライントホターⅢ」の名で知られる生産型では、「火ユリ」に搭載予定であったコンラート博士設計の液体燃料ロケットを搭載して推進力を高めようとした。これとは別に、超大型の固体燃料ロケットを搭載するタイプも提案された。これは事実上、唯一試験が行われた派生型である。

EMW「ヴァッサーファール」

ヴェルナー・フォン・ブラウンはドイツ陸軍の所属で、防空は空軍の管轄であったのだが、EMWは対空誘導弾の製造を命じられた。対空誘導弾製造に必要な研究は、A4ミサイル開発時にほとんど終わっていた。地対空ミサイルとして知られる「ヴァッサーファール」との最も大きな違いは、推進装置である。運用上の要求が相当に異なることは、もとより明らかである。A4ミサイルのほうは、発射する段になって、大なり小なりのんびりと燃料を充填し、準備が完了したところで発射する。これに対して地対空ミサイルは、数ヵ月にわたって即応体制を維持することが求められた。端的に言って、液体酸素のような低温推進剤では役に立たない。

「ヴァッサーファール」の燃料は、サルバイと呼ばれた、硝酸90％と硫酸10％の混合物と、混合すると自然に発火するビニール・イソブチル・エーテルの一種である。これらの燃料は、扱いにくい高圧蒸気タービンではなく、不活性ガスである窒素を充填し圧力をかけた燃料タンクから燃焼室に供給された。このシステムを採用した理由は、2つの燃料成分が激しく反応するため、発射前および発射時の安全手順が非常に重要であり、ある条件下でのみ破裂する金属皮膜によって連結された精巧なシステムであったからである。

「ヴァッサーファール」の全長は7.84mとA4ミサイルの約半分で、全備重量はA4の12,900kgに対して3,500kgであった。弾頭重量は235kgと「エンツィアン」より小さかったが、ドイツ最大の地対空ミサイルであった。形はA4にそっくりであるが、機首後方、全長3分の1のところに4枚の安定版が付いている点が異なる（143頁写真参照）。

35回の試験発射

「ヴァッサーファール」は、他の地対空ミサイルより広範囲かつ高高度での運用を想定して設計された。推力8,000kgのエンジンの燃焼時間は40秒、最大射程は50km、到達高度は20,000mとされた。高度に関していえば、これはどの航空機よりも高かった。誘導システムは、手動かつ地上配備であり、コースの補正は無線信号によった。ただし「ヴァッサーファール」は垂直に発射されると、A4と同じ初歩的な慣性誘導装置が作動し、おおよその目標方向に向けられた。

光学的な捕捉、遠距離および高高度での制御は困難で、しかもミサイル発射時の速度は高速であったことから、手動で誘導するとなると、望遠鏡で目標を捉えるにしても、またレーダースコープ上の目標に照準を合わせるにしても、必ず問題が発生するにちがいなかった。1944

上 Flak 41高射砲の砲架を改造した発射機に設置された「ラインﾄホター」I。誘導はミサイル先端に取り付けられた小さな可動翼によった。この可動翼は地上からの無線信号でコントロールされた。

年2月29日、ペーネミュンデ試射場において初めて試射に成功している。試射は計35回行われたと考えられている。量産はすべて、ブライヒャーオーデにあった最大の地下工場で行われるはずであったが、戦争終結後1945年5月の時点で工場自体が建設されていなかった。

無誘導ミサイル「タイフーン」

1944年の半ばになると、ドイツ国内ではより効果的な防衛手段の開発に集中するため、攻勢用兵器の開発中止を主張する声が大きくなった。しかしながら、アドルフ・ヒトラーは当然その意見に同調せず、攻勢用兵器の開発を主張した。ペーネミュンデで行われていた「アグリガット」計画は言うまでもなく優先されたが、この開発チームは「ヴァッサーファール」の開発も行っていたため、「ヴァッサーファール」開発は中止を余儀なくされた。有効な資源がなかったからであり、A4は生産に入ったが、「ヴァッサーファール」が生産されることはなかった。実際には、「ヴァッサーファール」開発推進に対する明確なコンセンサスあるいは開発が望ましいという一般的な容認さえもなかったのである。EMWのなかには、自動誘導システムがなければ役に立たないという理由で「ヴァッサーファール」の解体破棄を主張する一方、より単純な無誘導の対空ロケット弾の開発に集中すべきであると主張する者もいた。

単純な無誘導のミサイル設計は、シェウフェリンというペーネミュンデ試験場の将校によって進められた。このミサイル計画はその他の兵器計画を考えれば、やや驚きを感じるものではあるが1944年9月に「タイフーン（台風）」として開発が命じられた。最初の試作品には固体燃料ロケットモーターが用いられたが、まもなく計画した高度に達しないことが判明した（「ライントホター」開発チームが同様の問題にぶつかったことを思い出してもらいたい）。このため、固体燃料の代わりに液体燃料であるサルベイとビゾルが用いられた。これらの燃料は、胴体と一体化した同心円筒型のタンクに貯蔵され、窒素ガスの圧力により燃焼室に送り込まれた。その際、巧妙に設計されたバルブにより燃焼に必要な混合物が圧力によりゆっくりと均等に燃焼室に蓄積された（燃料の噴射と燃焼の間には1/10秒の遅延がある）。このシステムは、きわめて優秀なことが証明され、「タイフーン」を驚くほど正確に高高度に上昇させた。これにより、着発信管を持った弾頭が適合し、一般的な高射砲弾の炸薬量である0.5kgより大きくする必要がないことが明らかになった。

「タイフーン」は全長1.93m、直径は100mmであった。発射前重量は21kg、上昇速度が0になる最大到達高度は15,000m、最大速度は3,600kmに達した。1945年1月、ペーネミュンデで限定生産に入り、おそらく600発が完成し、少数の発射機（中古の88mm Flak 37の砲架をベースとした）も完成した。1発あたりの値段は非常に安く、Kar 98小銃（25マルク）の3分の1未満であった。

「タイフーン」が実戦に使用されたという明確な証拠はないし、航空機を撃墜したことを示唆するいかなる証拠も存在しない。それでも、撃墜能力があったことは確かである。「タイフーン」の目標となった機体の搭乗員にしてみれば、通常の対空砲火で撃たれたのと同様のことが起こるからである。

下　「ヴァッサーファール」は実質的にA4（V2）ロケットの縮小版である。重量は3.5トン、射高は20kmであった。

9
火砲
ARTILLERY

19世紀末には、砲兵が用いる火砲は、すでに精巧で高度な標準に達しており、25kmないしそれ以上の遠距離から小さな目標を狙うことができた。実際のところ、火砲メーカーにはわずかな改善の余地しか残されていなかった。それは火砲のさらなる巨大化である。この傾向は、火砲分野の権威であったクルップ社において顕著であった。

◀この45口径38cm砲は戦艦の主砲として設計されたものをベースとしている。

ドイツは第一次世界大戦中に超長射程砲の分野で一定の成功を収めた。とりわけ、通称「パリ砲」は大成功を収めた。「パリ砲」を製造したのは帝政ドイツ海軍で、操作要員も提供した。ドイツ海軍では「皇帝ヴィルヘルム砲」と呼ばれ、1918年の3月から7月にかけて散発的に運用された。ピカルディにおけるドイツ軍の大規模かつ概ね効果的といえる反撃に合わせて、パリ北方100kmに位置するソアソンからパリを砲撃している。「パリ砲」は戦艦の主砲として装備される38cm海軍砲に、21cmの内筒がはめ込まれていた。内管のライフリングは深く刻まれ、ライフリングに添うように砲弾につけられた突起状の支持環（筍翼）が吻合（ふんごう）した。これは1840年代にライフリング砲が開発された頃、最初に採用された方法である。

こうした方法は、第二次世界大戦期ドイツで開発された超長射程の大砲にも用いられた。フランス沿岸からイングランドを砲撃すべく、K5列車砲や戦略兵器ともいうべきK12列車砲が作られた。もっとも、これらの列車砲の砲弾はより精巧である。これらの砲では、装薬を大量に充填して砲弾を成層圏まで打ち上げたため空気抵抗が少なく、飛距離がかなり伸びた。ただし、かつてないほど多くの装薬の使用は、砲身の寿命を縮めた。この種の大砲では、発射するたびにライフリングがダメージを受けるため、砲身命数は50発前後であった。そして命数を打ち尽くしたあとは、口径を削って広げるか、ライフリングを刻み直さねばならなかった。パリ砲によるパリ砲撃では、砲架3台と砲身7本を費やして303発が放たれ、うち半分強がパリ市街地に着弾、死者256名、負傷者620名を出した。こ

下　超砲身加農砲の砲身は分解して鉄道輸送された。この砲身は、終戦時に連合国に鹵獲された。

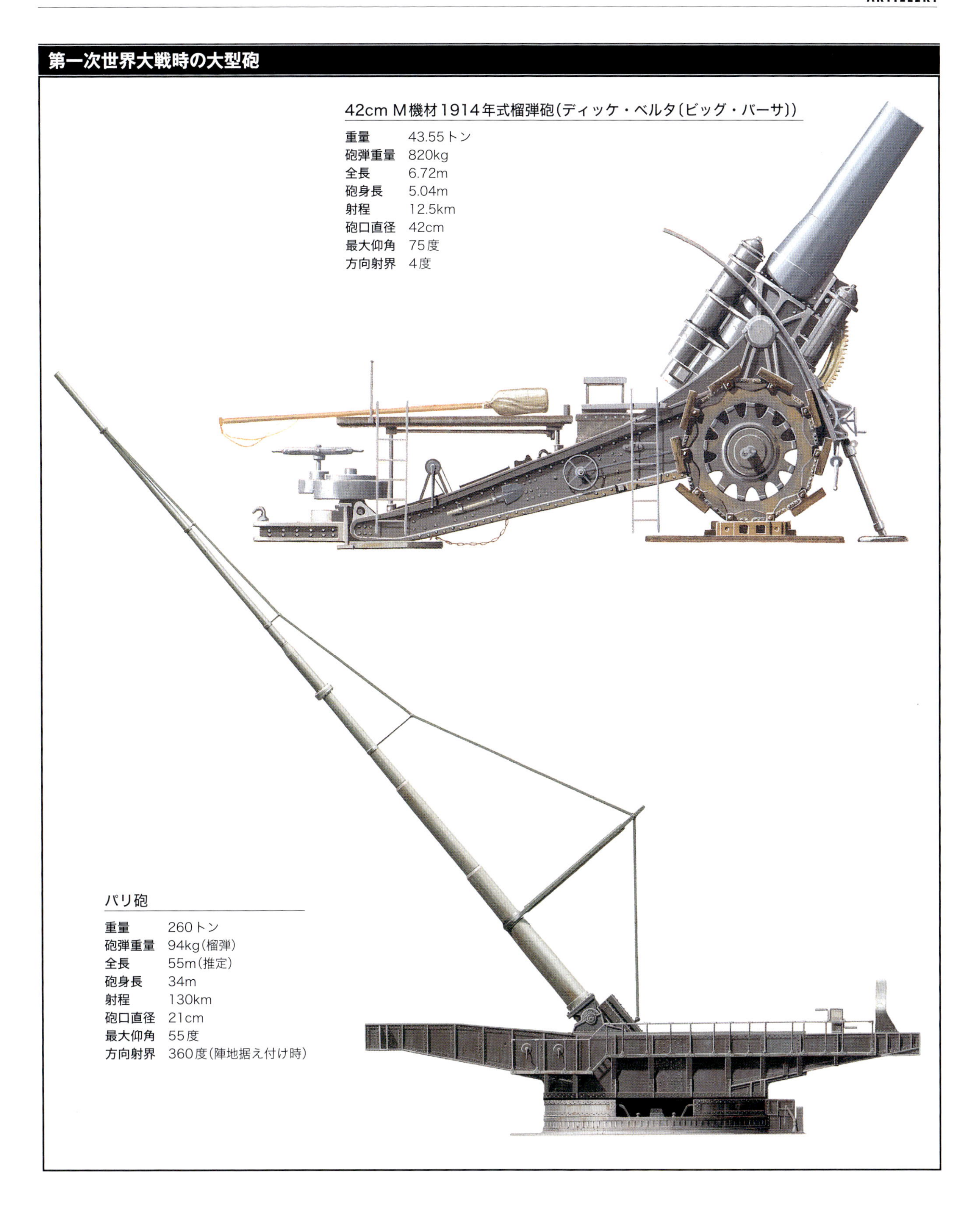
第一次世界大戦時の大型砲
42cm M機材1914年式榴弾砲(ディッケ・ベルタ〔ビッグ・バーサ〕)
重量 43.55トン
砲弾重量 820kg
全長 6.72m
砲身長 5.04m
射程 12.5km
砲口直径 42cm
最大仰角 75度
方向射界 4度
パリ砲
重量 260トン
砲弾重量 94kg(榴弾)
全長 55m(推定)
砲身長 34m
射程 130km
砲口直径 21cm
最大仰角 55度
方向射界 360度(陣地据え付け時)

うした戦果はプロパガンダとして役立ったが、計画全体のコストパフォーマンスは高いとはいえなかった。

このように第1世代の超長射程砲の成功は限定的ではあったが、不完全にせよ、敵の射程圏外から自軍の安全を確保しつつ、重要な攻撃目標を砲撃するという問題を見事に解決した。このような超長射程砲はそれ自体が巨大な攻撃目標で隠蔽するのは困難であったし、短時間で移動させることも不可能であったから、時代が下ると航空攻撃に対してきわめて脆弱になったはずであるが、1918年の時点では、大規模な索敵活動にもかかわらず、位置を特定されることはなかった。「パリ砲」が設置されていたクレピの森を連合軍が通過した際、コンクリート製の基礎以外には何の痕跡もなかったという。

こうした問題とは別に、多くの人にとって差し迫った問題があった。すなわち、フランス－ドイツ国境に構築されたマジノ線のように近代的かつ計画的につくられた防御陣地を、いかにしてできるだけ短時間で制圧するかという問題である。この問題を解決するうえで必要とされたのは、「怪力と無知」というべき方法のみであった。そして問題となる火砲は、1914年に初めて配備された攻囲砲をそのまま進化させたものなのである。

ディッケ・ベルタ

1914年8月、ドイツ陸軍は、シュリーフェン計画を実行に移すべくベルギーに侵攻した。ベルギーからフランス北部に侵攻して北西からパリを攻略するというもので、ドイツからフランスへの侵攻経路上に立ち塞がる強力な防御陣地を迂回する作戦である。ベルギー侵攻は期待どおり、ほとんど抵抗を受けることなく進んだが、重要都市リエージュを取り囲む堡塁群だけは違った。リエージュ制圧のため、ドイツ軍は口径42cmの攻囲榴弾砲という巨砲を投入した。リエージュ攻略戦は計画より長引いたが、最終的には、イギリス軍から「ビッグ・バーサ」と「その姉妹たち」と呼ばれるようになったこの巨砲により圧勝した。

とはいえ、これらの巨砲が常に成功を

80cm加農砲（列車砲）「重グスタフ」

性能諸元

砲口直径	80cm	重量（完備状態、砲列重量）	1,350,000kg	弾丸重量（榴弾）	4,800kg
砲身長	28.957m	弾丸重量（対コンクリート弾）	7,100kg	射程（榴弾）	47,100m

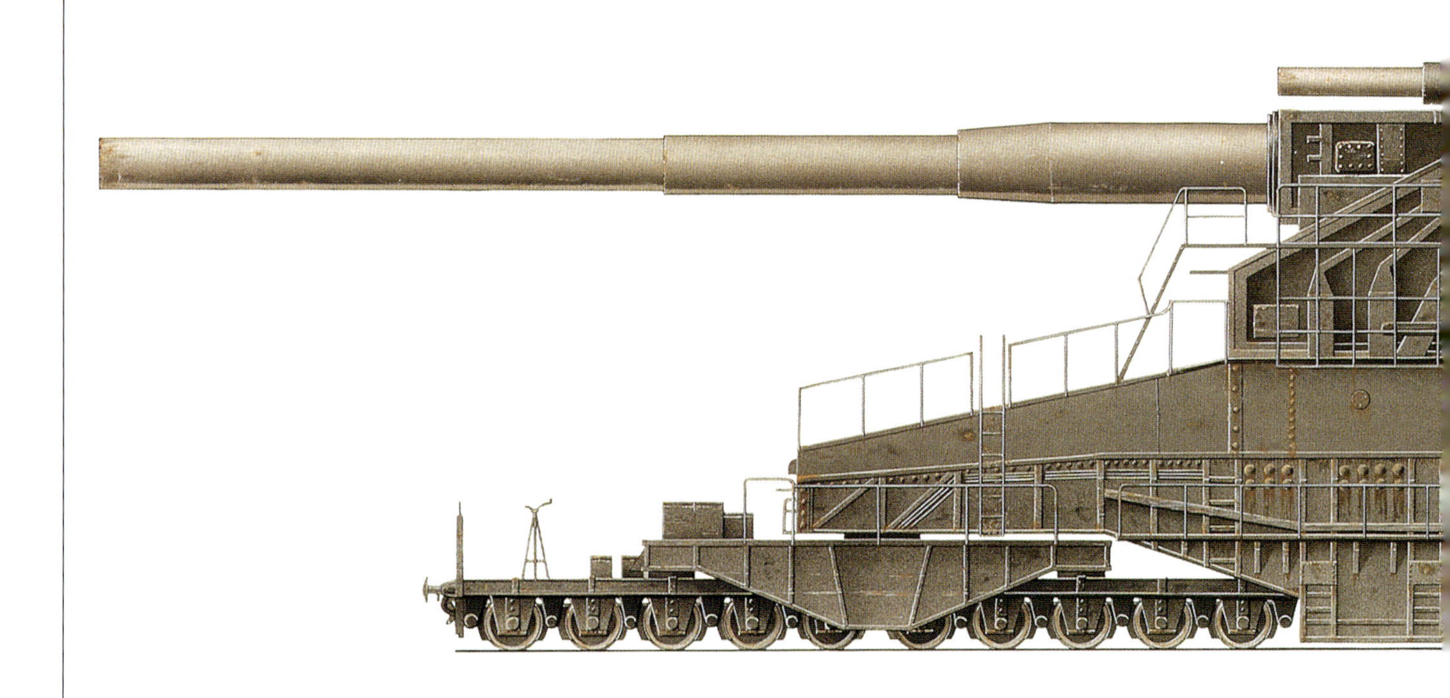

収めたわけではない。1916年、これらの巨砲はヴェルダンに運ばれ、堡塁群に対して使用されたが、戦果はほとんど上がらなかった。こうした火砲に明確な定義はないが、人間の背丈ほどもある1トン以上の砲弾を発射できるほどに巨大である。したがってその移動は容易ではなく、20時間ほどかけて172個の部品に分解されたのち、12両の貨車で運搬された。当然のことながら、このような「怪物」砲の設置および撤去は大掛かりな作業であったが（ほとんどの場合、まず線路を敷設する必要があった）、選択の余地はなかった。ドイツ陸軍は、機動性のあるロケット技術よりも、火砲のサイズのほうに関心があったのである。ただし、砲の大きさは第一次世界大戦における作戦上の制約要因であり、それは第二次世界大戦期でも変わらなかった。

「ベルタ」は、クルップ社創業者の息子フリードリヒ・アルフレード・クルップとその妻グスタフ・フォン・ボーエン・ウント・ハルバッハの娘の名であり、「ディッケ・ベルタ」はクルップ社で製作された。ドイツ陸軍兵器局（HWA）がエッセンに本社を置く同社に新たな要求を出したのは「新しい」軍事戦略である電撃戦が具体化し始めた1930年代半ばのことである。電撃戦は再び機動戦を重視するものであったが、それでも要塞の攻略は必要であった。

陸軍兵器局の要求に対してクルップ社の技術者は、口径70cm、80cmおよび100cmの3種類の火砲の概略を提案した。このうち最も実現性が高かったのは口径80cmの火砲で、砲弾重量7.11トン、射程は約32kmであった。火砲自体の重量は約1,370トン、操作要員は2,000名強に達した。移動は非常にゆっくりとしたもので、分解に約3週間、再びそれを組み立てるのに同じ時間つまり約3週間を要した。また、運用にあたっては、火砲一式の移動に必要な線路2本に加え、組立分解に必要なクレーン用としてさらに2本の線路が必要であった。

「グスタフ」と「ドーラ」

この80cm列車砲に関して陸軍兵器局

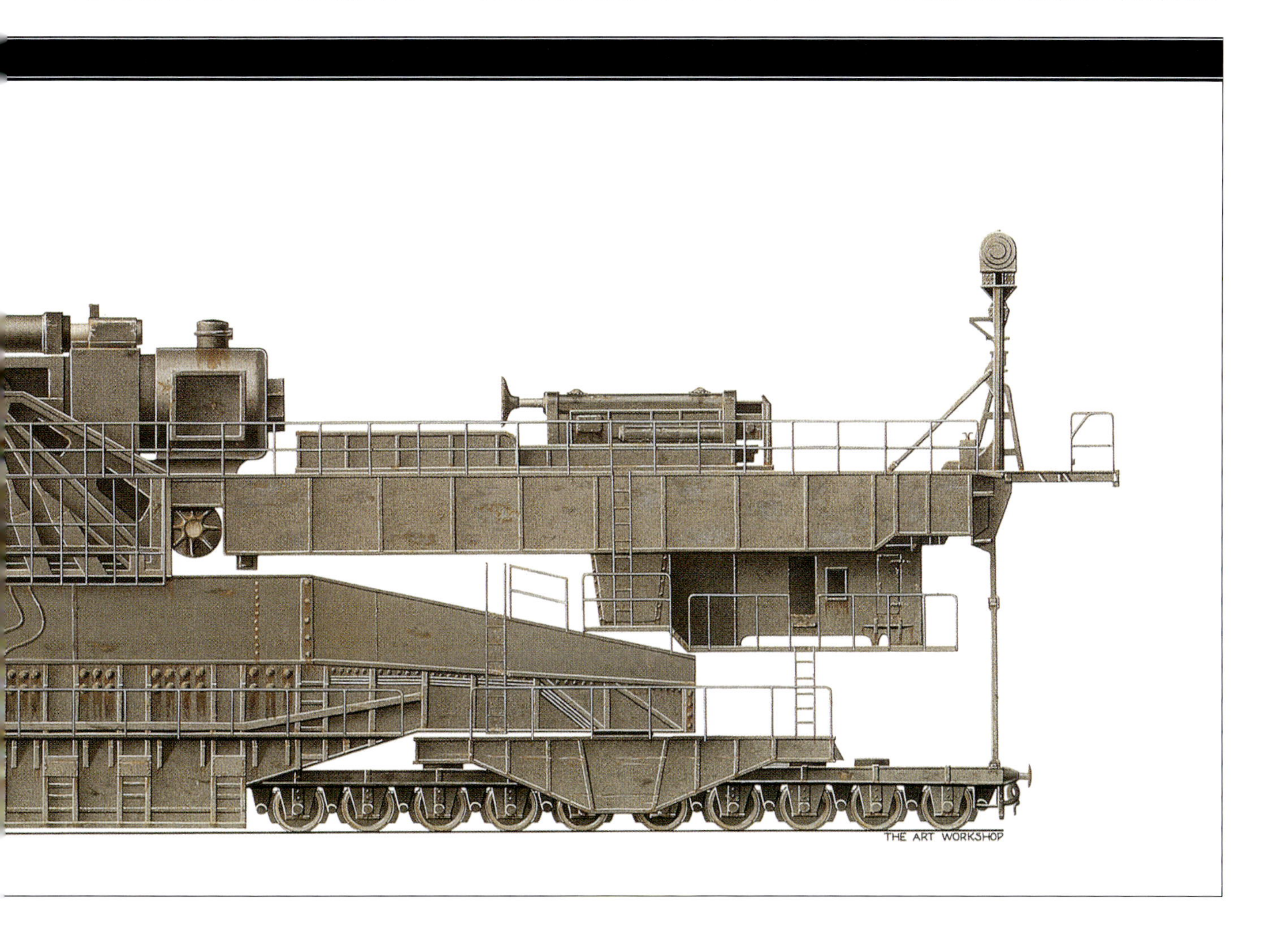

からは何の音沙汰もなく、クルップ社の技術者はより現実的なK5とK12の開発作業に戻ることとなった。この問題は一時収束したかのように思えたが、1936年、ヒトラーがクルップ社を訪れ、マジノ線を破砕する火砲開発の可能性について尋ねた際、グスタフ・クルップは80cm列車砲の開発計画を話した。ヒトラーの訪問が終わるや否や、ヒトラーが壮大な計画を好むことをよく知っていたクルップは、社員に詳細な計画書を作らせた。この計画書を1937年初頭に陸軍兵器局に提出したところ、3門の発注を受け、同社はすぐに製造に着手、1940年までに完成させた。

とはいえ、製造する段になって砲身の製作がきわめて困難であることがわかり、最終的に納期を大幅に過ぎてしまっ

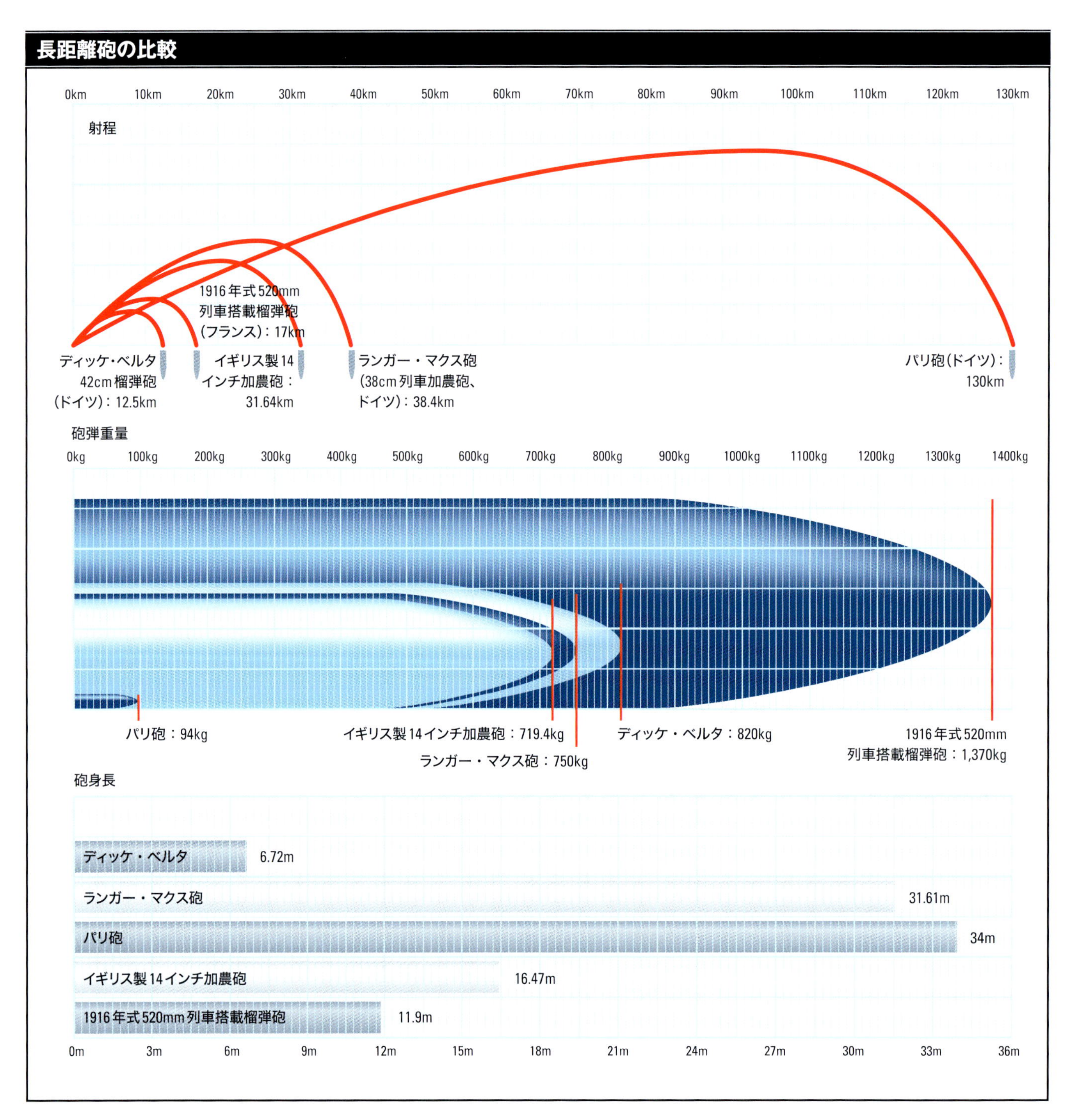

た。開発計画が進んだ頃には、ドイツ陸軍はマジノ線を迂回していたのである。攻撃目標を失ったことにより開発速度は鈍化し、1940年末になってようやく最初の砲身が完成、1941年になる直前に試験が行われた。

その後、非常に複雑な砲架が製造され、同年のうちに、先の砲身を砲架に取り付ける作業が行われた。1942年を前に最初に完成した火砲がバルト海に面したリューゲンヴァルト射場に輸送されて組み立てられたあと、ヒトラー臨席の下、試射が行われた。試射は大成功を収め、80cm砲はクルップ社に敬意を表して「グスタフ」と命名、同社はこれに謝意を込めて国家に献呈した。続いて製作された1門は、設計主任のエーリッヒ・ミューラーの妻の名にちなんで「ドーラ」と命名された。

セヴァストポリ要塞に対する砲撃

第二次世界大戦の帰趨は、ヒトラーがソビエト連邦に宣戦布告したことで、1942年までに劇的な転換を見せた。西ヨーロッパには「グスタフ」の能力を活かすような攻撃目標はなかったが、東ヨーロッパでは攻撃目標に事欠かなかった。「グスタフ」は各部品に分解され、専用の無蓋貨車に搭載された。この貨車も複線を必要とする台車であった。こうしてすべての器材がクリミアへと送られた。

「グスタフ」はまだ陥落していないセヴァストポリ要塞の北東16kmに布陣、計48発を発射し（地下の弾薬庫を爆破した劇的な1弾もこれに含まれる）、セヴァストポリの陥落に大きな役割を果たした。この直後、「グスタフ」は砲身の内管を交換するため、エッセンに船で送り返されている。

「ドーラ」は「グスタフ」の代替として使用された。しかし「ドーラ」が実際に活躍したかは定かではない。ソ連陸軍が間もなく反攻作戦を行い、ドイツ軍を包囲したからである。「ドーラ」はその前に無事に撤退していた。「グスタフ」がレニングラードで使用されたという報告や、「ドーラ」が1944年のワルシャワ蜂起が発生した後ワルシャワに送られたという報告があるが、この両者が実戦の渦中で使用されたことは証明されていない。戦後になって、「ドーラ」の部品がライプツィヒ近郊で、「グスタフ」の部品がバイエルンで発見され、エッセンでは完成しなかった第3の砲の構成品が発見されている。

列車砲プロジェクトは多額の費用を要するも、役に立たないことが明らかであった。1門当たりの経費は700万ライヒスマルクであるが、これには砲の運搬に必要な特別列車の費用や、砲の製造、運用に要する人員の費用は含まれていない。砲架を改良する計画もいくつか提案された。これらには、口径52cmで1.42トンの砲弾を11kmの彼方に撃ち出す計画、装弾筒付きで本体直径38cmの砲弾を145km撃ち出す計画もあれば、類似の砲弾にロケット推進の補助を付け193km撃ち出す計画もあった。さらには、後述するK5で使用するために開発された、ライフリングのない砲身からフィンの付いた矢のような細長い砲弾を発射する、いわゆる「ペーネミュンデの矢の砲弾」を使用する計画もあった。しかし、どれも実用には至らなかった。

機材41

80cm列車砲は、ドイツ陸軍用に作られた唯一の要塞破壊兵器というわけでは

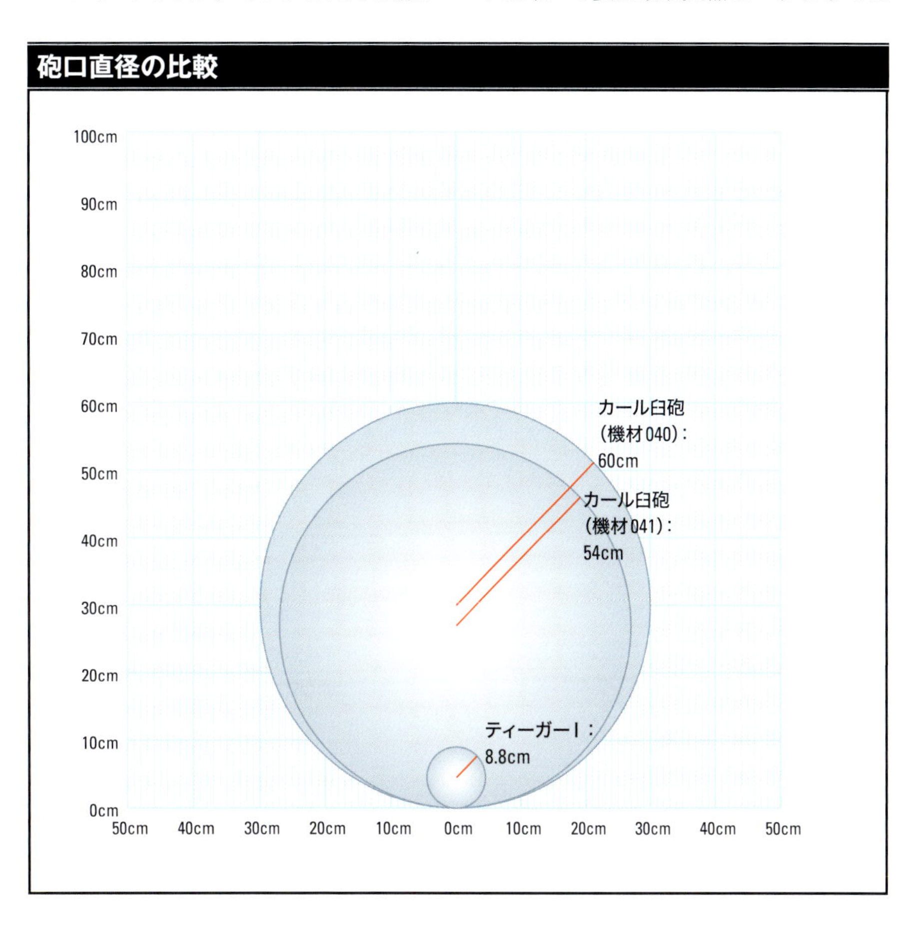

ない。ラインメタル社によって「ゲレート041」として開発された60cm自走榴弾砲は、満足度の高い実用的な兵器であった。カール・ベッカー将軍の着想によるこの榴弾砲は、将軍にちなんで「カール」というあだ名で知られている。短砲身の火砲で、榴弾砲というよりは臼砲というべきものであり、最大射程は4.5kmであった。2.23トンの砲弾は、トーチカなど鉄筋コンクリート製の構造物を破壊するために特別に設計されたもので、厚さ2.5mの壁を貫通して240kgの炸薬を炸裂させることができた。全備重量は124トンあり、榴弾砲自体は重量感あふれるものであったが、その砲身を載せた車台は長さ11.3mに満たなかった。トーションバーで独立懸架された小さな転輪（当初は8個、のちに11個になった）が支える履帯で走行した。車台は安定した射撃のためジャッキを使って地面に密着できるようになっており、懸架装置に射撃の反動が伝わらないようになっている。駐退複座機能〔発射時の反動を砲身の後退により受け止め、再度砲身の位置を戻す機能〕は二重になっていた。具体的には砲自体の駐退複座は、その反動を砲架に沿って駐退複座し、油気圧式の駐退機により制御される揺架によった。車台は、44.5リッターエンジンを動力とし、短距離の移動なら自走が可能であった。

長距離の移動に際しては、特別に製造された輸送車か鉄道貨車に搭載された。「ゲレート041」は自走式装甲弾薬輸送／装填車とともに6門が製作され、第628重砲兵（自走）大隊に配属された。これら6門はそれぞれ「アダム」「イーフェ」「オーディン」「トール」「ロキ」「ツィウ」と命名された。最初の実戦投入は1941年6月のブレスト・リトフスク要塞の攻囲であった。その後、リヴィウとセヴァストポリ要塞などにも投入された。1942年、ドイツ陸軍はラインメタル社に対して「ゲレート041」の射程延長案を提出するよう要求した。ラインメタル社の答えは、1,250kgの砲弾を最大射程約10kmで撃ち出す口径54cmの砲

右ページ ラインメタル・ボルジッヒ社はドイツ国防軍のために60cm自走臼砲6門を製造した。これらの「要塞破砕機」（写真は「トール」）は大戦の全期間にわたって西部戦線で使用された。

自走砲

〈カール臼砲（機材040）〉

操作員	21名
重量	124トン
全長	11.15m
幅	3.16m
全高	4.38m
動力装置	1×432.5KWダイムラー・ベンツ社製MB503A型12気筒ガソリンエンジン若しくは1×432.5kWダイムラー・ベンツMB 507C型ディーゼルエンジン
速度	10km/h
航続距離	42km
装甲	なし
武装	60cm7口径榴弾砲

〈IV号戦車改造弾薬輸送車〉

操作員	4名
重量	25トン
全長	5.41m
幅	2.88m
全高	不明
動力装置	1×223.7kWマイバッハ社製HL120TRM型ガソリンエンジン
速度	39.9km/h
航続距離	209km
装甲	50～10mm
武装	なし
搭載量	2～3×60cmまたは54cm砲弾

身を製作するというものであった。これ以降、いかなる大砲にも利用できるように砲身が交換されたようである。1945年、バイエルンでアメリカ軍に2門が捕獲されている。

K5列車砲

「グスタフ」「ドーラ」よりずっと実用的な火砲としてはK5列車砲もあった。口径21cmで砲弾重量は255kg、射程は64kmほどであった。1936年から1945年までに計28門が製造され、そのすべてが各作戦においてきわめて効果的に運用された。なかでも最も有名なのは、アンツィオ橋頭堡の砲撃に使用され、現在メリーランド州アバディーンのアメリカ陸軍砲兵性能試験場に展示されている「アンツィオ・アニー」であろう。

上 60cm臼砲は重量2.23トンの砲弾を発射する。この砲弾は要塞の構造物深くに侵徹し、その後爆発する。

K5列車砲は「パリ砲」同様、深さ7mmのライフリングが12本刻まれており、砲弾表面は機械で正確に曲面加工が施されていた。「パリ砲」では砲弾がライフリングに正確に噛み合うように砲弾に突起状の支持環（箭翼）が取り付けられていたが、K5列車砲では砲弾に幅広の軟鋼製の導帯（導環）が嵌め込まれた。K5列車砲もまた砲身を鉄道車両に設置する火砲であるが、「グスタフ」とは異なり、機動性が大きく損なわれることはなく、「グスタフ」よりはるかに迅速かつ容易に射撃可能態勢や移動可能態勢に移行することができた。K5列車砲は十分に実用的な兵器であった。なお、ラインメタル社が製造した小口径の24cm K3加農砲や、K3の改良版であるクルップK4はさらに実用性に優れていた。

このように有用な兵器があったのであるが、だからといってこの種の火砲の開発計画が留まることはなかった。新たな開発計画の一つにロケット補助推進弾（RAP：rocket-assisted projectile）の製造がある。これは既存の火砲用に15cm RAPを開発するなかから生まれた。RAPはあまたある利用可能な兵器のなかで、きわめて実用的であることが実証された。この砲弾は2つの部分から成り、弾頭部には固体推進薬が詰め込まれ、従来型の高性能爆薬が充填された弾底部と噴出管で接続されていた。推進薬は飛翔開始19秒後に作動する時限信管により点火され、砲弾は弾道の最高点に迫りつつ、速度を上げる仕組みになっていた。試験時の最大射程は86.5kmに達し、計算上の半数必中界は射距離方向に3,500m、

長距離砲砲口の口径比較

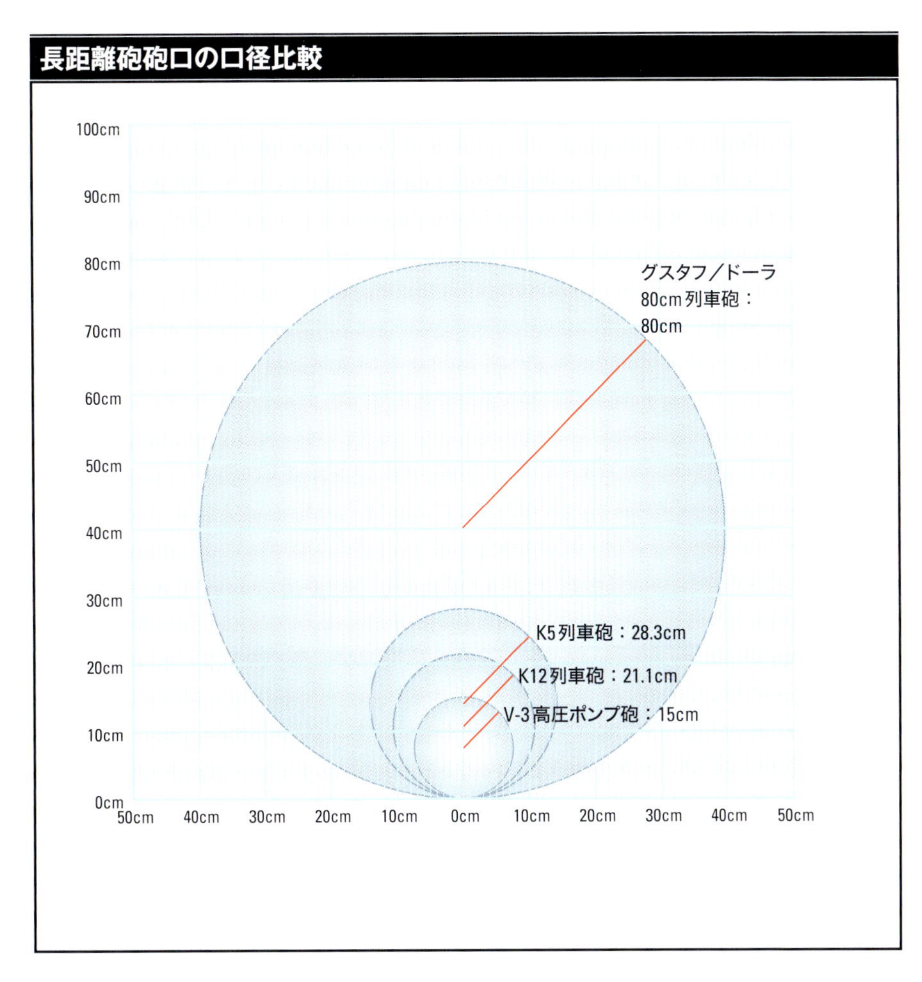

方位方向に200mに拡大した。この半数必中界の大きさは、この砲が狙う目標の本質を考えると、十分に満足できるものであった。

K5の射程延長にはペーネミュンデの研究者たちも関与することになり、矢状砲弾（矢弾）が考案された。この矢弾の直径は120mm、全長は1.8mあり、底部には4枚のフィンと装弾筒を有していた。この矢弾は、装弾筒の口径に合わせて再掘削された滑空砲身をもつK5から発射された。装弾筒の部分は、砲弾が自由飛行に入るとすぐに投棄された。適切な推進薬を充填すれば、その弾道はゆうに成層圏に届き、25kgの炸薬を積んだ状態での最大射程は約155kmに達した。開発が始まったのは1940年初頭であるが、開発の優先順位が低かったため、完成したのは1944年であった。1945年に配備され、おそらく少数であろうが実戦に使われたと思われる。この矢弾は現在普通に使用されているFSDS（装弾筒付翼安定弾）の先駆となった。

K5列車砲

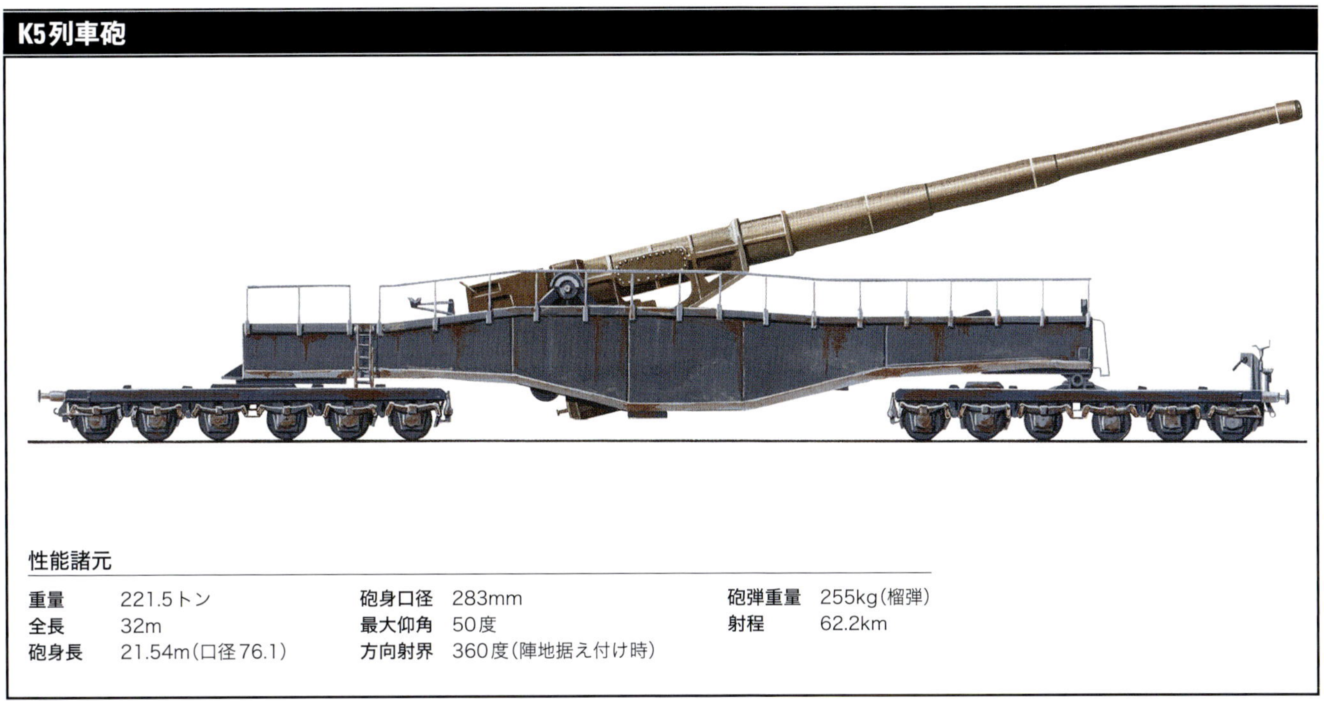

性能諸元

重量	221.5トン	**砲身口径**	283mm	**砲弾重量**	255kg（榴弾）
全長	32m	**最大仰角**	50度	**射程**	62.2km
砲身長	21.54m（口径76.1）	**方向射界**	360度（陣地据え付け時）		

上　ラインメタル社も24cm口径の列車砲を製造した。この写真の砲は英仏海峡に面した北部フランスに展開し、海峡越しにイギリスのケントの攻撃目標を射撃していると思われる。

なお、FSDS考案の栄誉は、定説では歩兵用迫撃砲の開発で有名なフランスの火砲研究者、エドギャー・ブローントに帰せられる。彼は1930年代にきわめて有用性の高い105mm/75mmの砲弾を開発した。これは、通常装薬の105mm加農砲から撃ち出すと、非常に優れた性能を発揮した。

海峡横断砲

こうした火砲の開発と並行して、クルップ社の技術者たちは「パリ砲」の当初の設計を洗練させるという単純な方法で、射程80kmないしそれ以上で砲弾を射出する「力攻め」問題の解決に取り組んでいた。その結果生まれたのが、口径21cmのK12列車砲である。これはK5列車砲と同じライフリングとそれに対応した砲弾を有し、加えて銅・石綿・黒鉛からなる複合材製の導帯により砲身内管と砲弾の間を緊密に閉塞し、発射薬の効果を最大限に引き出すようになっていた。「パリ砲」で採用されたライフリングに合うように砲弾につけられた突起状の支持環（箭翼）よりも、K5列車砲で採用されたライフリングと同じ溝を持った幅広導帯のほうが望ましいとされたのである。いずれも同じ効果を持つが、K12列車砲で取り入れられた方法は、これらに加え、砲身内管に硬化モリブデン鋼を施す必要がなく、さらに砲弾の加速が向上し、仮に大量の発射薬を用いたとしても砲身命数を延長できた。

砲身の試作第1号の試験は1937年に行われ、K12（V）列車砲の完成第1号は1938年の試験を経て1939年に実戦配備された。K12（V）列車砲は107.5kgの砲弾を最大射程115kmで撃ち出すことが可能であった。これは第一次世界大戦でドイツ海軍が「パリ砲」でうち立てた射距離よりも大きかったため、陸軍はその要求性能を満たしたことを公表した。K12の開発は、海軍が運用した「パリ砲」の射距離記録を破ることに真の狙いがあったようである。

しかしながら、それだけでは作戦遂行上、完成とはいえなかった。射撃姿勢に移行するためには、火砲自体をジャッキで1m持ち上げて砲身の駐退のために間隔を確保するとともに、発射後に砲弾を装填するために元の高さに戻す必要がある。砲架を支える補助架台の考案を依頼されたクルップ社は、油圧式駐退複座機を強化改修を施した火砲を、1941年夏にK12（N）として製造したが、製造されたのはこれきりであった。

K12（V）列車砲は砲身の設置からして問題であった。まず砲身長が157口径（砲身の長さが口径の157倍）であった。海軍が保有する同口径の砲の3倍以上であり、砲尾から砲口までは33m以上あった。こうなると砲身自体がその自重で垂れ下がってしまうので、きわめて慎重に砲身のバランスをとる必要があった。砲身を砲架に固定する砲耳は、砲身の重心に非常に正確に持ってくる必要があった。そうしなければ砲身に仰角をかけることが非常に難しくなるからである。砲架は特大の鉄道車両といえた（より正確にいえば、鉄道車両2両分であった）。砲耳を支え砲身に仰角を付与する機構を持つ主砲架は、前部に8個1組の転輪、後部に10個1組の転輪が付いた2組のボギー台車に載る各々2つの副砲架に載せられた。作戦時には、砲ごと円弧を描いた軌道の上を前進もしくは後退することによって砲を目標に指向させ、射撃を行った。

全備重量は304.8トンで、全長は41m以上であった。2門のK12（V）列車砲は第701列車砲大隊に配属され、1940年の遅くから1941年の初めまでの短い間、作戦任務についた。この大隊はパ・ド・カレーに配置され、ケント州、特にドーバーの周辺を目標にするように命じられた。最大到達距離は90kmを超えたと思われる。1945年にオランダで、連合軍の手により1門が捕獲された。

暗号名：高圧ポンプ

K12列車砲はイギリス南部を砲兵火力により砲撃する目的で開発されたが、他方では別の計画、いわゆる「高圧ポンプ」を用いる計画も検討されていた。この計画は、従来の火砲とまったく異なるもので、1885年頃にアメリカで不完全ながら実証された原理に基づいたものであった。開発はライマンとハスケルが担った。二人は補助推進薬の充填方法を研究した。砲身の側面に装薬燃焼室を一定

下　2門のK5列車砲は、1944年にイタリアのアンツィオに上陸した連合国軍の橋頭保に対して、4ヵ月間砲撃を加えた。1門が捕獲され、アメリカ合衆国に輸送船で送られた。

長距離砲の砲弾比較

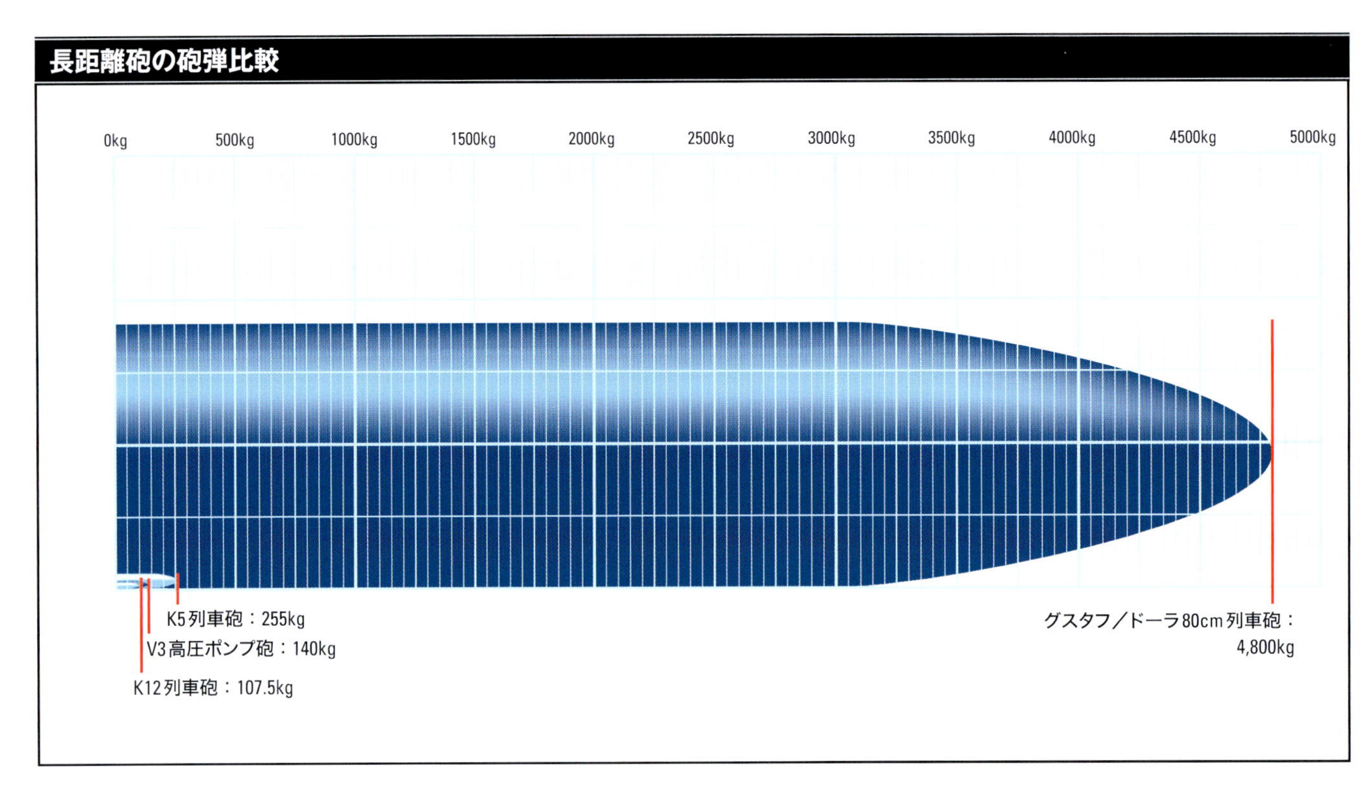

の間隔で配置し、砲身内を進む砲弾が燃焼室を通過したら間髪入れず次の装薬に点火することにより、継続的に補助推進力を与え、砲口初速を増大させるというものである。アメリカ陸軍武器科長の指示により、ライマンとハスケルはこの原理を用いた火砲を試作したが、その結果完成したものは、我々の知っている火砲の概念からかけ離れていた。第1にその砲身は地面で支えなければならないほど長く、傾斜した路面に横たえなければならなかった。第2に、この砲には砲身に対し45度の後退角を持った対となる装薬燃焼室が多数付いているのだが、砲身の試射を行ったところ、正常に作動しなかった。砲身と砲弾の閉塞が不完全であったため、最初の装薬の爆発による圧力が砲弾と砲身の間を抜けて（砲弾が2段目の装薬燃焼室を通過する前に）2段目の装薬が点火してしまい、砲弾が加速しなかったのである。実験は大失敗であった。ライマンとハスケルは開発を断念し、その発想は砲兵技術の歴史書に綴じ込まれた。多薬室砲のアイデアは第一次世界

長距離砲の射程比較

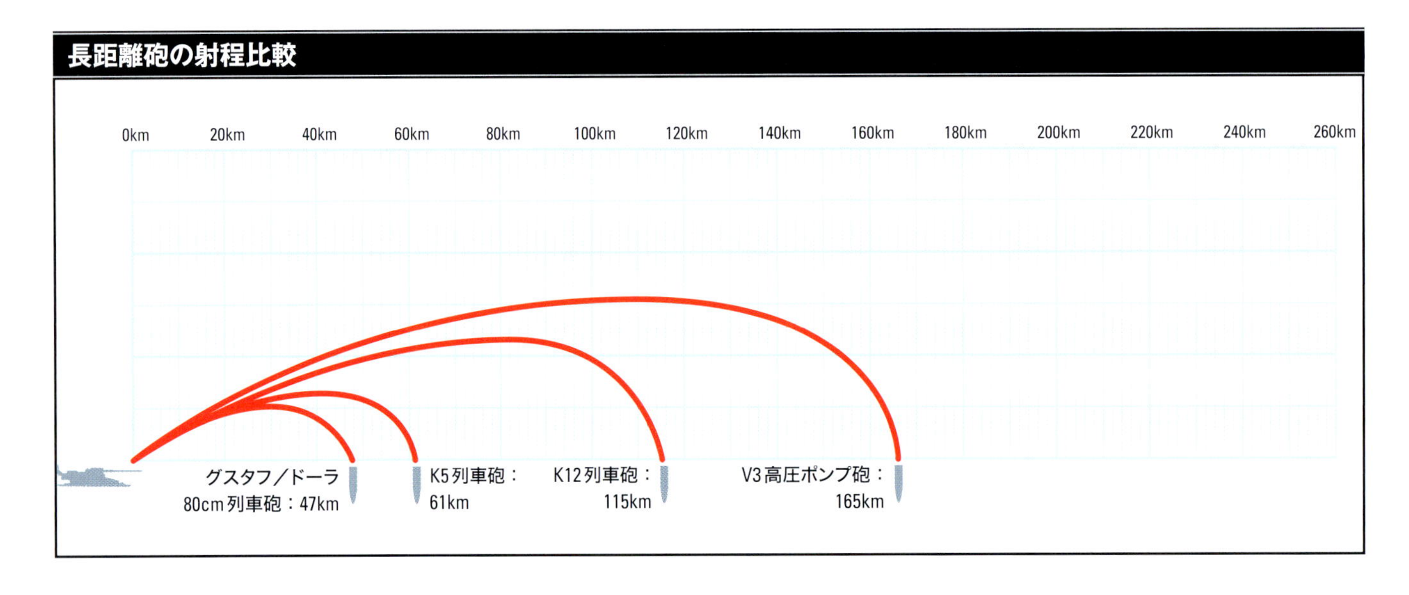

大戦時のイギリスでも検討されたが、やはり失敗している。

1943年、ドイツのレヒリング製鉄製鋼所（この会社は製鉄、製鋼業だけでなく軍需品も生産していた）の技術者ケンダースが、これとそっくりの兵器を提案した。ケンダースは、彼が提案した、いわゆる「レヒリング砲弾」（掩蓋（えんがい）構造物破壊に特化した砲弾）のおかげでヒトラー総統の覚えがめでたく、特にアルベルト・シュペーア軍需大臣に一目置かれていた。シュペーアは、陸軍兵器局（HWA）ですら理解していない多薬室砲のアイデアを後押しし、ケンダースに「高圧ポンプ砲」の製造を命じた。

ケンダースは口径20mmの高圧ポンプ砲を作り、満足ゆく結果を得た。ヒトラーがイギリス本土、特にロンドンを攻撃する手段を検討していた時であり、「高圧ポンプ砲」の製造が決定された。ケンダースは、1基や2基どころか、50基を擁する中隊を編成し、カレー後方の適地に配置して160km彼方のロンドンに向けると決めていた。V3（報復兵器第3号）と称される「高圧ポンプ砲」を設置する適地は、現在の英仏海峡横断トンネルの南端にほど近いキャップ・クリニの背後に位置するマーキース・ミモィエーキに見いだされた。

同地ではすでにV1とV2の発射基地が建設中であったから、これは容易ならざることであった。控えめに見ても、これらV兵器の建設予定地については活発な議論があったはずである。にもかかわらず、「高圧ポンプ砲」用に2つの穴が掘削された。いずれも口径15cm、25門の「高圧ポンプ砲」を設置できるようになっていた。この高圧ポンプ砲の砲弾は、安定翼付きの長い矢状砲弾で、ケンダースはさらなる性能向上を図っていた。いや、より正確に言うなら、ケンダースは砲弾を完成できていなかったのである。

陸軍兵器局の統制下での作業

ケンダースは、マグデブルク近郊のヒラースレーベン試射場に口径15cmの火砲を備え付けたが、1943年後半には2つの難問に直面することになる。理論の実現と実用的な砲弾の設計開発である。まれに実験がうまく行くこともあっ

列車砲中隊の配置

部隊名	火砲の種類	火砲の数	配属または配備（配属年月）
第717砲兵中隊	17cm KE	3	第676砲兵連隊（1944年8月）
第718砲兵中隊	17cm KE	3	第676砲兵連隊（1944年8月）
第701砲兵中隊	21cm K12V	1	第655砲兵連隊（1944年8月）
第686砲兵中隊	28cm K5＋40cm 752	2＋4	第679砲兵中隊（1944年8月）
第688砲兵中隊	28cm K5	2	
第689砲兵中隊	28cm schwere Bruno L/42	2	
第710砲兵中隊	28cm K5	2	第655砲兵連隊（1944年8月）
第711砲兵中隊	37cm MIS	2	フランスの火砲を捕獲（1942年以降）
第712砲兵中隊	28cm K5	2	第646砲兵連隊（1944年8月）
第697砲兵中隊	28cm K5	2	初速計測中隊
第713砲兵中隊	28cm K5	2	
第765砲兵中隊および第617砲兵中隊	28cm K5	2	初速計測中隊
第100分遣隊	28cm K5	2	訓練および補充
第690砲兵中隊	28cm Kuruze Bruno	2	第676沿岸砲兵連隊（1944年8月）
第694砲兵中隊	28cm Kuruze Bruno	2	（1941年）
第695砲兵中隊	28cm Kuruze Bruno	2	第679砲兵連隊（1944年8月）
第696砲兵中隊	28cm Kuruze Bruno	2	第676砲兵連隊（1944年8月）
第721砲兵中隊	28cm Kuruze Bruno	2	第780砲兵連隊（第640砲兵連隊と統合、1944年8月）
第692砲兵中隊	27.4cm 592	3	第640砲兵連隊（第780砲兵連隊と統合、1944年8月）
第691砲兵中隊	24cm 651	4	第646砲兵連隊（1944年8月）
第722砲兵中隊	24cm Th. Bruno	4	沿岸部
第674砲兵中隊	24cm Th. Bruno	2	第780砲兵連隊（第640砲兵連隊と統合、1944年8月）
第664砲兵中隊	24cm Th. Bruno	2	第780砲兵連隊（第640砲兵連隊と統合、1944年8月）
第749砲兵中隊	28cm K5	2	第780砲兵連隊（第640砲兵連隊と統合、1944年8月）
第725砲兵中隊	28cm Bruno＋28cm N.Bruno	2+2	第646砲兵連隊。N.Brunoは1944年8月離脱
第459砲兵中隊	37cm 651	3	第646砲兵連隊（1944年8月）
第693砲兵中隊	40cm 752	4	第646砲兵連隊（1944年8月）
第698砲兵中隊	38cm Siegfried	2	第640砲兵連隊（第780砲兵連隊と統合、1944年8月）

21cm加農砲（列車砲）「K12」

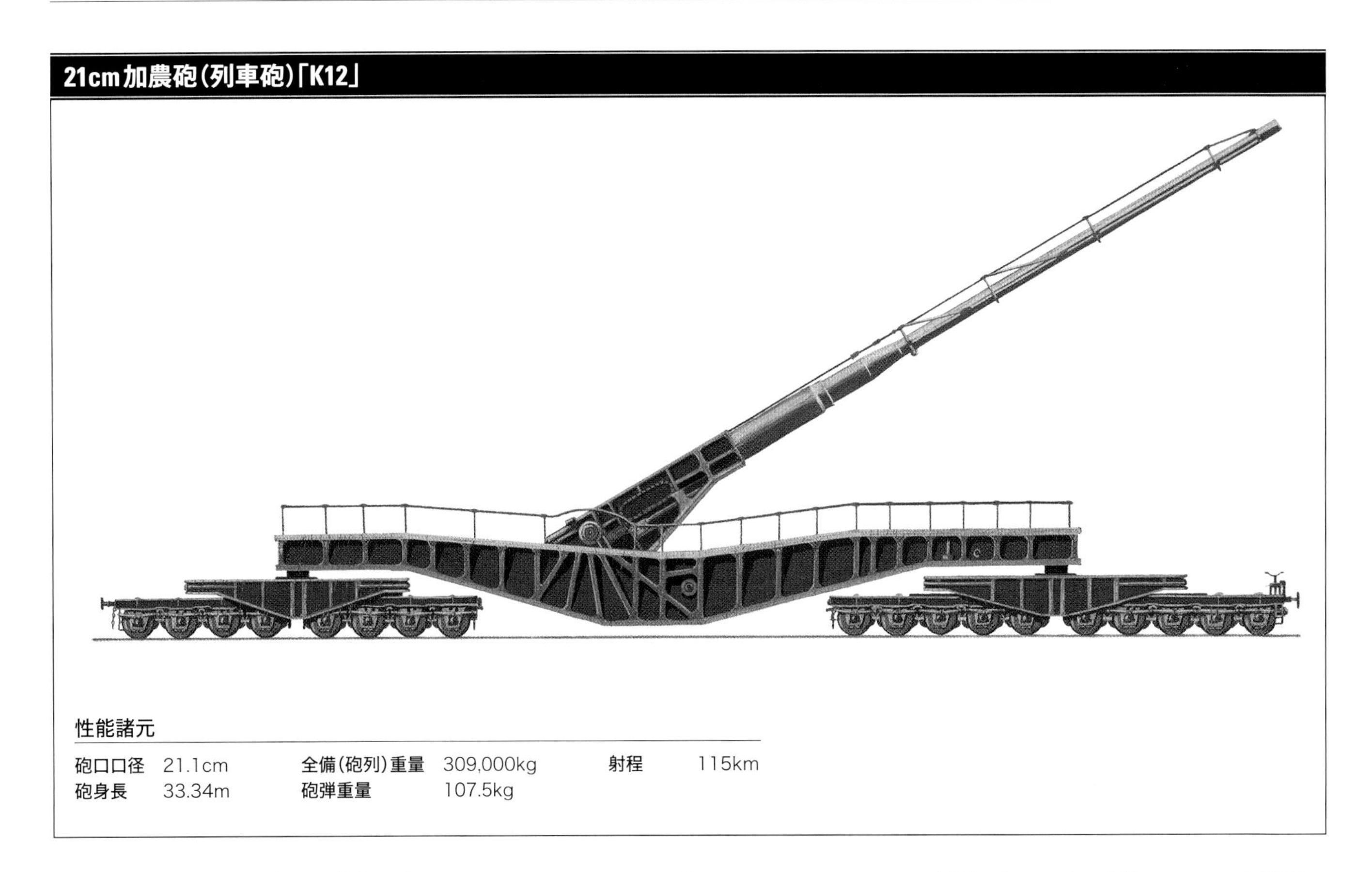

性能諸元

砲口口径	21.1cm	**全備（砲列）重量**	309,000kg	**射程**	115km
砲身長	33.34m	**砲弾重量**	107.5kg		

上　21cm「K12」列車砲は「超長距離砲」の中で最長射程を誇った。気象条件によるがその射程は115kmにも達した。

たが、そういうときでさえ、結果は有望ではなかった。砲弾初速は毎秒1,000m以上とされていたが、実験の結果はそれには程遠かった。それにもかかわらず、ペーネミュンデ近郊のミエンジズドロイェに150mの砲身を持つ実用型と同じ大きさの砲1基を建設する計画が進められた。一方、パ・ド・カレーに準備中の発射基地の建設も進められ（この時、イギリス空軍とアメリカ陸軍航空軍による一連の爆撃が功を奏し、基地建設は1つに絞り込まれていた。両軍ともこの地域での大規模な工事に目を光らせていたのである）、特別砲兵中隊も編制された。

パ・ド・カレーと各地で分担作業が進められるなか、ケンダースにできることはほとんどなく、ただプロジェクトを進め、最善の結果を期待するしかなかった。3月半ば、よくない知らせがミエンジズドロイェからもたらされた。陸軍兵器局の高級幹部がミエンジズドロイェに向かい、「高圧ポンプ」の開発状況と実験を視察し、その結果、不満足であったことを表明したのである。以後、陸軍兵器局のフォン・リーブ将軍とシュナイダー将軍が開発の指揮をとることとなった。

これを契機に事態は好転し始めたが、一方でケンダースは、砲弾設計、砲身と砲弾の間の閉塞、および副装薬燃焼室の着火時期という3つの問題を担当する一技術者に降格された。シュコダ社とクルップ社の技術者を含む総勢6名の専門家集団は満足のいく砲弾を設計した。閉塞問題については、砲弾と第1装薬燃焼室の装薬の間に発射ガス漏れ防止用のピストンを置くことで解決した。また、このピストンにより、副装薬燃焼室の装薬の連続爆発を正確に制御するという問題が解決した。これにより第1装薬燃焼室の爆風が前進する砲弾を追い越すことがなくなり、電子的な発火手順の開発計画は不要になった。

5月の終わりには、ミエンジズドロイェの火砲はより満足のいく成果を上げ、射程は80kmに達したが、発射時に火砲が暴発し、接合部2ヵ所が損壊した。新しい部品が注文され、射距離延長の試験が7月初めに予定されたが、その間にイギリス空軍も対策を講じていた。マルキーズ西方の発射基地が放棄されると、基地構築を担当していたトート機関（建設専門の集団）は多大な労力を費やして東側の基地につながる通路の痕跡を消し、これはしばらくの間、奏功した。

右ページ　いわゆる「高圧ポンプ」は、より大きな力で砲弾を打ち出す革新的な解答の1つであったが、決して実用的な兵器ではなかった。

しかしながら6月後半になると、イギリス空軍の写真解析班は、同地域で何らかの企みが進行中であることを示す証拠が十分に認められるとして、精鋭爆撃部隊である第617飛行隊による「トールボーイ」（深々度貫徹爆弾。重量5,443kg）の投下が妥当であると結論づけた。7月6日の空襲の効果はドイツ側にとって破滅的と言ってよいものであった。1発の爆弾が目標の基地の区画に直撃、その至近にも4発が弾着した。じつはこの至近弾の効果が顕著であった。この空襲により基地は機能不全に陥り、連合軍部隊に占領されるまで何ら手を加えられることはなかった。

一方、7月4日には試験用火砲の射撃が再開された。砲身が破裂するまでに8発を発射、うち1発の飛距離は93kmに達した。この成功により、ロンドン爆撃計画の目処が立った。この後、さらなる改良が加えられた形跡もある。

連合軍部隊がヒラースレーベン試射場を占領した際、2基の高圧ポンプ砲が損壊した状態で発見された。1つは10対の副装薬燃焼室（砲腔の軸に対して直角に接続されていた）からなる火砲で、もう1基は5対の副装薬燃焼室が45度の後退角を持つもので、双方とも砲身長は75mであった。確証のない報告によれば、これら短砲身の火砲は1944年12月のバルジの戦い〔ラインの守り作戦〕でアメリカ軍に対して使用されたものとされているが、この報告は専門家たちに信用されていない。

Pシリーズ陸上巡洋艦

巨大な「陸上戦艦」という概念は、少なくとも1903年には考えられていた。SF作家H.G.ウェルズがその短編『陸上装甲艦（The Land Ironclads）』でこの種の装甲戦闘車両で勝利を得る可能性を論じている。技術的には十分可能になっ

P1000「ラーテ」

性能諸元

搭乗員	不明	航続力	不明
重量	1,800トン	装甲	360～150mm
全長	35m	武装	2×280mmSK C/34 L/54.4加農砲、1×128mm KwK44 L/55戦車砲、8×20mm Flak 38高射機関砲および2×15mmマウザー151/15機関砲
全幅	14m		
全高	11m		
動力	8×1,491.4kWダイムラー・ベンツ社製MB 501型ディーゼルエンジン		
速度	40km/h	無線機	不明

ていたのかもしれないが、SFをも超えた概念に思われた。

1930年代はじめ、レニングラードのOKMO（機械実験設計部門設計局）に務めていたドイツ人技術者ゴッテは、「共産党の戦車」と命名されたソビエト版「陸上巡洋艦」建造計画を立案するも、不成功に終わった。詳細な情報は伝わっていないが、重量1,000トンで、主兵装は203mm連装の海軍砲と推定されている。複数基のエンジンの総出力は17,897kwを誇り、要員は計60名とされた。計画の実現性が問題視されたが、この巨大装甲戦車は、あのソビエツキー・ソユーズ級戦艦よろしく、スターリンが熱望した「国家の威信をかけた兵器」そのものであった。

ドイツの陸上巡洋艦P1000について多少知られていることとしては、同艦はクルップ社が1941年に作成したソビエトの重戦車に関する調査報告に端を発しているということである。この報告は、クルップ社でUボート関連の研究を行っていたゴッテの注意を引いた。1942年6月、ゴッテはヒトラーに対し、1,000トン戦車「陸上巡洋艦」構想を送付した。ヒトラーはこの構想に感銘を受け、クルップ社に対してさらなる研究と設計への着手を命じた。

(同じ縮尺のE100重戦車)

P1000「ラーテ」

1942年12月、クルップ社は「ラーテ（Ratte）」と称される陸上巡洋艦の一連の図面を作成した。軍需相シュペーアは、この設計に対するヒトラーの情熱には一切共感するところがなかったので、1943年、建造開始を待たずに計画進行を取り消すに至った。

「ラーテ」の重量は計画では1,000トンとされていたが、実際には予定重量を超過しているように思われた。主砲塔にシャルンホルスト型巡洋戦艦と同型の28cm砲を連装で装備していた。海軍で使用された3連装砲塔から1門減ったことを考慮しても、少なくとも砲塔だけで650トンあったと推定される。28cm徹甲弾の装薬込の1発当たりの重量は45kgであったから、主砲弾を少なめに積んだ場合でさえ問題があった。128mm副砲や対空砲を装備し、弾薬を積んだ場合には、状況はさらに悪化した。

特殊装置

その巨大な重量を補うため、「ラーテ」の車体両側には幅1.2mの履帯が3つずつ取り付けられ、履帯幅は計7.2mとなった。これは車体の安定と設置圧の低減に寄与したであろうが、その重すぎる車重は道路を破壊し、橋を渡るのも非現実的であったと思われる。巨大な車体ゆえ、ほとんどの河の浅瀬を特別な装備なしで進めるという点では有利であったが、水深の深い場所で水中を進む場合はシュノーケルのような吸気口を装備することになっていた。

このほかの特別装備として、偵察用のBMW R12自動二輪車2台を収容可能な格納庫や小規模の収容区画、小型の診療室、自己完結型の便所も備えていた。

P1500「モンスター」

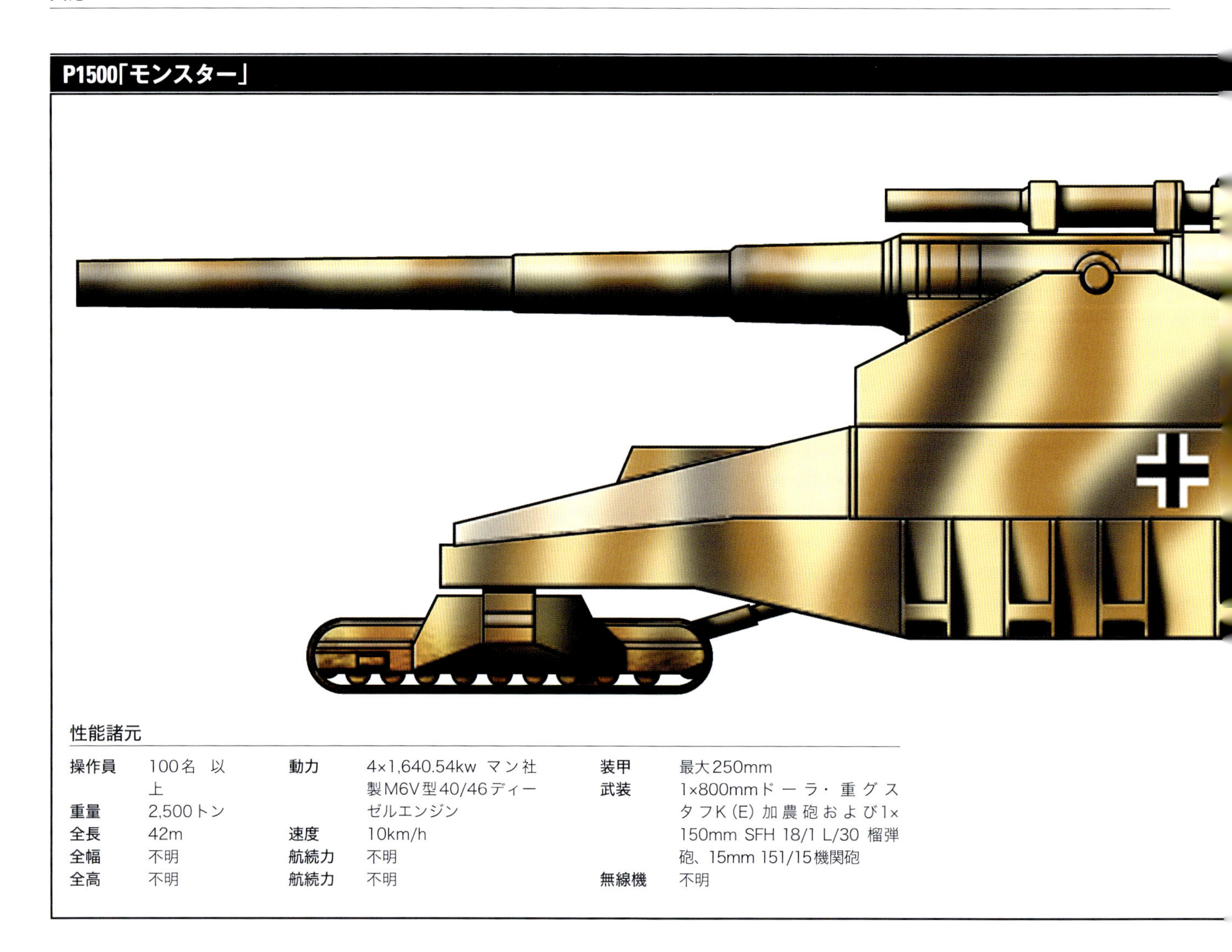

性能諸元

操作員	100名 以上	動力	4×1,640.54kw マン社製M6V型40/46ディーゼルエンジン	装甲	最大250mm
重量	2,500トン			武装	1×800mmドーラ・重グスタフK(E)加農砲および1×150mm SFH 18/1 L/30 榴弾砲、15mm 151/15機関砲
全長	42m	速度	10km/h		
全幅	不明	航続力	不明		
全高	不明	航続力	不明	無線機	不明

「ラーテ」の推進機関には2種類のエンジンが提案された。

- MAN社 製V12Z32/44型24気 筒海軍用ディーゼルエンジン、出力6338.5kWを2基搭載。Uボート搭載エンジンと類似
- ダイムラー・ベンツ社製MB 501型20気筒海軍用ディーゼルエンジン、出力1491.4kWを8基搭載

これら2案のうち、より単純で信頼性の高いMB 501を搭載する可能性が高かったと思われる。仮にこのエンジンが選択された場合の最高時速は理論上40km/hである。ただし、実際には変速機構や懸架機構の問題があるため、実用速度はもっと遅くなったであろう。

最も楽観的な評価をした場合でさえ、「ラーテ」は現実的な企画とはいえなかった。あまりに巨大すぎて既存の戦車工場では組立作業が行えず、海軍の建艦技術も必要とした。「ラーテ」の原型製作のために、海軍工廠の作業能力や資源等が数ヵ月にわたって占有されるであろうことは容易に想像できる。

とはいえ、「ラーテ」の火力は驚嘆すべきものであった。主砲の28cm砲は、直接照準射撃の最大有効射程約5km圏内では450mm以上の装甲を貫徹する能力があった。

主砲の最大仰角は40度、最大射程は41kmとされた。しかしながら、主砲発射時の衝撃に車体が耐えうるかどうかはまったく別の問題である。機動性はきわめて制限されたであろうし、運用中は、車両故障の修理が技術者たちの第一の仕事になったであろう。「ラーテ」を運用する場合、故障車両の牽引に備えて少なくとももう1台の「ラーテ」が必要になったかもしれない。信じがたいほどに非実用的な兵器である。

最後に、こうした大型兵器は巨大かつ低速の標的になってしまうという問題がある。その装甲は多くの地上配備火器の攻撃に耐えられたが、連合軍の航空優勢により「ラーテ」が繰り返し航空攻撃を

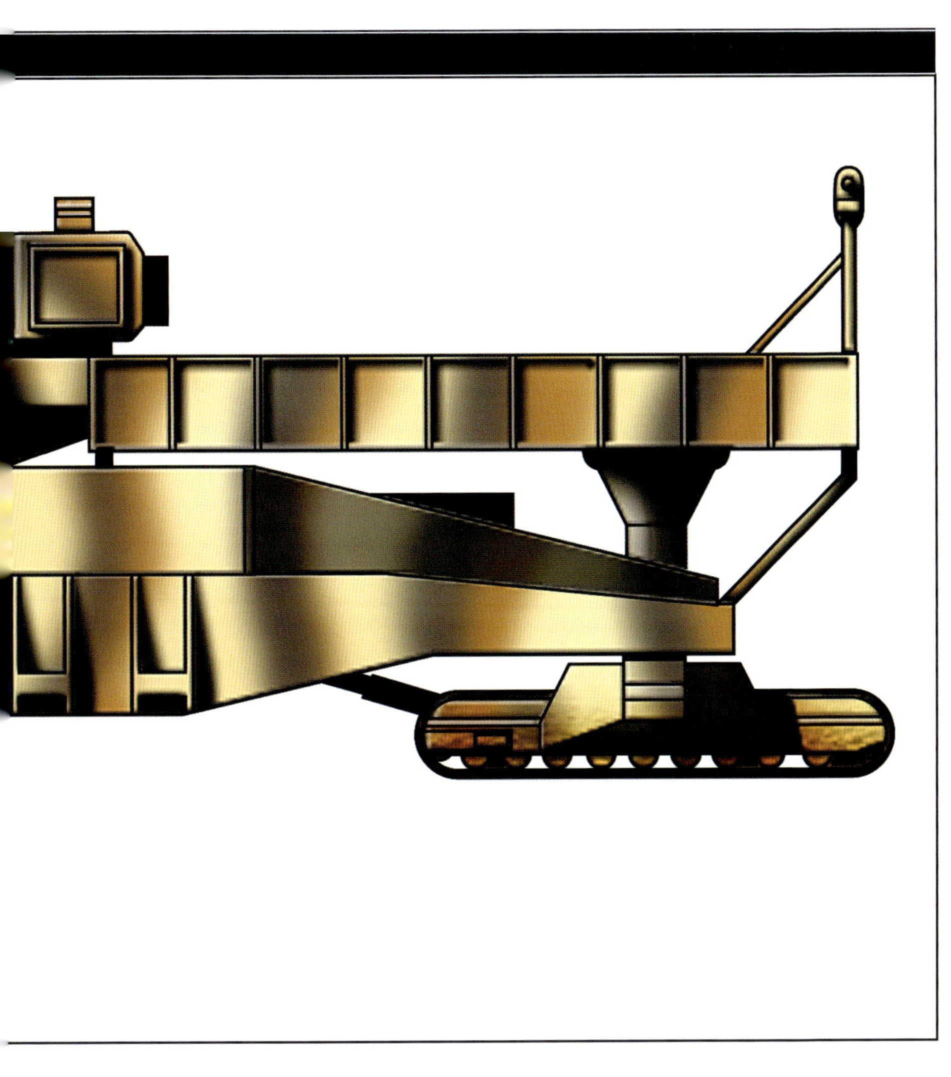

受けることは目に見えている。「ラーテ」の砲塔や車体の上部装甲でさえ、航空機から投下される徹甲爆弾には耐えられないのである。

陸上巡洋艦P1500「モンスター」

「モンスター」は「ラーテ」の発展型であるが、より短命であった。その構想の発端は1942年12月のクルップ社による提案と目され、2、3の設計検討が行われたものの、1943年の早期にアルベルト・シュペーア軍需相によって中止されている。「ラーテ」で顕在化した大きさと重量の問題は「モンスター」ではさらに顕著であった。各部が連接された形状は、車体の操縦全般に不可欠であると思われた。独立稼働する4つのディーゼルエンジンによるディーゼル発電電気駆動システムは、設計時速10km/hに到達させるに十分であった。しかし、巨大な搭載砲で重心がきわめて高く、ちょっとした傾斜でも転覆の危険が高いため、「モンスター」の運用に際しては、すべての経路を注意深く調査することが必要不可欠であった。

車体の形状はいかにも奇妙なもので、その場しのぎ的発想の産物のように思えた。800mm砲の「ドーラ／重グスタフ」の最大射程は48kmであったが、有効な直接照準火砲といえるものでなく、射撃回数はおおよそ1時間に2発であった。このため、「モンスター」の運用は前線の後方における巨大な自走砲に留まった。装甲は250mmあるとされたが、長距離からの間接射撃に限定されるのなら、まったく必要はなかった。

副武装として、150mm榴弾砲2門を搭載するのだが、これも異様であった。最大射程が13.25kmしかないからである。この副武装を戦闘に使用するには、車両そのものを敵の中射程火砲の射程内である前線の比較的近傍002に展開せざるを得なかった。安定性を考慮するなら上部装甲は不要であるが、そうなると敵砲兵隊に対して極端に脆弱になったであろう。

仮に敵砲兵と航空攻撃の脅威を凌いだとしても、P1500が戦闘運用を継続することは困難であった。主砲用の弾薬搭載スペースがまったくないか、あったとしても微々たるものであったからである。主砲用砲弾は、800mm榴弾が全長3.5m、重量4.8トンで、さらに装薬が2.24トンもあった。「標準型」の列車砲形式ならば、弾薬は鉄道で補給できるが、「モンスター」は専用かつ高度に特化した弾薬補給車両を必要としたであろう。最も実現性がある解決策は、カール臼砲中隊に弾薬補給を行ったIV号戦車改造の履帯式装甲弾薬輸送装填車を適用することであろうが、それでも1発の砲弾とその装薬の運搬しかできなかったであろう。

「モンスター」は、「ラーテ」が抱えていたあらゆる問題を有していたが、その大きさと重量の分だけより深刻であった。このような巨砲の設計検討は、工学分野では魅力的な理論的考察であったが、戦争で使用する実用兵器としては絶対にありえないものであった。

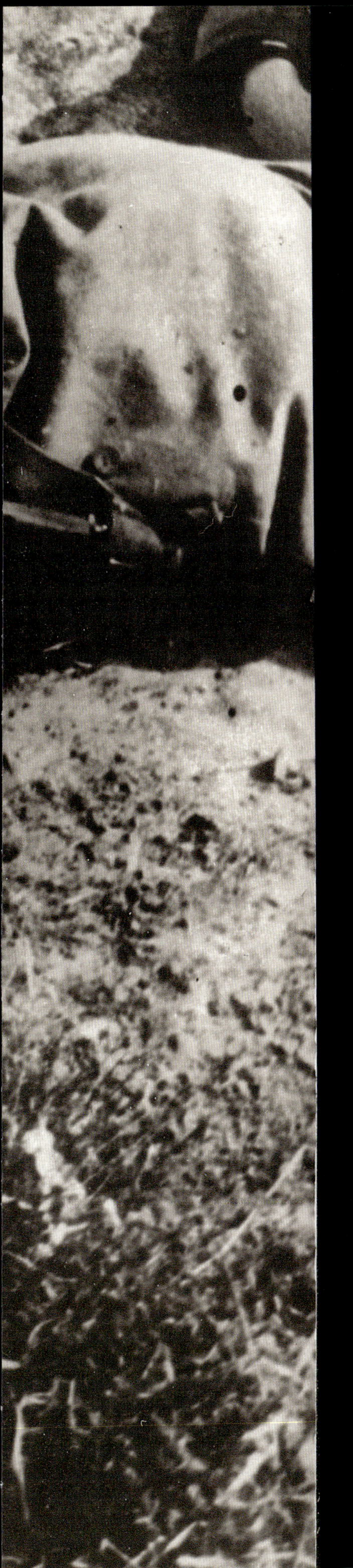

10

戦車と対戦車兵器

TANKS AND ANTI-TANK WEAPONS

1916年、イギリス軍によって初めて装甲戦闘車両が用いられたが、その運用思想は1939年までにドイツにも受け継がれた。イギリスの理論家たちが常日頃予見していたように、ハインツ・グーデリアンのような軍人たちは機動戦で勝利を収めることができることを示した。ヒトラーは個人的にドイツの戦車計画に関与していたのだが、彼の言う「大きいことがすべてに優先する」という主張のせいで、懸命な努力も骨折り損となり、取り返しのつかないことになった。分別ある助言があったとしても、結局まかり通ってしまうのである。

◀「パンツァーシュレック」(「戦車の恐怖」)は中空成形炸薬を持ったロケット弾を発射した。

VI号戦車ティーガー AUSF E(ティーガー I)

性能諸元

全長	8.24m	最大速度(整地面)	38km/h	武装	8.8cmKwK36砲、2×7.92mmMG34機関銃
全幅	3.73m	最大行動距離(整地面)	100km		
重量	58,000kg				

厳密に言えば、戦車は1916年9月15日、ソンムの戦いでイギリス戦車マークⅠあるいは「マザー」と呼ばれる物が戦場に出現した時、秘密兵器ではなくなった。秘密保持が徹底されていたため、戦車の登場は、ドイツ歩兵にとってまったく驚くべきものであった。「タンク」という名称さえも故意に誤解させるものであった。

一方、ドイツ陸軍において秘匿されたのは、戦車そのものの存在よりも、その運用法であった。ドイツ陸軍による戦車の運用は、1939年のポーランド侵攻、翌年のフランス侵攻においても驚嘆すべき成果を挙げた。しかしこれは、十分な展望の下で新たな戦争モデルが開発されたというわけではなかった。

ティーガー戦車

58トン特殊車両181、VI号戦車ティーガーがレニングラード戦線で初めて実戦で使われた時、戦車が初めて登場してから26年と1日が経過していた。その外観はいままで誰も見たことのないようなものであった。

正面装甲は100mmもあり、自滅覚悟で近距離で対処する以外に止める術がなかった。8.8cm/L56戦車砲は、どんな相手に遭遇しようと、文字通り打ち抜くことができた。装甲を強化したソ連のT-34も例外ではなかった。

上 ティーガーはドイツ最初の「超重戦車」で、適切に使えば有用であった。しかしパワー不足のエンジンがもとで多くの故障が生じた。

しかし実際には、ティーガーの初陣は期待はずれであった。1週間後の2回目の出撃はもっとひどく、1両が両軍の中間地帯で泥沼にはまり、敵の手に落ちることを防ぐために爆破しなければならなかった。

ティーガーが再び戦闘に参加したのは翌年1月で、最良の条件のもと、最高の操縦者が使えば非常に威力を発揮するが、期待されていたほど全能ではないこ

ティーガー、エレファント、ヤークトティーガー生産数(1942-1945年)

タイプ	期間	数量
VI号戦車ティーガー AusfE(ティーガーI)	1942-44	1355
重駆逐戦車ティーガー(P)Sd Kfz184 フェルディナント/エレファント	1943	90
VI号戦車ティーガー AusfB(ティーガーII)	1944-45	489
重駆逐戦車ティーガー AusfB(ヤークトティーガー)	1944-45	85

ティーガーと連合国軍重戦車の比較

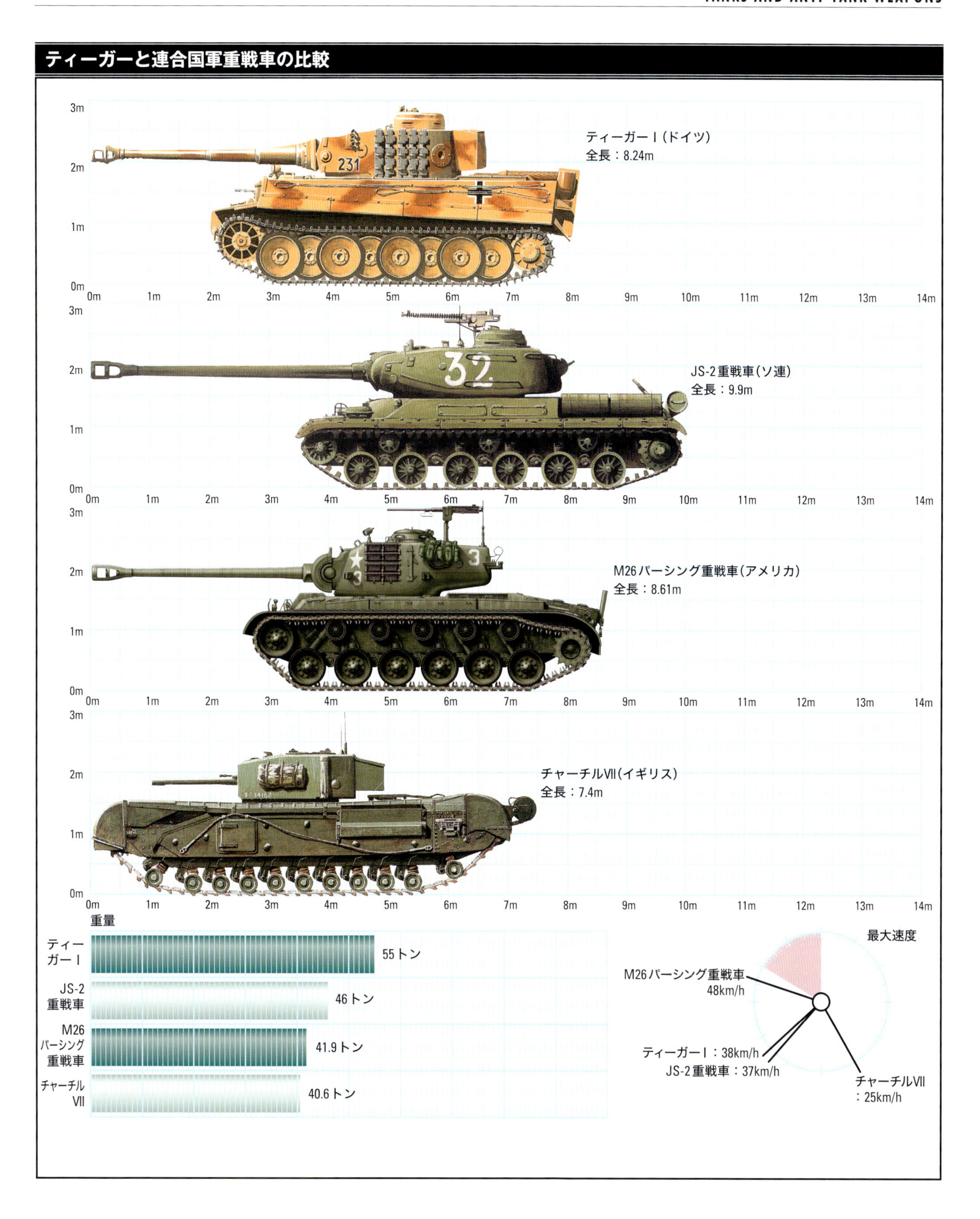

ティーガーの生産モデル

VI号戦車Ausf E(ティーガーI)

乗員	5名	速度	38km/h
重量	55トン	行動距離	195km
全長	8.24m	装甲	110～25mm
全幅	3.73m	武装	1×88mm KwK 36 L/56砲、2～3×7.92mm MG34機関銃
全高	2.86m		
エンジン	1×522kw (700馬力) マイバッハ社製HL 230P45型12気筒ガソリンエンジン	無線	FuG5、FuG2

VI号戦車Ausf B(ティーガーII)

乗員	5名	速度	35km/h
重量	69.7トン	行動距離	170km
全長	10.26m	装甲	180～25mm
全幅	3.75m	武装	1×88mm KwK 43L/71砲、2～3×7.92mm MG34機関銃
全高	3.09m		
エンジン	1×522kw (700馬力) マイバッハ社製HL230P30型12気筒ガソリンエンジン	無線	FuG5、FuG2

重駆逐戦車ティーガー(P) Sd.Kfz184 フェルディナント/エレファント

乗員	5名	速度	35km/h
重量	69.7トン	行動距離	170km
全長	10.26m	装甲	180～25mm
全幅	3.75m	武装	1×88mm KwK 43L/71砲、2～3×7.92 mm MG34機関銃
全高	3.09m		
エンジン	522kw (700馬力) マイバッハ社製HL230P30型12気筒ガソリンエンジン1基	無線	FuG5、FuG2

重駆逐戦車ティーガー Ausf B(ヤークトティーガー)

乗員	6名	速度	34.6km/h
重量	70.6トン	行動距離	170km
全長	10.65m)	装甲	250～40mm
全幅	3.63m)	武装	1×128mm PaK44L/55砲、2×7.92mm MG 34機関銃
全高	2.95m		
エンジン	1×522kw (700馬力) マイバッハ社製HL230P30型12気筒ガソリンエンジン	無線	FuG5、FuG2

ティーガー大隊戦闘結果

大隊	損失	戦果
501 重戦車大隊	120	450
502 重戦車大隊	107	1,400
503 重戦車大隊	252	1,700
504 重戦車大隊	109	250
505 重戦車大隊	126	900
506 重戦車大隊	179	400
507 重戦車大隊	104	600
508 重戦車大隊	78	100
509 重戦車大隊	120	500
510 重戦車大隊	65	200
グロースドイッチュランド戦車連隊第 13 中隊 6	6	100
グロースドイッチュランド戦車連隊第 3 大隊	98	500
SS 第 1 戦車連隊第 13（重）中隊	42	400
SS 第 2 戦車連隊第 8（重）中隊	31	250
SS 第 3 戦車連隊第 9（重）中隊	56	500
SS 第 101 重戦車大隊	107	500
SS 第 102 重戦車大隊	76	600
SS 第 103 重戦車大隊	39	500
合計	1,715	9,850

とがすぐに明らかになった。すなわち燃料消費が莫大で、エンジンとトランスミッションが脆弱ということである。長期的に見ると、ティーガーには重大な欠陥があることが判明したのである。

連合国側も1944年にはティーガーに対応する兵器を運用できるようになったが、ティーガーは依然としてアドルフ・ヒトラーの一番のお気に入りであった。ティーガーは､短い期間であったにせよ、ヒトラーの「最大にして最強かつ最良」という要求をすべて満たしていた。

やがてティーガーに代わって車重71.1トンのSdKfz 182ティーガーIIが採用されるのであるが、これはさらに凄かった。きわめて限定的な状況でしか威力を発揮しなかったのであるが、ヒトラーは相変わらず収穫逓減の法則というものを理解していなかった。

ティーガー大隊の戦果：損失比率（1942-45年）

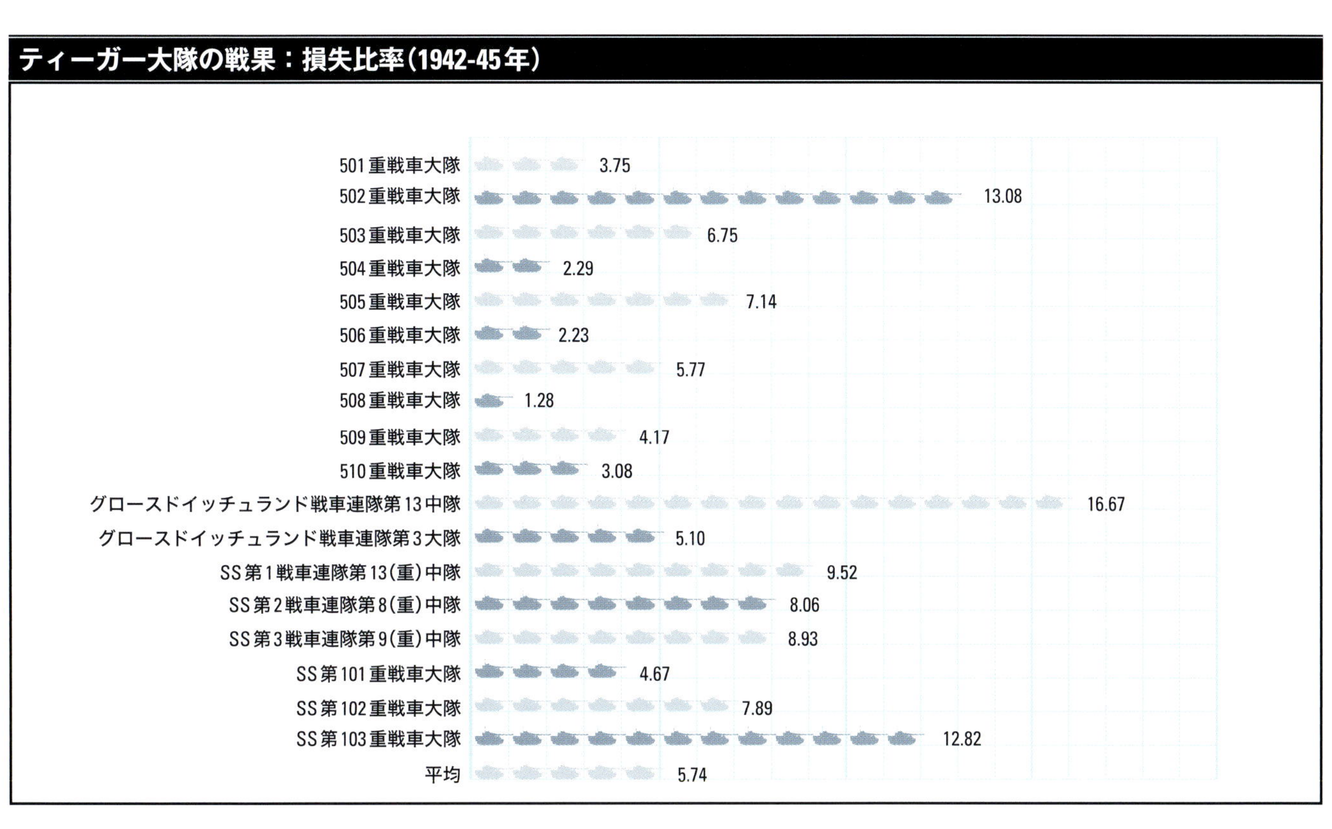

VI号戦車ティーガーII AUSF B

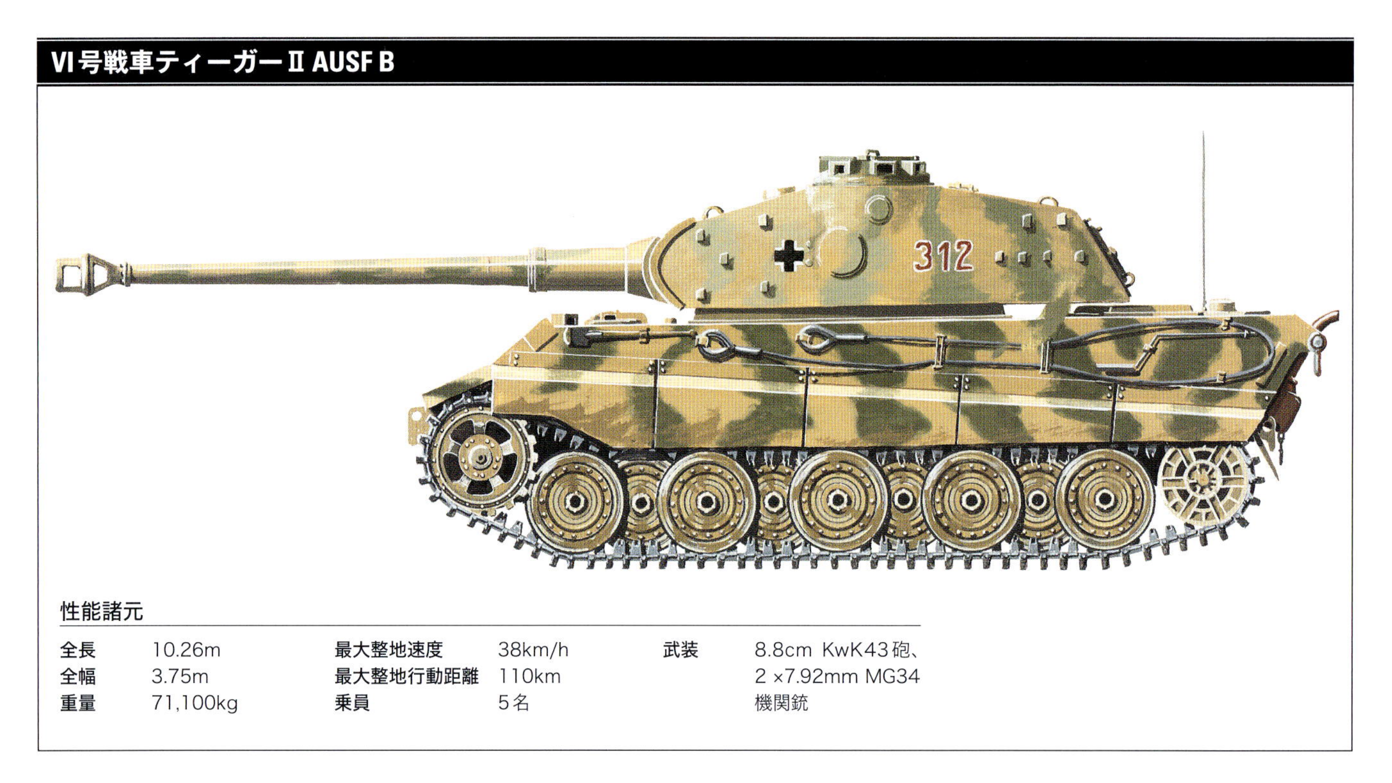

性能諸元

全長	10.26m	最大整地速度	38km/h	武装	8.8cm KwK43砲、
全幅	3.75m	最大整地行動距離	110km		2 ×7.92mm MG34
重量	71,100kg	乗員	5名		機関銃

「ジャイアント・マウス」

巨大戦車製造の権限は、おおむねヒトラーが有しており、実際、積極的かつ個人的に製造承認を出した。一流の戦車設計者（少なくともヒトラーの目では）で、戦車委員会のトップであった工学博士フェルディナント・ポルシェ博士は、ヒトラーから強力な支持を得ていた。

ポルシェ博士は、ティーガーが実戦配備されるより前、早くも1942年に巨大戦車「マウス（ねずみ）」の製造計画を提案している。「マウス」という名称はおそらく皮肉をきかせたものであろう。車重152.4トン、正面装甲最大350mm、12.8cmまたは15cm砲を搭載、7.5cm砲を同軸装備（2cm機関砲と7.92mm機関銃も同様）していた。

ポルシェ型の重駆逐戦車ティーガーと同じく、「マウス」はガソリンと電動機を組み合わせた駆動装置を搭載する予定であった。1,200馬力のエンジンが発電機を起動させ、駆動輪のハブにある電動機を次々に作動させる仕組みである。この方式を採用することでパワートランスミッションの多くの問題が見事に解決されるのであるが、結局わかったことは、より小さなスケールのものでもダメだということであった。潜水艦や戦艦ではうまく機能したが、戦車ではモーター出力が足りず、悪路から脱出するためにモーターの駆動を上げるとモーターが焼損してしまうのである。

「マウス」は6両の試作が命じられ、最初の1台が1943年12月に自走している。驚くことにこれは成功を収め、設計より出力の小さい1,000馬力のエンジンで速度20km/hを達成した。特に成功したのはサスペンション・システムである。これはポルシェ型ティーガーの修正版

左ページ　ティーガーIIはティーガーIより重く、より強力な8.8cm砲を装備した。しかしティーガーIと同じ動力を使用したため、故障しがちであった。

下　1944年ソ連で撃破された2両のティーガー。この時までに連合国軍はこれら58トンの怪物を倒す手段を手に入れていた。

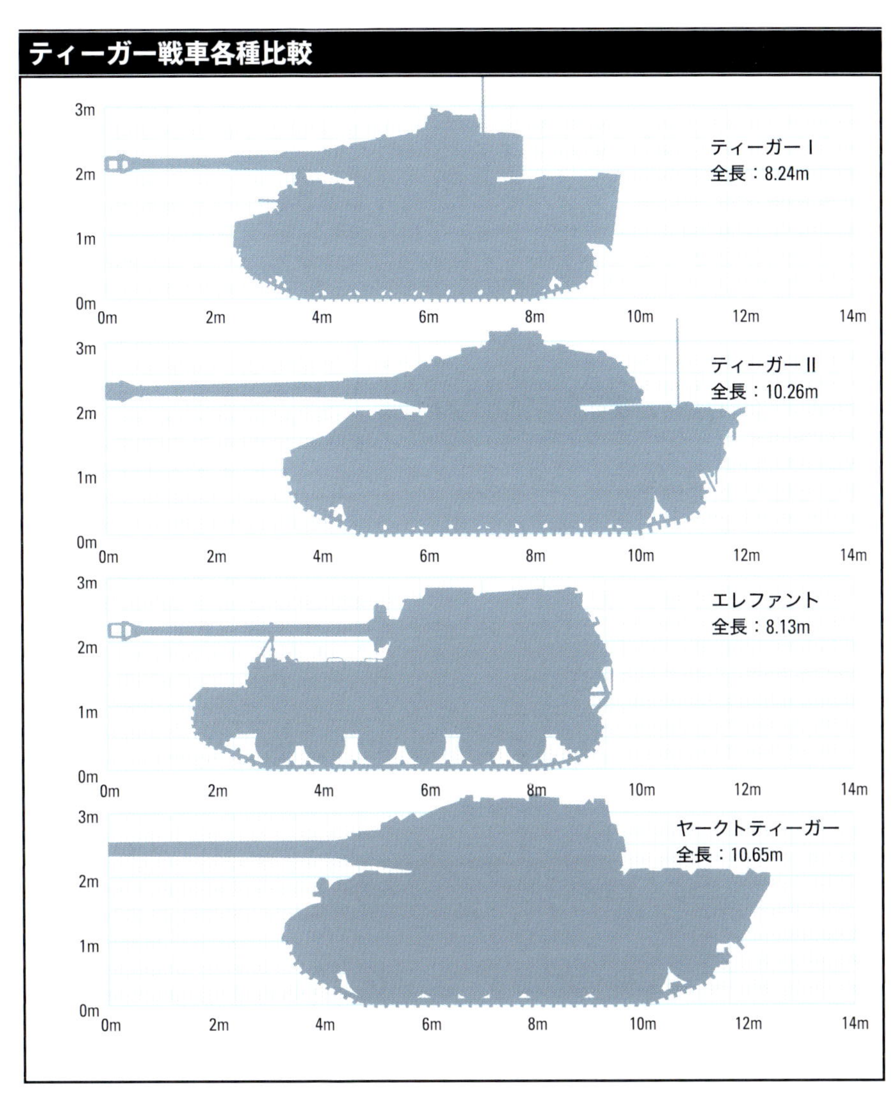

で、トーションバーと車軸線ごとに4つの走行転輪を有していた。

乗員6名と燃料、装備を合わせた総重量は193トンであるが、この重量に耐える道路橋はほとんど国内になかった。そのため最初から水深8mまで潜水できるように設計された。乗員や動力に必要な空気は、砲塔の屋根から伸びるシュノーケルによって供給される仕組みである。

「マウス」プロジェクトは第1段階から先に進まなかった。戦争終結までに9両の試作車両が完成ないし一部完成したが、生産数が限られていたため、エネルギーや資金、希少資源の浪費を招くことはなかった。さらに悪いことに、陸軍兵器局はこのような戦車は必要ないとし、「マウス」を用いた実用的な戦術計画は立案できないと抗議したが、総統により却下されてしまった。

超重戦車に関して陸軍が翻意したこと、ティーガー戦車2型式の製造会社であるヘンシェル社が（V号戦車のほうがより成功を治めているが）いわゆるE100超重戦車のプロジェクトを担ったこと、そしてそれが「マウス」と非常によく似たものであったことは驚くことではない。

E100の総重量は推定142.2トン、実戦投入時には少なくともさらに10.16トン重くなる見込みであった。KwK 44 15cm砲と同軸に7.5cm砲を搭載することになっていたからである。雑な言い方かもしれないが、全体的に見てE100のほうが「マウス」より現実的な計画であったように思われる。なお、試作車両1両が戦争終結時に製造中であったが、走行することはなかった。

全体的に見て、第二次世界大戦中のドイツの戦車開発計画は、重装甲かつ重武装の戦車が1台あれば、敵軍戦車を打ちのめすことができる（少なくとも「敵軍を凌ぐ」）という思い込みのために台無しになってしまった。

1944年に連合国軍がノルマンディーに上陸する頃には、この思い込みが間違っていたことが明らかになる。ティーガーと同時期に戦場に現れたアメリカのシャーマン戦車は、すでにより強力な76mm砲（イギリスでは17pdr砲）を装備しており、やり方によっては数的優位を確実に達成しえた。

同じことは火力を向上したT-34が登場した東部戦線にも当てはまる。ティーガーの生産を中止し（最初から作らなければ、もっと良かったが）、その代わりに戦争中のベスト戦車と多くの専門家が評価するV号戦車パンターの生産に資源を集中するのが、きわめて賢明な判断であったであろう。パンターは製造期間が短く（しかも安価）、手強い戦車であったからである。ラインメタル・ボルジッヒ社が開発した70口径KwK 42 7.5cm砲は、連合軍のあらゆる戦車に対して、おおむね距離に関係なく風穴を開けることができたのである。

下 ティーガーIIでさえも「マウス」の横では小さく見えた。

「マウス」戦車

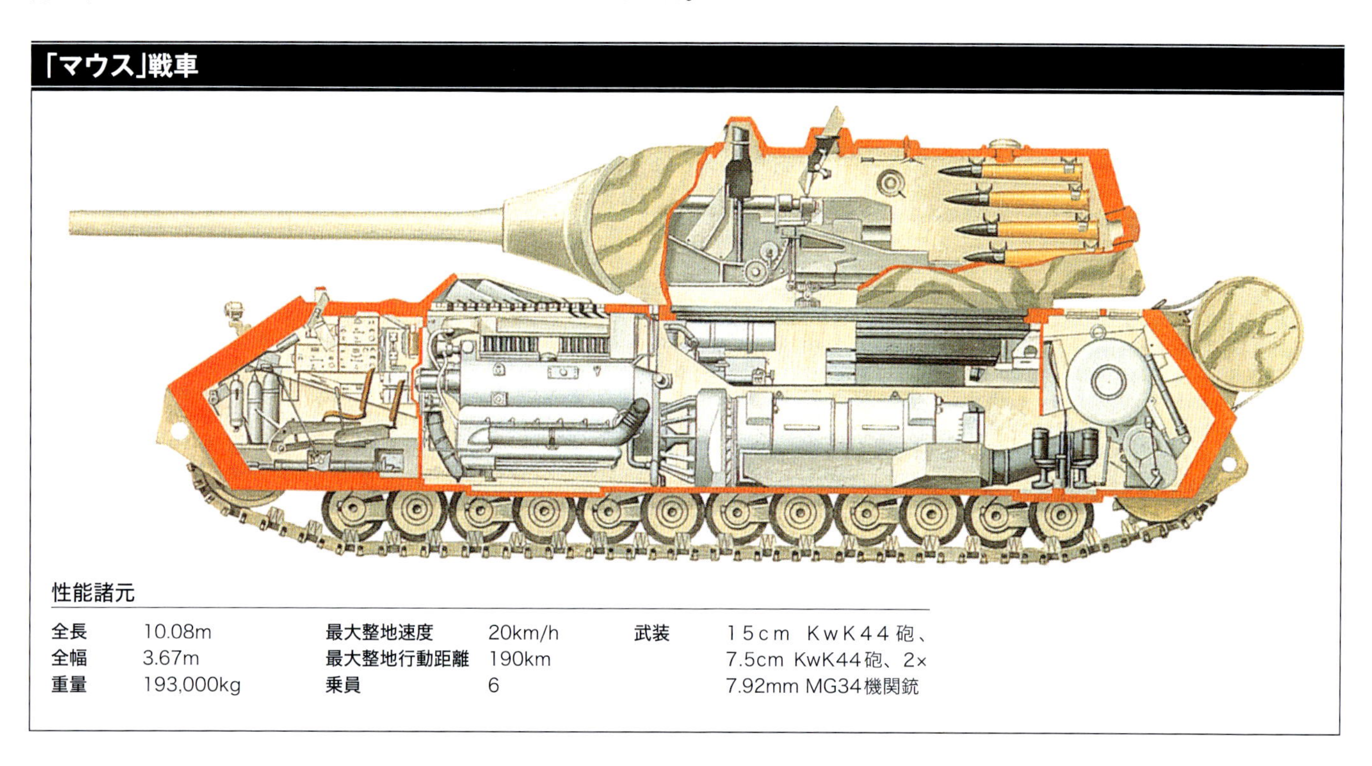

性能諸元

全長	10.08m	**最大整地速度**	20km/h	**武装**	15cm KwK44砲、7.5cm KwK44砲、2×7.92mm MG34機関銃
全幅	3.67m	**最大整地行動距離**	190km		
重量	193,000kg	**乗員**	6		

対戦車兵器

ドイツの戦車開発計画は散々であったが、対戦車兵器の開発計画はそうではなかった。第二次世界大戦勃発時、対戦車兵器はいくつかの兵器を除き、まったく使える状態ではなかった。有用なものの1つに8.8cm対戦車砲がある。

8.8cm対戦車砲はもともと高射砲として開発されたが、スペイン内戦時に徹甲弾を用いたところ、対戦車兵器として非常に優れた働きを見せた。すぐに実用的な移動式砲架に搭載され、対戦射撃用にも使いやすい対戦車砲（FlaK）36が登場した。この砲はティーガー戦車にもKwK 36として採用された。これは非常に有効な兵器であったが、まったくもって従来型兵器であった。このほかにドイツで行われた高初速砲の開発は、装甲車両以外の標的を想定していた。

超重量戦車の比較

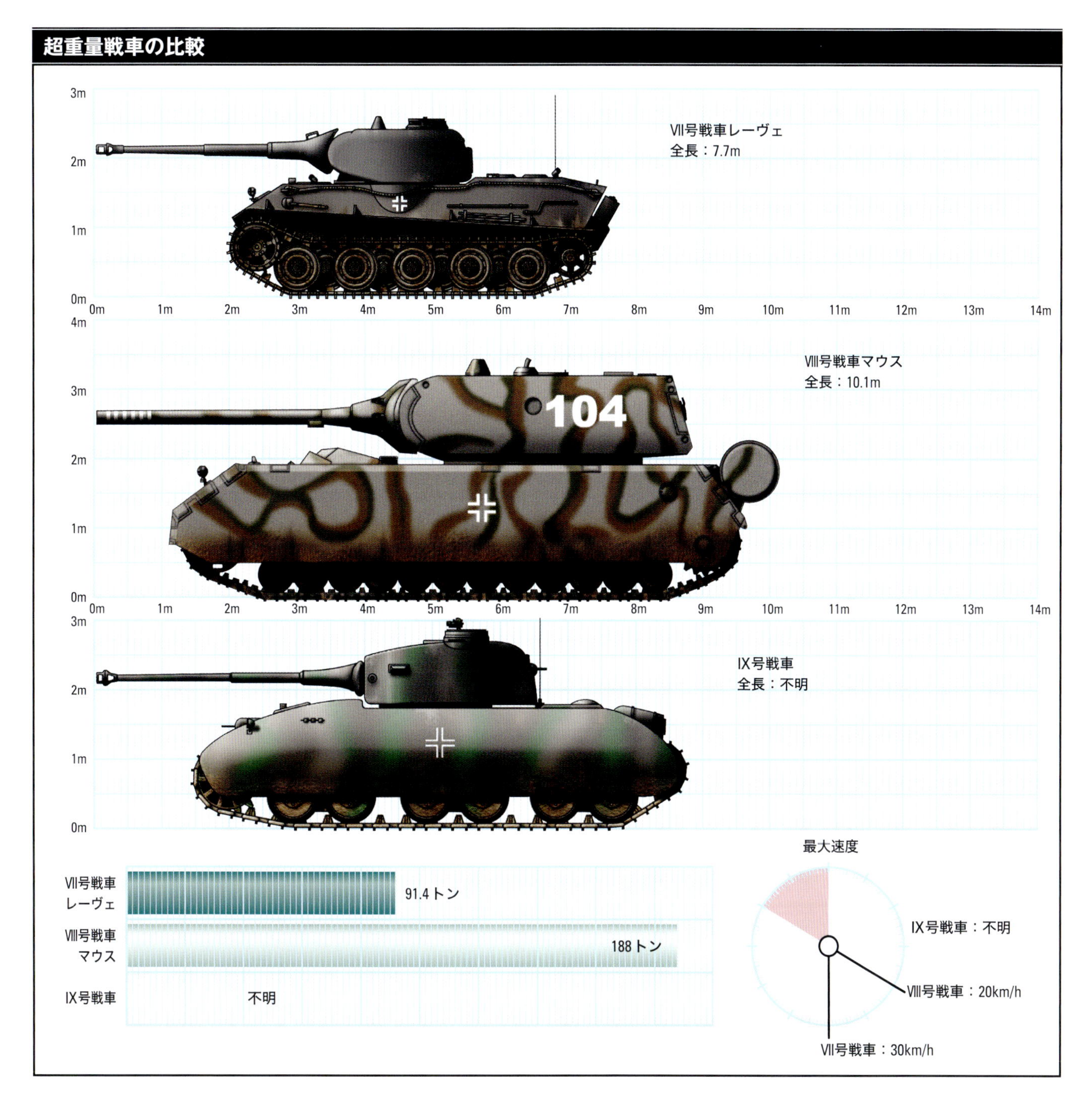

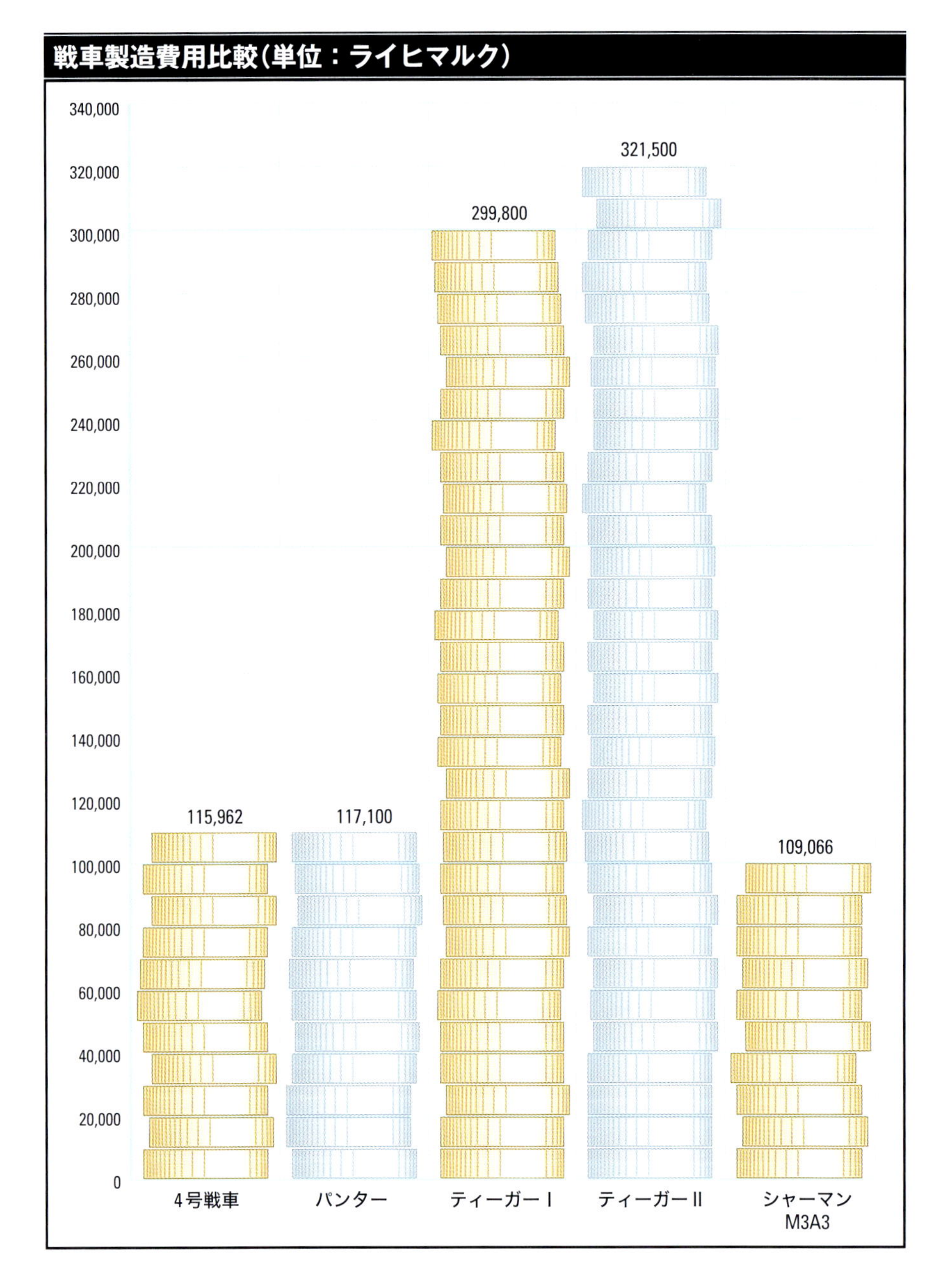

口径漸減銃

口径が薬室から口径にかけて小さくなる銃砲が最初に考案されたのはドイツで、1903年頃、カール・パフという人物が関わっているようである。彼はヒダのついた弾丸を使用することを提案した。弾丸は、内腔の漸減（ぜんげん）によって弾丸本体の溝が埋まるまで弾圧縮される仕組みで、これにより内腔の圧力が一定の間減少し、弾丸の速度が大幅に増した（圧力と内腔の減少で弾丸の速度が決定される）。

パフにとって不運なことに、ライフリング付きの先細り銃身の製造は、ドイツの銃器メーカーの能力を超えており、少なくともその時点では解決法が見つからなかった。

1930年代には、ドイツ人銃製造者ヘルマン・ゲルリッヒがパフのアイデアを試み、その原理を用いた狩猟ライフルを製造することに成功している。このライフルは最重要点である均一な弾道を有する点で素晴らしいものであった。ゲルリッヒはこれを各国の軍部に売り込んだが、開発経費の問題からほとんど成功しなかった。しかしアメリカのスプリングフィールド造兵廠がこのコンセプトの有効性を実証した。M1917ライフルの改良型を製作したところ、通常銃の初速は855m/sであったが、改良型では2,135m/s以上になったのである。

ゲルリッヒは1933年に売り込みを断念し、ラインメタル社に接触した。ラインメタル社はゲルリッヒのコンセプトを活かした対戦車ライフルの可能性を見出した。ライフルの弾丸にはタングステン・カーバイドの核と軟鋼製のスカートを採用する算段であった。

ラインメタル社は最終的にパンツァービュクセ（対戦車ライフル）41として知られる兵器を製造した。このライフルは口径20mm/0.78in（薬室側口径は直径28mm）で、初速1,400m/sで弾丸を発射した。これは500m先の66mmニッケル鋼の装甲を貫通できた。まもなくラインメタル社は砲尾口径が4.2cmある強化型も製造した。この型は弾丸を29.4mmまで絞り、2倍の距離で同等の装甲を貫通可能であった。1941年に4.2cmパンツァーアプヴェーアカノーネ（対戦車砲）41として制式化され、大成功を収めている。

口径漸減砲

これより2年前、クルップ社も、砲身内で弾体の横断面を減少させる方法を調査しはじめており、やや単純だが効果的な方法を採用することを決めていた。均一に砲腔を漸減する砲身を製造する代わりに、クルップ社は従来型の銃砲の銃腔に滑腔で段階的に狭まる部分を付け加

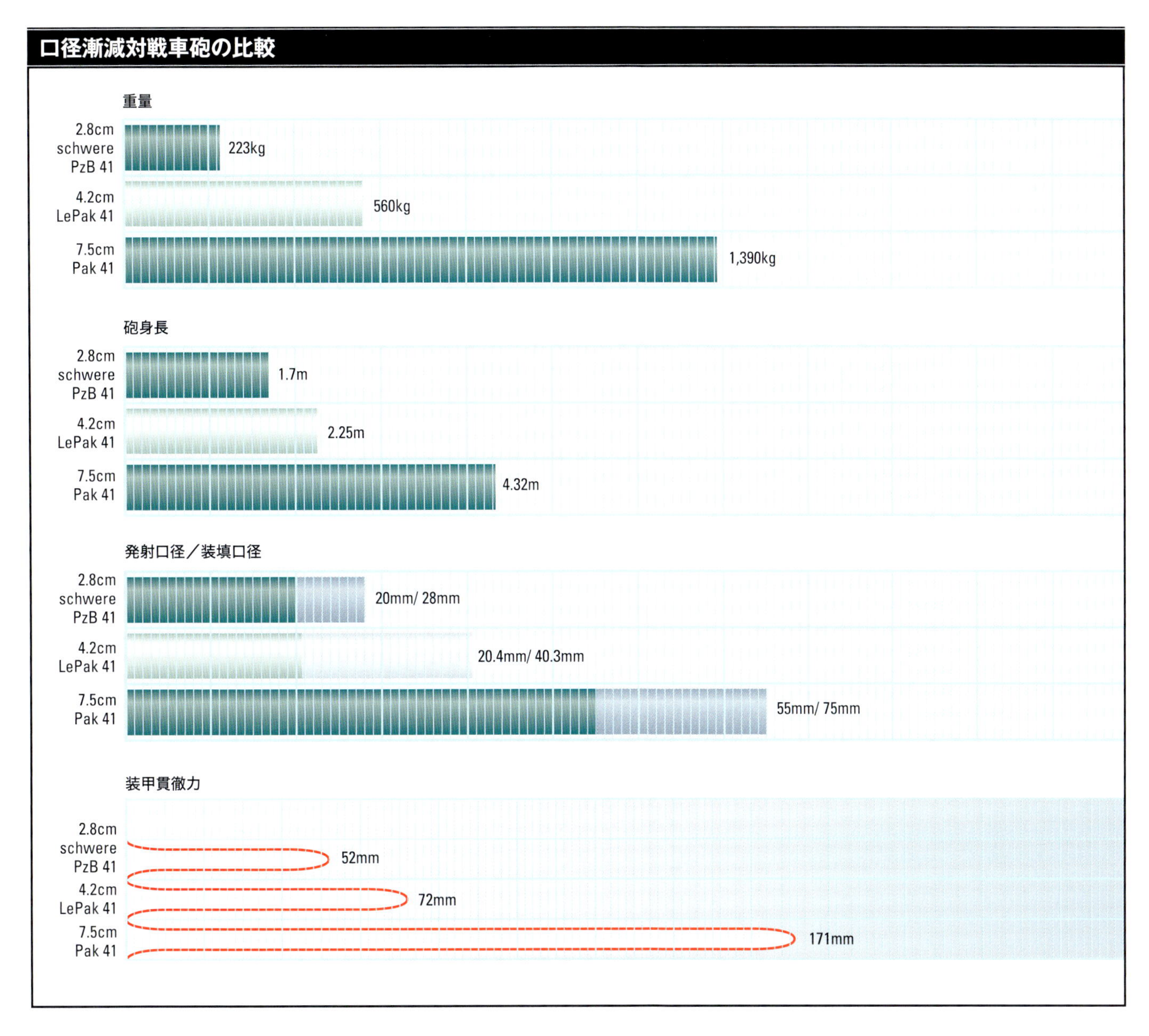

えた。（フランジのついた）砲弾が口径7.5cmの追加部分に装填され、2つの漸減部分を通過して口径5.5cmの砲口から射出されるというものである。この方式は、主として装備輸送の点でメリットがあったが、ライフリングが無く漸減する部分のみひどく摩耗した。むろん、このシステムの大きな欠点である。

砲弾は、砲身の主要部では簡単ならせん状のエリによって密着するようになっていた。つまり、戦場で特別な道具なしに部品を交換できるのである。よく知られているように、7.5cm PaK41は初速1,125m/sで2.6kgのタングステン弾を発射し、2,000m圏内なら（どの戦車の装甲よりも厚い）125mmの装甲を貫通できた。この砲はもともとティーガー戦車用に設計された兵器であった。

口径漸減銃や口径漸減砲は戦場において疑いなく優れた兵器であったが、その威力を発揮するには、弾芯にタングステンを用いた弾が必要であった。当時のドイツではタングステンは供給が不足していたうえ、工作機械を作る切削工具の部品としての需要が大きかった。

結局、製造業のほうが優先され、口径漸減銃と口径漸減砲は運用から外されて廃棄された。戦争終結まで残ったものはほとんどない。その代わり、ラインメタル社とクルップ社は従来型より大口径の対戦車砲を提案した。これは12.8cm PaK44として結実した。

成形炸薬弾

非常に硬い物体が高速度で飛ぶ時の運動エネルギーは、装甲を貫通する手段の1つである。しかし他にも方法はあった。成形炸薬弾である。内部に金属製の半球または中空の円錐コーンを有する砲弾で、弾尾からの起爆により炸薬が爆発するとその圧力で金属製のコーンが融解し、超高速（約7,500m/s）のジェット噴流となる。この噴流により装甲に穴を開ける仕組みである。これは1939年ドイツで最初に特殊爆薬として製造され、1940年5月のエバン・エマール要塞への攻撃で初めて実戦使用された。しかし、開発はその間も進められており、同じ原理を用いて大砲用の砲弾を製造する直前まで来ていた。

イギリスとアメリカも独自に研究を進め、かなりの進展を見ていた。一方ソ連は、ドイツから捕獲あるいは盗んだ弾薬をコピーするという非常に簡単な方法で同じ目的を達成した。

ただし、ライフル砲から発射される砲弾を成形炸薬弾にするのには問題があった。飛翔中に直進性を維持するための砲弾の回転がジェット噴流を四散させるため、その効果が薄れるのであった。解決法の1つは安定板で砲弾を安定させることであったが、これはうまく行かなかった。もう1つの解決法は、ロケット花火よろしく、砲弾の後ろに長い柄を取り付けるというものである。

命中精度は約300m以内ならばまずまずであった。弾頭は飛翔中の弾丸の運動エネルギー（もちろん距離が伸びると減少する）に依存しないため、距離にかかわらず威力を発揮し、180mmの装甲を貫通できた。

また、成形炸薬弾頭と単純な固形燃料ロケットモーターを組み合わせて、初期のRPG（ロケット推進式グレネード）となったパンツァーファウストとラケーテンパンツァービュクセ（「パンツァーシュレック」「パンツァーテラー」として知られる）も作られた。これはアメリ

高圧砲・低圧砲比較

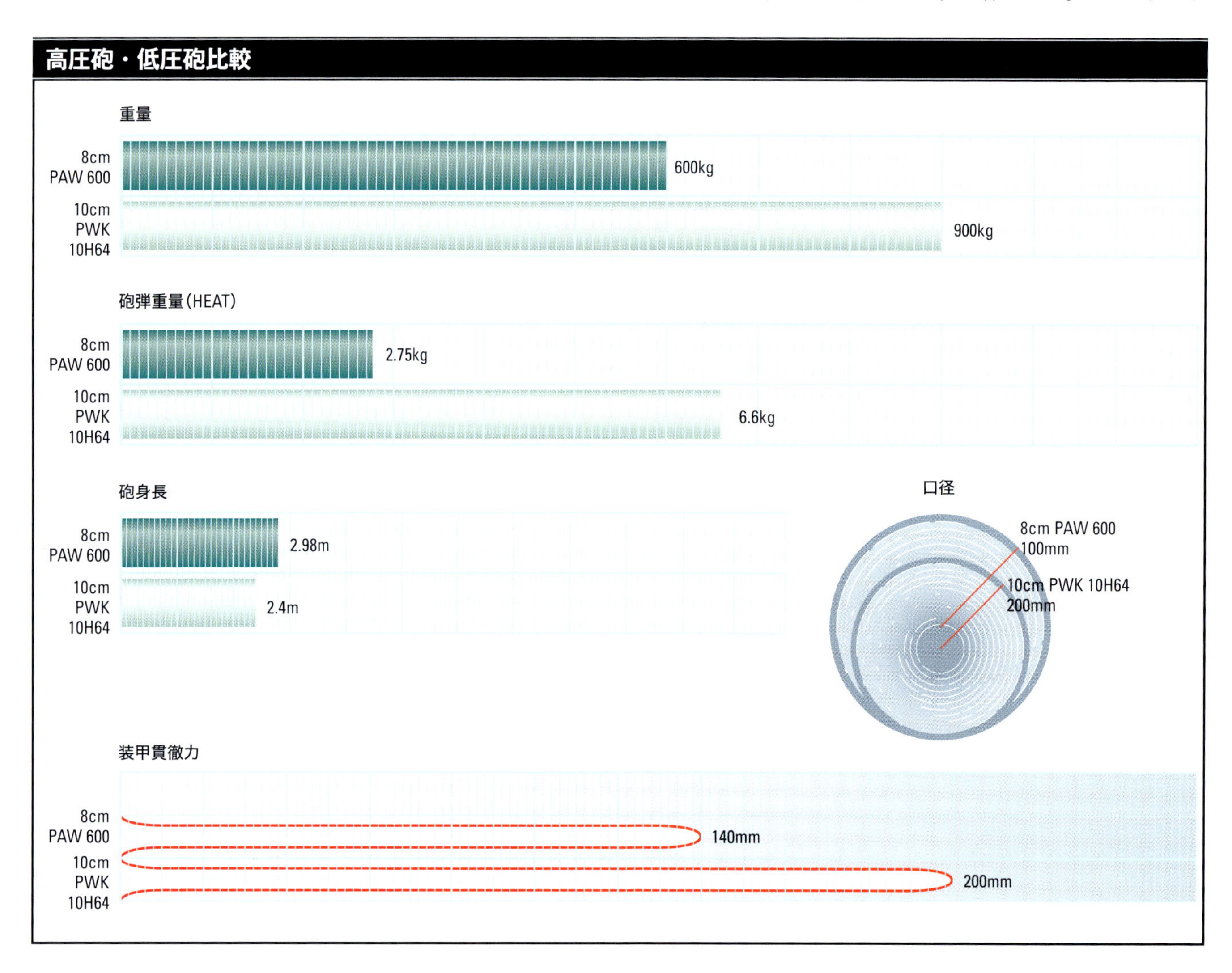

カ軍のロケットランチャーM1をそのままコピーしたもので、ドイツ製の8.8cmロケット弾を用いた。

ルールシュタールX-7「ロートケプヒェン」

戦場で敵軍戦車を仕留めるのに、被弾覚悟の至近距離で撃ち合う（「パンツァーファウスト」と「パンツァーシュレック」の難点であった）よりいくらか優れた方法は、ルールシュタール社によって提案された。前述したように、同社は陸軍兵器局の要求に応じて1944年に「フ

右 通常「プップフェン」と呼ばれた8.8cmラケーテヴェーファー43は、砲ではなくロケットランチャーであった。これは肩掛けのロケットランチャーに取って代わられた。

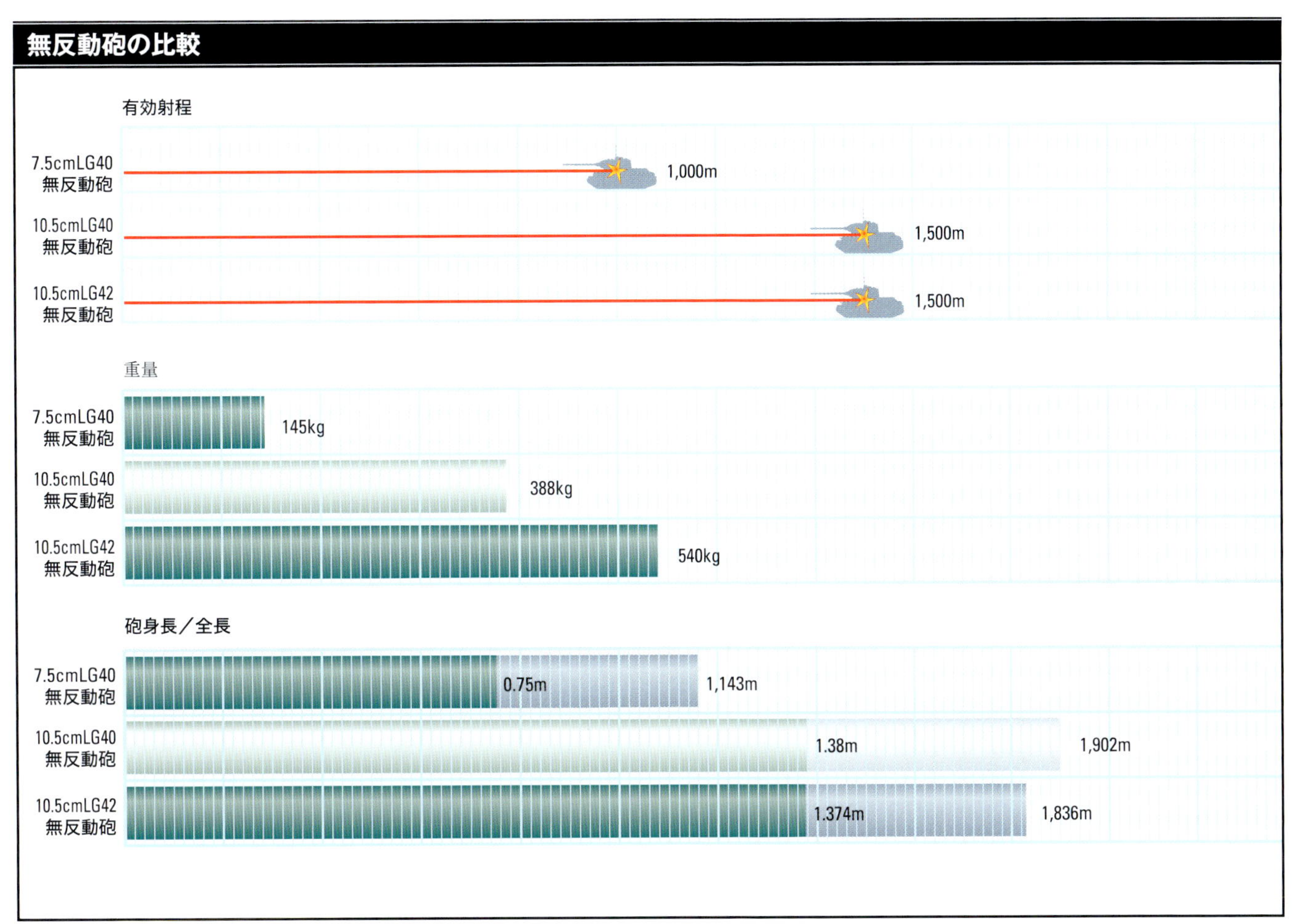

パンツァーファウスト各型式比較

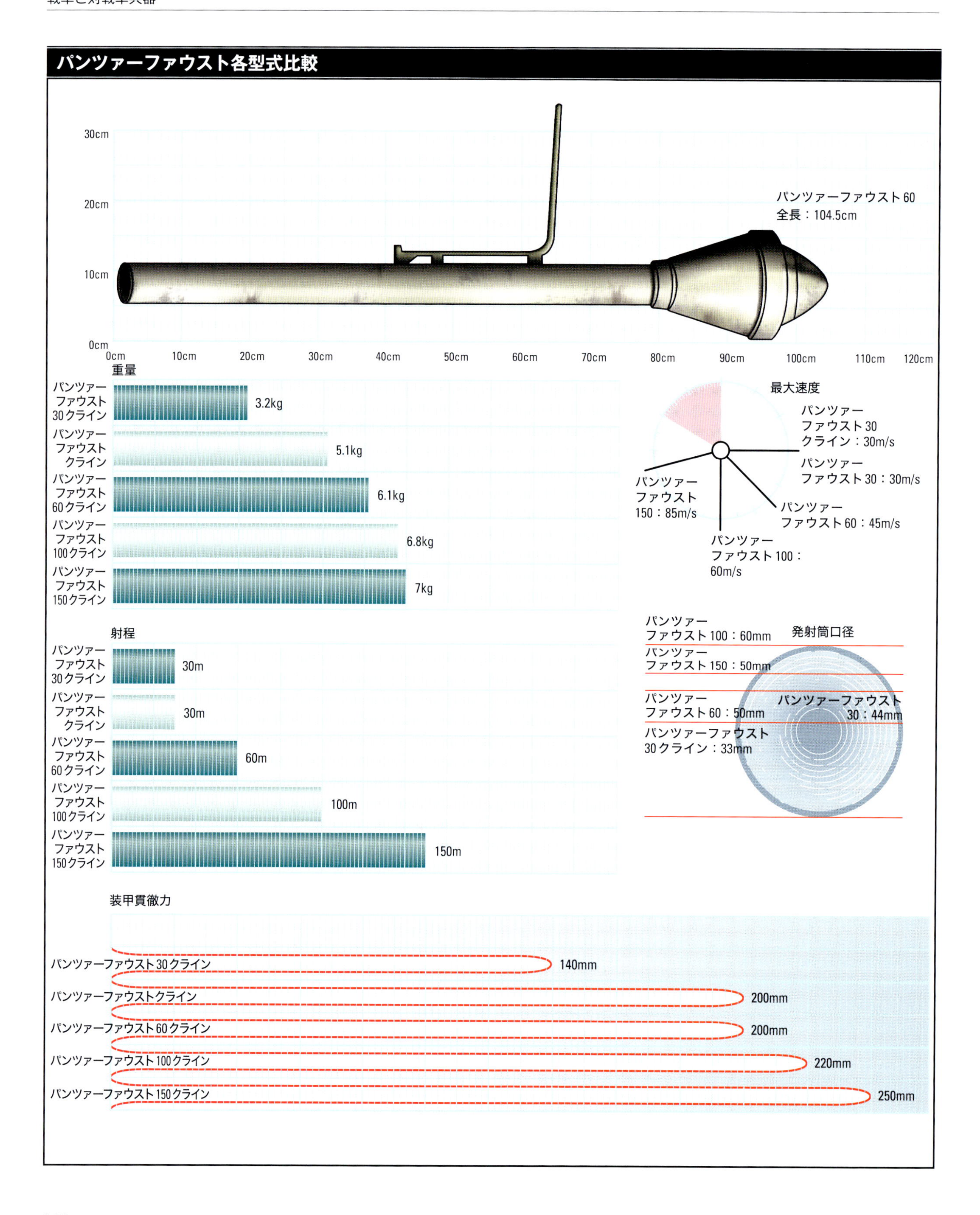

リッツX」誘導爆弾やX-4空対空誘導ミサイルを製造している。

X-7「ロートケプヒェン」(「赤ずきん」)は原理的にX-4AAMと類似の性能を有しており、従来型の高性能爆薬の代わりに成形炸薬2.5kgを積み、コントロールシステムを簡易化したものである。X-4同様、有翼爆弾であり（2枚の翼の端に放物線状のフェアリンガがあり、コントロールワイヤーを巻き付けたものを格納していた)、飛翔中はゆっくりと回転した。

垂直および水平方向の制御は曲線状のアームの端にあるスペード形の翼あるいは安定板が担い、ミサイルが発射されると弾体の後方にワイヤーが引っ張りだされた。ミサイルが回転すると（1秒間1回転)、ピッチとヨーの制御が可能になり、飛翔体が垂直から水平に変化するにつれて、ジャイロスコープスイッチが簡易なスポイラーを作動させる信号を送信した。

X-7の飛翔は、ジグリコール推進薬を同心円状のチューブに詰めたWASAG固体燃料ロケット2基によった。1番目のロケットがミサイル発射後2.5秒で68kgの推力を与え、運行速度360km/hまで増速した。2番目のロケットは速度維持のため8秒間（飛行時間よりも長めにとってある）で5.5kgの推力を与えた。最大射程は約1,200mになる予定であった。

右 パンツァーファウスト30はドイツのロケット推進グレネードランチャーのうち、最も簡易なものであった。最適な射程距離は30mと指示されていた。

下 外見は裏切らなかった。「パンツァーシュレック」はアメリカのバズーカをもとに開発され、同様に有用であった。2種類の型式が製造された。

パンツァーシュレック型式比較

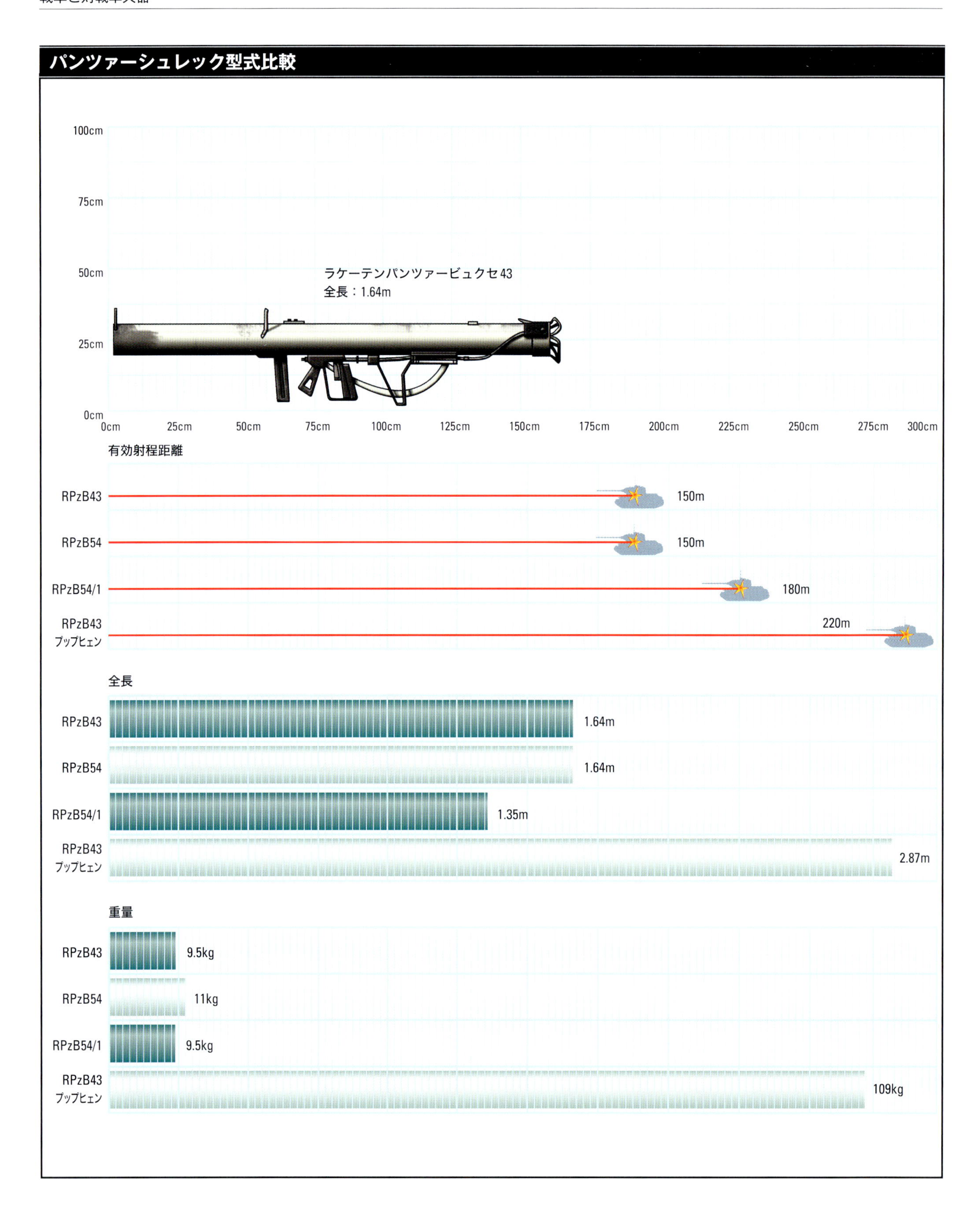

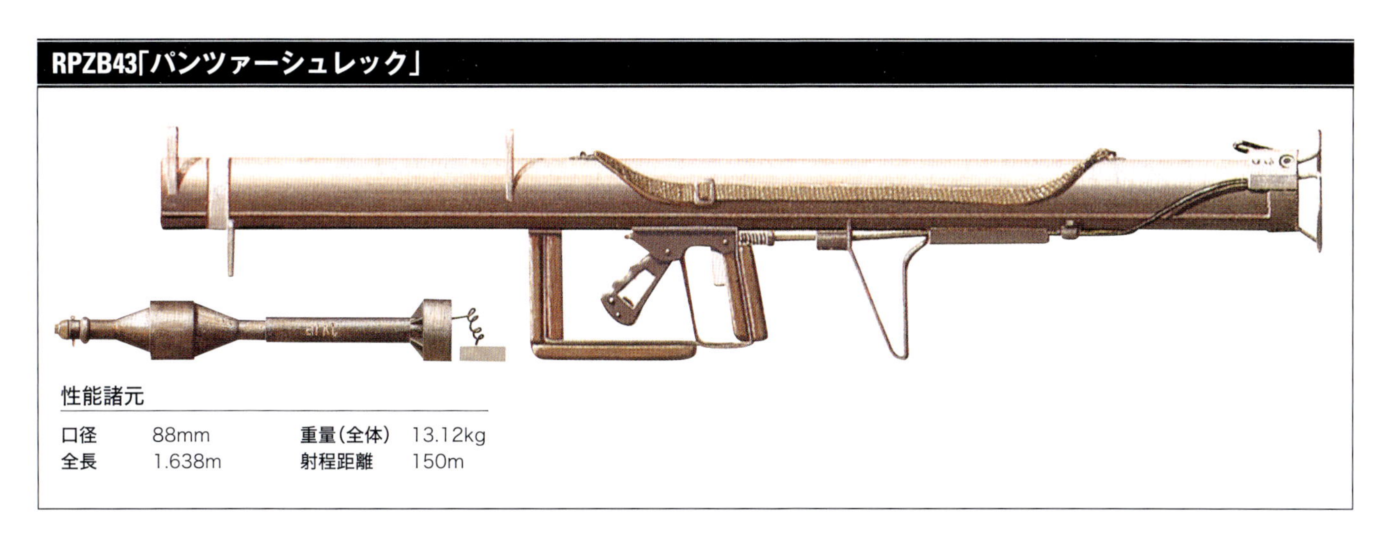

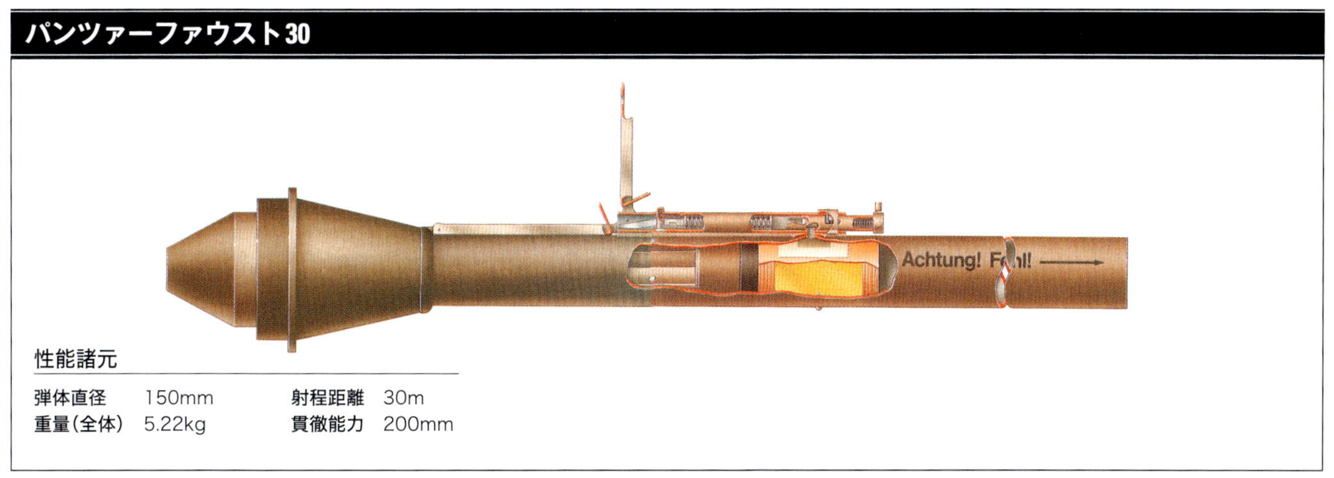

上 ラケーテンパンツァービュクセ43「パンツァーシュレック」、より簡易なパンツァーファウストは、歩兵でさえ戦車を撃破できる兵器であった。

ルールシュタールX-7は累計で数百基が製造され、多くが試験で消費されたと考えられている。しかし1945年の東部戦線で使用されたことを示唆する証拠もある。X-7は申し分なく作動し、至近距離以外では事実上どんな兵器にも耐えうる重戦車JS-1「スターリン」でさえも撃破することができたという非公式な報告もある。

パンツァーファウストとパンツァーシュレック生産数

型式	1943	1944	1945 (1-3月)	合計
ファウストパトローネ	123,900	1,418,300	12,000	1,554,200
パンツァーファウスト 30、60、100、150	227,800	4,120,500	2,351,800	6,700,000
パンツァーシュレック RPzB.54(Dec 1944)、RPzB.54/1(1945)	50,865	238,316	25,744	289,151
パンツァーシュレック弾薬 (RPzB.Gr.4322、4992)	173,000	1,805,400	240,000	2,218,400

11

潜水艦および魚雷

SUBMARINES AND THEIR WEAPONS

第二次世界大戦の半ばまでに、ドイツは（とりわけ総統自身が）大規模な水上艦隊の保有を諦めたが、潜水艦隊に関してはまったく違った。歴戦のUボート乗組員は、Uボートが発展途上であることを認識していたが、一方で潤沢な資金が投入された。しかし、またしても遅すぎた。新世代のUボートが進水した時には、戦争の勝敗はすでに決していたのである。

◀ドイツは、写真の「ビーバー」のような小型潜航艇も建造していた（1944年クリスマス、ロッテルダムから出撃するところ）。

ドイツ空軍が戦前・戦時のドイツでナチス党のお気に入りであったとすれば、クリークスマリーネ（戦闘海軍＝ドイツ海軍）は、様々な理由により明確に嫌われていた。理由のいくつかは歴史的かつ政治的なもので、1920年代に発生したカップ一揆やルール蜂起といった内乱の暗い日々に遡る。しかし直近の根深い要因として、ドイツ海軍の主力艦の貧弱な成果が挙げられる。もう1つ挙げるなら、その貧弱な能力に激怒したヒトラーが、水上艦隊をすべて廃棄処分にせよという命令を実際に下したことである。

例外はカール・デーニッツの素晴らしい指導の下にあった潜水艦隊で、その活躍により、イギリスからアメリカおよび植民地に至る重要な海上交通路を切断寸前まで追い込んでいる。このため、海軍に廻されたわずかな開発予算のうち、大部分が潜水艦隊に費やされた。

下　U-1406は、運用ができる程度に完成した、数少ない17型ヴァルター機関搭載潜水艦の1つである。1945年5月に自沈させられたが、浮揚回収されアメリカへ運ばれた。姉妹艦のU-1407はイギリスへ運ばれた。

魚雷の発展

潜水艦用魚雷として最初に実用化に成功したモデルは、1868年にアングロ＝イタリアン・ホワイトヘッド社で生産されたもので、第一次世界大戦終結時には信頼性と実用性の向上をめざして開発が進められていた。第一次世界大戦中、魚雷は数千の船舶を沈めた（ドイツの潜水艦だけでも、5,556隻に上る船舶を撃沈している）。我々は、個々の成功率（魚雷1発あたりの命中期待値）から、魚雷が第一次世界大戦を通じておそらく最も効果的な兵器であったという思い切った推測をすることができる。

しかしながら、魚雷は比較的単純かつ素朴な兵器である。そのことは魚雷の有効性と相まって、確実にその能力が改善されうることを意味した。魚雷は今後の開発如何によっては、それまでの能力をはるかに超える耐久性と直進性能を発揮する可能性が確かにあった。とはいえ、

XVII B型潜水艦

性能諸元

型式	沿岸防備用潜水艦	全長	41.5m	武装	2×533mm魚雷発射管
排水量	317トン（浮上時）、363トン（潜航時）	潜航速力	21.5ノット	乗員	19名
		潜航時航続力	210km		

上　XVII型潜水艦は、通常型のディーゼルエンジンとヴァルター式密閉サイクルエンジンを搭載していた。これは沿岸作戦用に設計された。

射程を延ばすと、自動追尾システムを有していないため、命中率が低下するのが常であった。一方でドイツの科学者たちが、潜水艦等の音源に向けて魚雷を誘導する「受動的音響ホーミング装置」を1936年までに実際に完成したと信じるに足る理由もある。この兵器は秘密保持のため、生産を差し止められている。

騙（だま）す「foxer」

比較的単純な第1世代の装置は、受動的音響ホーミング誘導装置の有効性から、装備した魚雷の速度をかなり低速に設定したため、ゆっくりと航行する商船のような目標に対しては効果を発揮したが、より高速の戦闘艦艇に対しては有効ではなかった。曳航式の騒音発生器（通称フォクサー。もとは単なる2本の長いパイプ。互いを鎖で緩くつなぎ、絶えずぶつかり合うようにしたもの）でこうした誘導魚雷の追尾を騙すことができたが、1943年9月にはドイツの科学者に見透かされ、対抗策が講じられた。

魚雷の先端部には第2世代の受動的音響ホーミング誘導装置「T5」または「ツァウンケーニッヒ（ミソサザイ）」が取り付けられた。小さな円弧上の感知器が音源を検知、感知器からの信号を受けて誘導装置の補助回路が単純な電磁スイッチを動かし、魚雷の操縦用舵を作動させる仕組みである。発射された魚雷は、広範囲に確実に敵を捕捉するため、一定の間（魚雷が半円形の経路を描くに十分な時間）、右への旋回運動を行う。その後運動を止めたのちに再度右への旋回運動に入るように設定されていた。こうしたやり方で目標艦が曳航する騒音発生器を回避し、目標艦のスクリュー音に向かって魚雷を誘導したのである。目標艦がエンジンを停止した場合、魚雷は右への旋回運動を再開し、音源を捜索した。

魚雷が描く半円形の軌道の直径は、発射する船の長さと魚雷が航走した距離を合わせたよりも小さかった。発射後一定の時間は感知器を作動させないように設定されているため、目標艦の横方向から発射する必要があった。約700本のT5魚雷が実戦で目標に対して発射され、そのうち77本（11％）が命中している。なお、アメリカ海軍は同様の装置を持つマーク27魚雷を1944年に導入し、戦争終結までに実戦で106本を発射し、33本を命中させている（31％）。

命中率を上げるもう一つの方法は、発射後に一定距離を進んだ後、発射前に設定された、いくつかのコースに誘導する自動操舵装置を組み込むというものであった。これは、護送船団の大まかな位置に向けて魚雷を発射し、その船団の中で魚雷が転舵を繰り返し、ある意味偶然に目標船に命中することを期待したものであった。

最初に開発され実戦に使用されたバネ装置魚雷〔FaT。事前に設定されたパターンに沿って航走する魚雷で、そのパターンが発条のような軌跡をとるためこの名称になった〕の成功率だけでなく、それをより精密化した後継機種の位置独立魚雷（最大50mの深度から発射することができた）〔LuT。FaTの改良型で、FaTが船団に対しある一定の位置からしか射出できなかったのに対し、この制限から解放されていた〕の成功率も一緒に記録されていたと思われる。

後期型のUボート（XXI型）は艦首

XXI型潜水艦

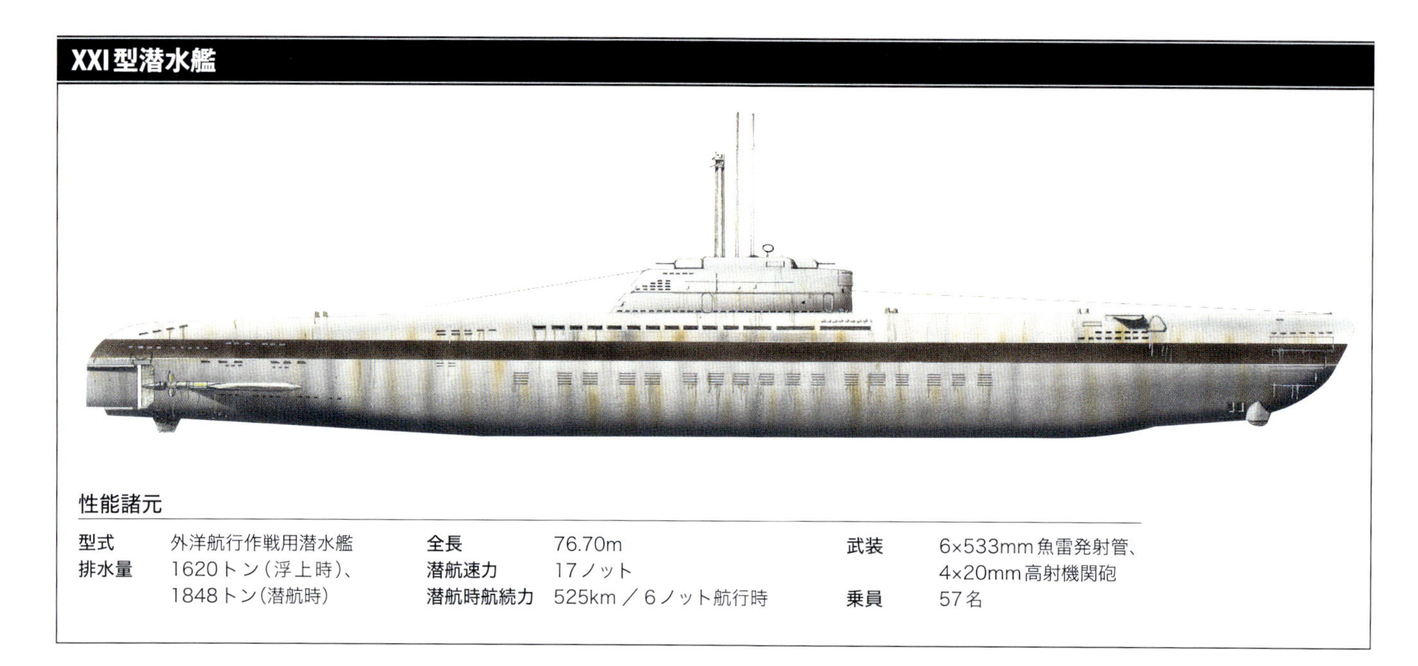

性能諸元

型式	外洋航行作戦用潜水艦	全長	76.70m	武装	6×533mm魚雷発射管、4×20mm高射機関砲
排水量	1620トン（浮上時）、1848トン（潜航時）	潜航速力	17ノット	乗員	57名
		潜航時航続力	525km／6ノット航行時		

上　XXI型潜水艦は排水量1600トン以上の海洋型潜水艦であり、当時の小型駆逐艦くらいの大きさであった。

下：もう1つの電動潜水艦はXXIII型潜水艦で、これも沿岸作戦用とされた。

前方の10度の円弧部分をカバーするように配列された6門の前部発射管を有しており、6門の魚雷を斉射すると目標をとらえる確率がさらに高くなった。滑空爆弾と誘導ミサイルに適用された同じ誘導方式を魚雷に適用したことは明らかであるが、むろんミサイルの弾道を正確に追跡するほうがより困難である。少なくともこの実験計画が開始されなかったことは、不可解である。もっとも、ドイツ海軍の独創的な潜水艦戦の教官であったヴェルナー・フュアブリンガーは次のように示唆している。

魚雷に代わる実行可能な攻撃手段は、接近してくる敵の経路に機雷を設置することである（特にゆっくりと移動してい

XXIII型潜水艦

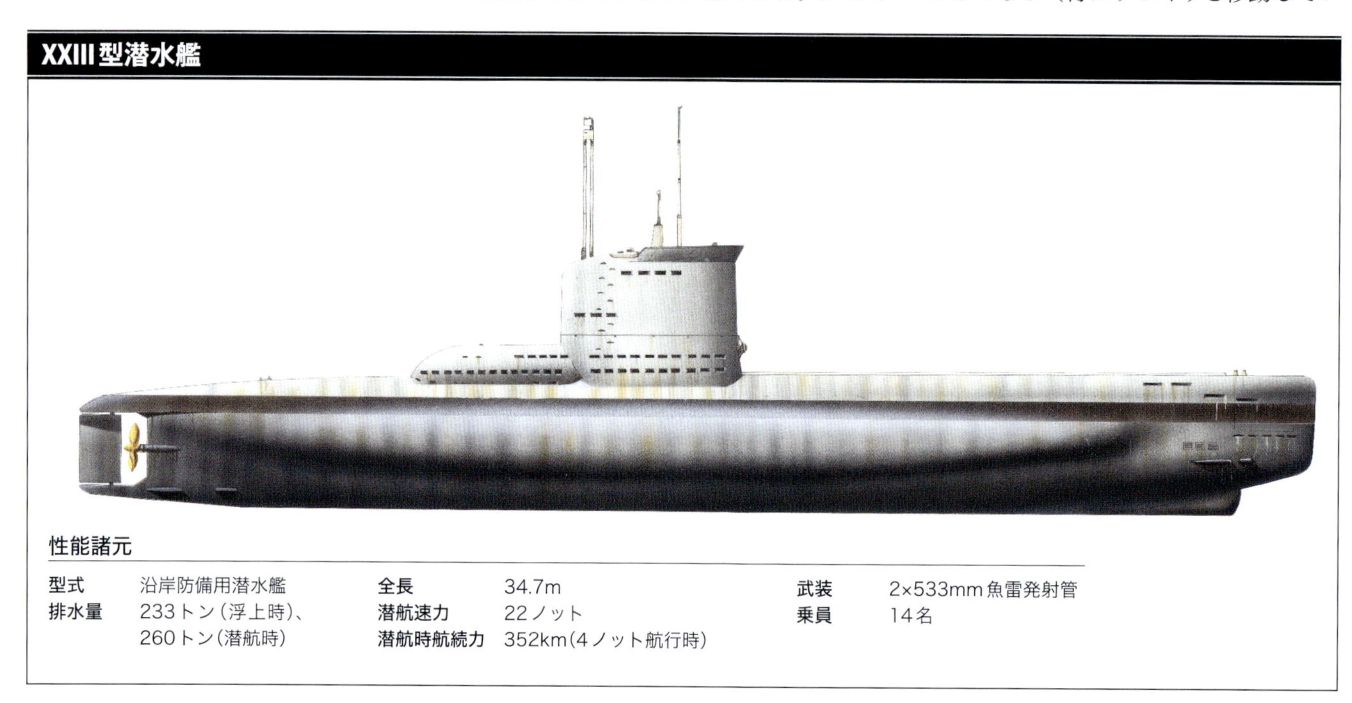

性能諸元

型式	沿岸防備用潜水艦	全長	34.7m	武装	2×533mm魚雷発射管
排水量	233トン（浮上時）、260トン（潜航時）	潜航速力	22ノット	乗員	14名
		潜航時航続力	352km（4ノット航行時）		

上　XXI型潜水艦の司令塔の頂部（開口部）。折りたたみ式の無線アンテナと格納された対空機関砲に注目。

る護送船団の場合）。そして様々な潜水艦射出型機雷が開発された。魚雷発射管射出可能機雷（TMA）には215kgの炸薬が充填されていた。これは繋維式で、繋留装置に鎖等で取り付けられた機雷自体は所定の水深で浮かぶようになっていた。他方、沈底機雷はより浅い水域の海底に設置された。この潜水艦発射用沈底機雷には大小2種があった。重量500kgのTMBと1,000kgのTMCである。これら3種類の機雷すべてが標準的な533mm魚雷発射管で射出展開できた。信管は、遠隔操作信管、磁気信管あるいは音響信管等を選択することができた。

潜水艦の新世代

戦間期における潜水艦の原理に関する進展は微々たるもので、例外は一時流行したサドルタンクの設計ぐらいである。浮力を担うバラストタンクを耐圧殻の外側に張り付けるというもので、耐航性と性能向上のために軽量な材料で耐圧殻を覆っていた。1930年代後半のドイツでは、ひたすら既存型艦艇の大型化と耐久性の向上を目指して開発が行われたため、抜本的な設計の変更は行われなかった。それでも1941年には、大気中の酸素を必要としない、新しい推進機関を搭載した実験用潜水艦が建造され、その性能向上が顕著であることが証明された。この新しい推進機関は、あまたの発明で知られる、ヘルムート・ヴァルターによって産み出された。

ヴァルターは小型の実験潜水艇V80を建造し、1940年1月19日に進水させている（水没時排水量73.8トン）。彼はこの潜水艇に蒸気タービンを搭載した。これはV1飛行爆弾用発射カタパルトで使用した液体燃料エンジンの派生型で動くようになっており、エンジンは過酸化水素と触媒の化学反応により蒸気を発生させた。この潜水艇は水中速度で約30ノットに達した。これは、蓄電池で航走する通常動力型潜水艦の約3倍であった。ヴァルターはこの成果をもって、ドイツ海軍に同じ動力を搭載した戦闘用潜水艦による艦隊の構築を提案した。

ヴァルターは、海軍側から潜水艦に必要な大量の燃料と化学薬品をいかに格納するのかと尋ねられた際、それ自体が事実上既存の複殻式艦体であるものを2つ、8の字のように上下につなげた2層式の甲板を持つ潜水艦の設計を提出した。下部の艦体は事実上、燃料貯蔵庫としてのみ機能するわけである。なお、この提案が出された会議の議事録には、この下部艦体に燃料と薬品を貯蔵する代わりに蓄電池を搭載したほうが良いのではないかと記録されている。

エレクトロボート

どのような方式を採用するにせよ、戦争が長びくにつれ、Uボートが水上航走

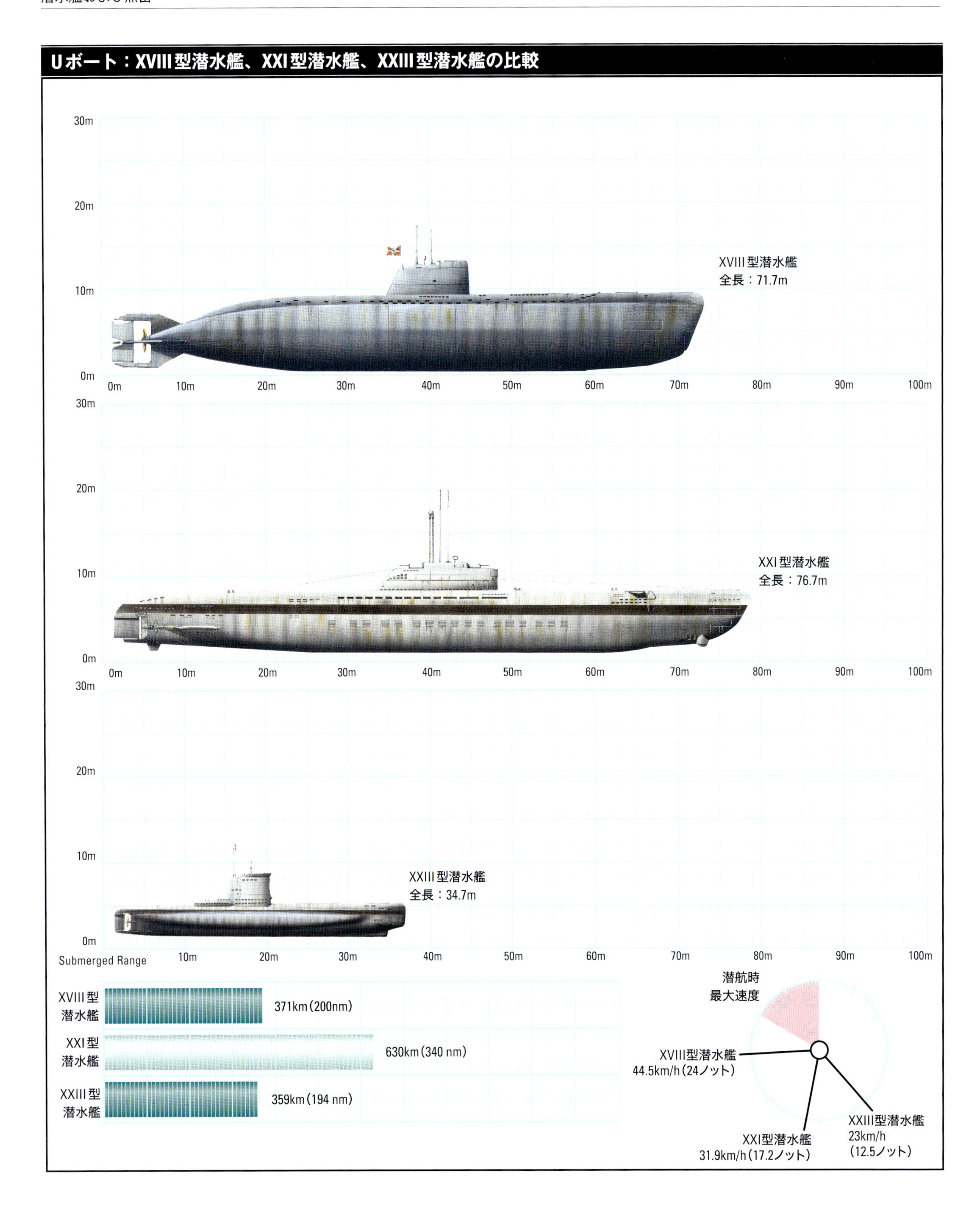
Uボート：XVIII型潜水艦、XXI型潜水艦、XXIII型潜水艦の比較
30m
20m
10m
0m
0m
10m
20m
30m
40m
50m
60m
70m
80m
90m
100m
XVIII型潜水艦
全長：71.7m
XXI型潜水艦
全長：76.7m
XXIII型潜水艦
全長：34.7m
Submerged Range
XVIII型
潜水艦
371km (200nm)
XXI型
潜水艦
630km (340 nm)
XXIII型
潜水艦
359km (194 nm)
潜航時
最大速度
XVIII型潜水艦
44.5km/h (24ノット)
XXI型潜水艦
31.9km/h (17.2ノット)
XXIII型潜水艦
23km/h
(12.5ノット)

XXIII型潜水艦作戦記録：Key潜水艦(第11Uボート戦隊)				
艦名	就役年月日	戦隊就役期間	哨戒任務と戦果	その最後の状態
U-2321	1944年6月12日	1945年2月1日-5月8日	哨戒任務1回、1隻撃沈：総トン数1,406トン	ノルウェー・クリスチアンサント・サッドにて降伏、1945年5月29日、デッドライト作戦(捕獲潜水艦海没処分)によりスコットランド・ライアン入り江に曳航、1945年11月27日艦砲により沈没
U-2322	1944年7月1日	1945年2月1日-5月8日	哨戒任務2回、1隻撃沈：総トン数1,317トン	ノルウェー・スタンバンゲルにて降伏、1945年5月31日デッドライト作戦によりスコットランド・ライアン入り江に曳航、1945年11月27日艦砲により沈没
U-2324	1944年7月25日	1945年2月1日-5月8日	哨戒任務2回	ノルウェー・スタンバンゲルにて降伏、1945年5月29日デッドライト作戦によりスコットランド・ライアン入り江に曳航、1945年11月27日艦砲により沈没
U-2325	1944年8月3日	1945年2月1日-5月8日	哨戒任務なし	ノルウェー・クリスチアンサント・サッドにて降伏、1945年5月29日、デッドライト作戦によりスコットランド・ライアン入り江に曳航、1945年11月28日艦砲により沈没
U-2326	1944年8月10日	1945年2月1日-5月8日	哨戒任務2回	1945年5月14日、スコットランド・ダンデーにて降伏、イギリス潜水艦N35となる。1946年、フランスに譲渡され、1946年12月6日、ツーロンで事故のため沈没。引き上げの後、解体。
U-2328	1944年8月25日	1945年4月1日-5月8日	哨戒任務なし	ノルウェー・ベルゲンにて降伏、1945年5月30日デッドライト作戦によりスコットランド・ライアン入り江に曳航、1945年11月27日、注水及び船底爆破により沈没
U-2329	1944年9月1日	1945年3月15日-5月8日	哨戒任務1回	ノルウェー・スタヴァンゲルにて降伏、1945年5月30日デッドライト作戦によりスコットランド・ライアン入り江に曳航、1945年11月28日、艦砲により沈没。
U-2330	1944年9月7日	1945年3月16日-5月3日	哨戒任務無し	カール軍港にて1945年5月3日、自沈
U-2334	1944年9月21日	1945年4月1日-5月8日	哨戒任務無し	ノルウェー・クリスチアンサント・サッドにて降伏、1945年5月29日、デッドライト作戦によりスコットランド・ライアン入り江に曳航、1945年11月28日艦砲により沈没
U-2335	1944年9月27日	1945年4月1日-5月8日	哨戒任務無し	ノルウェー・クリスチアンサント・サッドにて降伏、1945年5月29日、デッドライト作戦によりスコットランド・ライアン入り江に曳航、1945年11月28日艦砲により沈没

を続けることはますます困難になっていた。それは夜間でも変わらなかった。イギリス空軍とアメリカ陸軍航空軍が仕掛ける対潜哨戒が有効性を増していたからである。もし各艦長が戦争を有効に遂行しようとするなら、より長く潜水でき、水中で良好に機能するUボートが配備されるべきであった。そして新しいUボートの開発は、大部分がこの線に沿って行われた。

こうしてヴァルター機関を搭載した潜水艦が多数建造された。少なくとも戦争終結時には多数が建造中であった。ハンブルク湾で自沈後、引き揚げに成功した2隻のXVII型潜水艦は、その後アメリカ海軍とイギリス海軍に譲渡された。両海軍はこの潜水艦を試験的に運用したが、ヴァルター機関は膨大な量の風変わりな燃料を必要とし、取り扱いは困難を極めた。ヴァルター潜水艦の建造は、その機が熟すに足る時間があれば艦長たちの悩みを有効に解決したであろう。しかし、そのような時間はドイツ海軍にはなかった。

XXI型潜水艦およびXXIII型潜水艦

ヴァルター博士が提案した潜水艦の2層構造船体の下部甲板に蓄電池を設置するという、会議での即席の発言は、広範囲に及ぶ影響をもたらし、2種類の潜水艦を建造することになった。航洋作戦用のXXI型潜水艦と、これよりも小型の沿岸作戦用のXXIII型潜水艦である。これらの潜水艦は実際に水中速力が水上速力を上回った。ただし、このような能力を有する潜水艦はこの2種類が最初ではなかった。第一次世界大戦が終結する頃、イギリスは「潜水艦攻撃用」潜水艦として「R」級潜水艦を建造した。この潜水艦はより大型の「J」級潜水艦が搭載している220ボルト蓄電池を搭載し、これと最も早期に導入した紡錘形式の艦体を組み合わせ、水上速度9.5ノット、水中速度15ノットを実現した。このクラスは操縦が難しいことが明らかになり、「R4」が1930年代初めまで現役にとど

上　ビーバーは3番目の1人乗り小型潜航艇であった。この潜水艇は陸上輸送または特別改修を受けた潜水母艦よる輸送が可能で、1944～45年にかけてかなりの成功を収めた。

まったものの、その他は早期に退役させられた。

2種類のドイツの戦闘用潜水艦はその性格がかなり異なっている。XXIII型潜水艦はその大きさゆえ、あくまでも沿岸での局地作戦用であった。水上排水量233トン、全長34.7m、幅3mで、乗員はわずかに14名であった。戦闘艦として最大の弱点は、武装が2門の艦首発射管に事前に装填された2発の533mm魚雷のみで、再装填用の魚雷を搭載していなかったことである。約500隻がドイツ国内のキールとハンブルク、フランスのトゥーロン、イタリアのジェノバとモンテファルコーネおよびロシアのニコライエフで建造される予定であった。しかし、国外の造船所が建造を終える前にドイツ陸軍が占領地を奪還されたため、進水が行われたのはドイツ国内のドイチェ・ヴェアフト社とゲルマニアヴェアフト社の造船所だけであった。

最初のXXIII型であるU-2321はハンブルクで1944年4月17日に進水し、同型は戦争終結までに計63隻が竣工している。ただ、XXIII型は就役時期が遅かったという問題があったため、1945年の3月から5月までの10回の作戦哨戒にしか出撃できなかった。この時、6隻の商船を撃沈しているが、うち2隻がU-2336によるもので、スコットランド沖で5月7日に撃沈している。そしてこれがUボートの最後の戦果となった。

XXIII型は推進機関として2基の電動モーターを搭載し、大容量蓄電池または580bhpのMWMディーゼルエンジン1基により駆動された。主電動モーターの出力は580shpで、水中速度22ノットを発揮した。第2の「静粛潜航用低速用」電動モーターはきわめて静粛で、出力35shpで5ノットを発揮した。従電動モーターのみを使用する場合、4ノットで

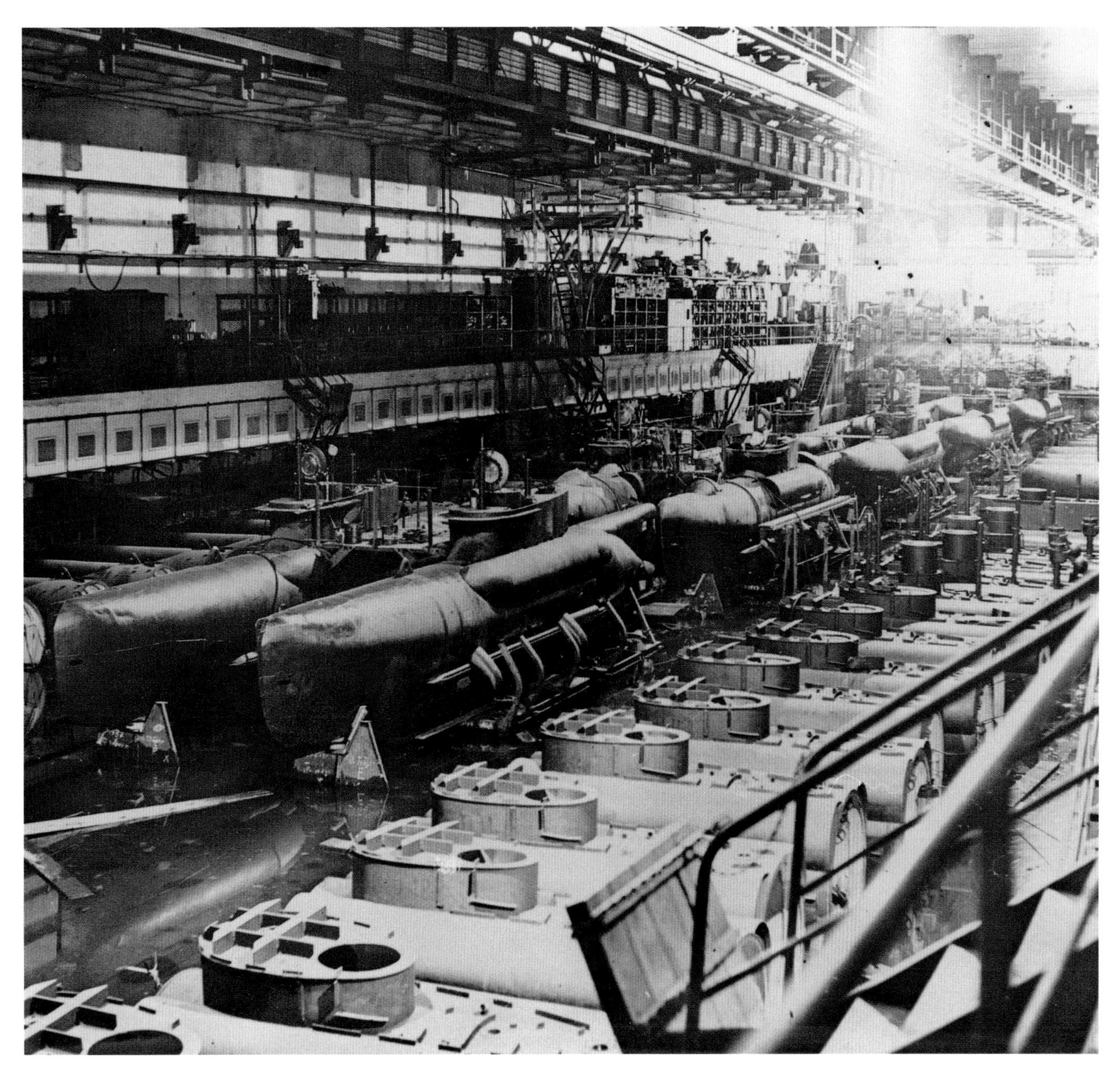

40時間の潜航が可能であった。大型のXXI型潜水艦同様、流線型の外観を有し、外部の突起物等は、艦体を覆う覆いの中に入れられるか、取り外された。

XXI型潜水艦は、XXIII型潜水艦より複雑なつくりであった。全長は76.7m、幅6.6mで、水上排水量は1,620トン。艦首に6門の魚雷発射管を装備し、総計23本の魚雷を搭載していた（さらに30㎜対空機関砲4門を搭載する予定であったが、代わりに20㎜連装機関砲を搭載した）。

XXI型潜水艦は沿岸用潜水艦と同じく複殻式の船体を持ち、その骨組みは耐圧殻の外側に装着された。耐圧殻はいくつかのモジュールで構成され、前もって作られたモジュールを船台の上で組み立てる工法がとられた。推進機関はもちろん、非常に強力なものであった。マン社製1,000bhpディーゼルエンジン2基で、各々1本の推進軸を21,250shp主電動モーター2基または57shp従静粛潜航用低速電動モーター2基を介して動かした。

上　第二次世界大戦時ドイツの最良の小型潜航艇は、2人乗り、排水量15.2トンの「ゼーフント（アザラシ）」である。この小型潜水艇のみが、単独で作戦を遂行する能力を有していた。

水上速力は15.5ノット、主電動モーターを使用した場合の水中速度は17ノット以上、静粛潜航用低速電動モーター使用の場合は5ノットであった。

約700隻のXXI型潜水艦の建造が計画され、ハンブルクのブローム・ウント・フォス社、ブレーメンのデシマーグ社およびダンツィヒ（現グダニスク）のシーシャウ社で建造された。しかし実際に就役したのは121隻のみであった。これ以外は多数が進水前に船台上で爆撃され、その他相当数の建造艦は戦争終結時点で未完成であった。これらのうち何隻かはすでに就役した潜水艦とともにソ連に曳航され、完成作業を経て、長期間にわたってソ連海軍の潜水艦戦力の骨幹となった。ソ連はまさしく貪欲にドイツの潜水艦を収集した。彼らは、未完成のドイツ空母グラーフ・ツェッペリンの格納庫にUボートの船殻部分をぎっしり詰め込み、バルト海を通ってレニングラードまで曳航しようとした。しかし、グラーフ・ツェッペリンは曳航途中にフィンランド湾で機雷に触れ、沈んでしまった。

XXI型潜水艦は2隻のみが出港し、作戦哨戒に向かったが、戦果はなかった。潜水艦作戦の進歩においてXXI型潜水艦とXXIII型潜水艦が果たした役割は、どれだけ誇張しても、しすぎることはない。これら潜水艦は、世界の海軍に潜水艦に対する認識を変えたのである。また、そのデザインは、のちに「涙滴型」が考案されるまで、世界中の潜水艦設計に反映されたのである。

シュノーケル装置

潜水中の潜水艦のエンジンを駆動させ続けるもう一つの方法があった。それはもちろん、空気管を使って吸排気を行うことである。この方法は明白な解決策に見えるかもしれない。事実、創成期の潜水艦はこの方法を適用していた。しかし、5ノット程度で航行する大型潜水艦では、海面がきわめて凪いでいるときを除き、作戦時に吸排気管を使用して潜航を維持することは困難であった。

しかしながら、1936年頃、実用上の問題はほとんど解決された。それも意外なことに、オランダで、である。ドイツ陸軍が1940年5月にオランダに侵攻した際、潜水艦に取り付けられた機能的で伸縮可能な導入マスト（吸排気管として適切に認識されていた）の実物が無傷で捕獲されたのである。が、これが模倣されることはなかった。ドイツ海軍はオランダ潜水艦を作戦に投入する際、この装置を取り外しているのである。

ドイツの潜水艦長の方針は可能な限り水上で行動することであった。水中行動は危険な状況からの脱出時か、危険度が高い攻撃の時だけとされていた。それゆえ潜水艦長たちは、少なくとも1943年の「ドイツ潜水艦の暗黒の日々」までは吸排気管を使うことはなかった。この頃、Uボートは連合国の対潜哨戒のために恒常的に潜航を強いられていた。このため、オランダの吸排気管開発の成果を取り入れるべく研究計画が開始されたのである。

ドイツの潜水艦で最初にシュノーケル（吸排気管）を装備したのはU-264と思われるが、同艦は1944年2月、シュノーケルを初めて使う航海中に失われた。

一部の専門家は、この第1世代のシュノーケルによって多くの問題が解決されたが、それと同じくらい多くの問題が生じたという。とはいえ、シュノーケルの搭載は、ディーゼルエンジンを駆動したまま水中航行し続けるという第一の目標を達成したのである。たとえ扱いにくかろうとも、時々艦橋で行う監視任務が習慣となっている乗組員に不評であろうとも、である。

U-264の損失が示すように、シュノーケルの使用は、非常に危険なこともあった。〔水没時に吸気管を閉鎖する〕へ

「マーダー」装備の潜水戦隊の戦果

日付	場所	戦果
1944年8月3日	ノルマンディーのウルガット362K潜水戦隊 *	撃沈：海軍トロール船ゲイルセイ／戦車揚陸艦LCT764／リバティ船サムターキー7,335トン／軽巡ダーバン、魚雷による損傷後、完全喪失を宣言され、マルベリー港の防波堤として沈められた 損傷：軍隊輸送船フォート・ラク・ラ・ルージ／軍隊輸送船サムロング
1944年8月15日	ノルマンディーのヴィレ・シュル・メール363K潜水戦隊	撃沈：弾薬運搬船8,128トン
1944年8月16日	ノルマンディーのマルベリー港363K潜水戦隊 **	撃沈：駆逐艦アイシス／上陸用舟艇、LCF1、LCG831、LCG1062のいずれか、70人喪失ー貨物船イデスレイ、この船は損傷し、8月9日に海岸に乗り上げ、完全喪失 損傷：阻塞気球船フラットン

* この作戦に参加した52隻のマーダーのうち、17隻のみ帰還
** この作戦に参加した42隻のマーダーのうち、17隻のみ帰還
363、364K潜水戦隊（マーダー）は1944年末から45年にイタリアのリビエラから作戦したが大きな損害を被り、成功を収めなかった。

右ページ：伸縮可能な誘導マストすなわちシュノーケルチューブ。自己調整バルブという非常に独創的なアイデアが採用されており、潜水艦に大量の海水が吸い込まれないように迅速に作動した。これを発明したのはオランダ人で、1936年頃のことである。

ッドバルブ（吸気管先端のU字型部分の末端にある簡易の球状バルブ）が容易に水没し、そのまま航行すると水中で脱落してシュノーケルからの吸気が止まり、ディーゼルエンジンが艦内の空気を吸引してしまうことがあった。こうなると、エンジンを停止させて艦内の気圧を極度に低下させてしまうのであった。

左　「マーダー（テン）」小型潜水艦。クレーンによって水面に下ろされているところ。同艦は弾頭部に乗員区画がある1本の魚雷にすぎなかった。

下　「モルヒ（いもり）」は「マーダー」よりもやや複雑であった。2本の魚雷を下部に装着し、約400隻が作られた。

小型潜航艇と人間操縦魚雷（親子魚雷）

完全な成功例がほとんどないにもかかわらず、ドイツ海軍の小型潜水艇開発計画が拡大されていったことは少々驚きである。少なくとも、1943年以降に6種類の小型潜航艇が相当数――まずまちがいなく1,500隻以上が生産されているのである（潜水艇計画ではイギリスやイタリア、とりわけ日本に遅れをとっていたのにもかかわらず）。最初の潜水艇は、より正確に表現するなら半潜航艇というべきもので、かろうじて冠水しているものの、水上を航走するタイプであった。乗員は司令塔と覚しき部分から透明カバー越しに艦外を観測できるようになっていた。この最初に建造された潜航艇は「ヘヒト（カワカマス）」の名で知られているが、蓄電池とモーターで推進する、分離弾頭付きの人間魚雷と大差なかった。その発展型である「ネガー（黒人）」はガソリンエンジンと吊り下げ式の魚雷を

小型潜航艇タイプ別比較表

型	排水量	航続距離	乗員	武装
ビーバー	6.4トン（水上） 6.6トン（水中）	水上11.1km/h（6ノット）で240.9km（130海里）水中9.3km/h（5ノット）で15.9km（8.6海里）	1	2×53.3cm魚雷 または機雷2
モルヒ	11.2トン（水中）	水上7.4km/h（4ノット）で92.7km（50海里）水中9.3km/h（5ノット）で74.1km（40海里）	1	2×53.3cm魚雷 または機雷2
ヘヒト	12.2トン（水中）	水上5.6km/h（3ノット）で144.6km（78海里）水中11.1km/h（6ノット）で74.1km（40海里）	3	1×53.3cm魚雷 または機雷1
ゼーフント	14.9トン	水上13km/h（7ノット）で556km（300海里）水中5.6km/h（3ノット）で116.8km（63海里）	1	2×53.3cm魚雷 または機雷2

各小型潜航艇比較表

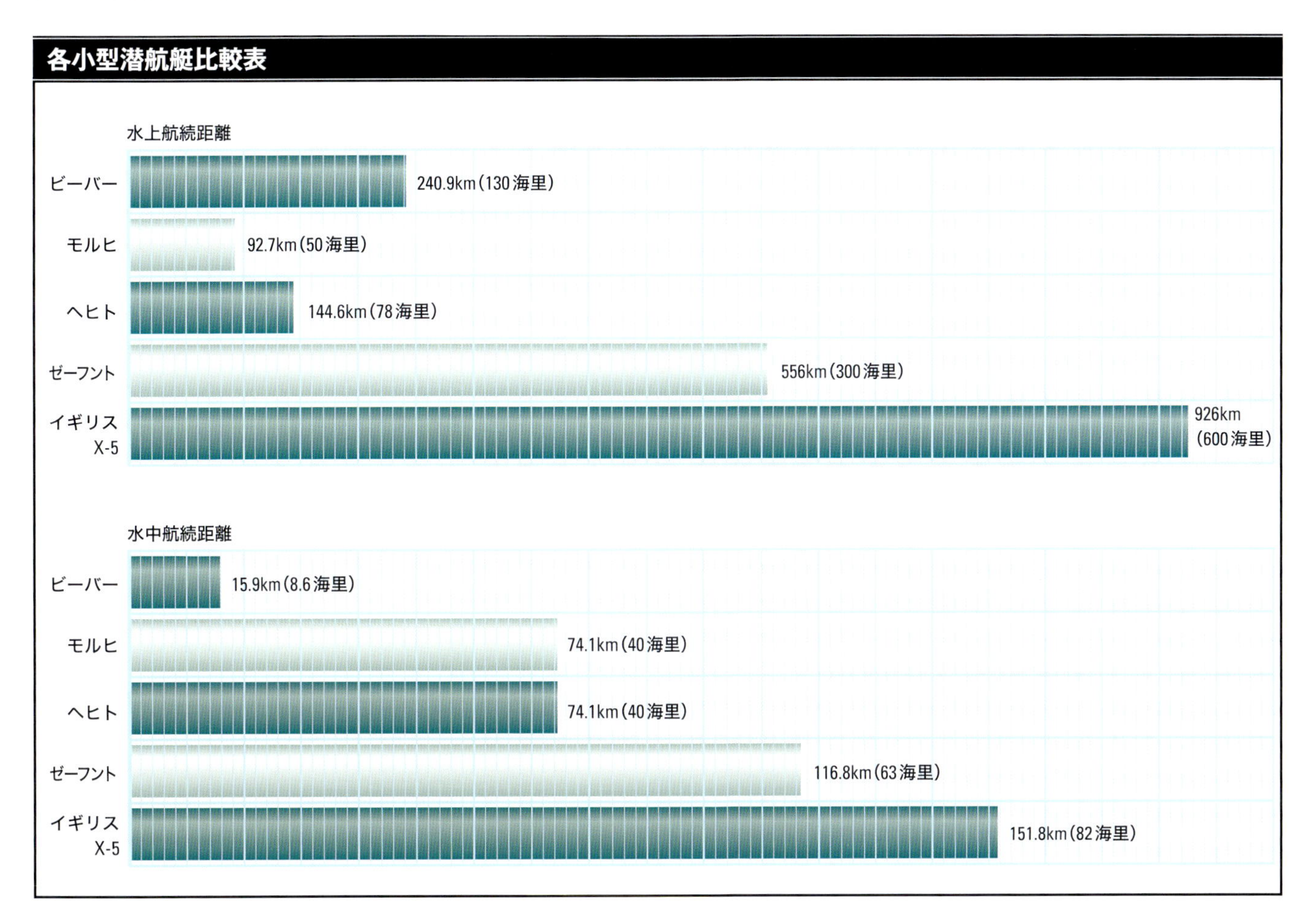

搭載していた。このタイプはうまく行ったが、唯一の乗員は酸素マスクで呼吸をしなければならず、運用に制約があった。より大型の1人乗り潜水艇「モルヒ（いもり）と「マーダー（テン）」はいくらか実用的で、循環式の酸素供給機が付きマスクの着用が不要であった。「モルヒ」は2本の魚雷を艇の側面に吊り下げており、北海にそそぐスヘルデ川付近で1944年から1945年にかけて連合国艦船に対して用いられた。「マーダー」は魚雷を1本しか搭載していなかったが、攻撃に際して完全に潜航することができた。

次の段階は、完全に潜航できる潜水艦の小型版の製作である。最初に作られたのは「ハイ（サメ）」と呼ばれている1人乗りの実験艇である。これはガソリンエンジンと蓄電池を動力とし、電動モーターにより20ノットで2時間航走できた。「ハイ」の改良型が1人乗り潜水艇「ビーバー」である。排水量は3.04トンで、魚雷2本を艇体下部に抱いていた。なお、「ビーバー」後期型では乗員は2名になった。300隻以上が建造され、スヘルデ河口とムルマンスク周辺の護送船団集合海域で一定の程度の成功を収めている。「ビーバー」は車両による輸送や空輸に加え、特別改修を受けた通常型潜水艦による輸送も可能であった。

ドイツ海軍の小型潜航艇のうち最も成功を収めたのは、2人乗りの「ゼーフント（アザラシ）」である。これはそれまでのものよりさらに大きく、排水量は15.2トン、陶器製の燃料タンクを有し、約800kmの航続が可能であった。速力は水上8ノット、水中6ノットである。「ゼーフント」はスヘルデ河口でいくつかの戦果を上げた。ドイツからの未確認情報によると、テムズ河口とケント州のマーゲート周辺で商船攻撃作戦に使用されたといわれている。

小型潜航艇の戦果：撃沈

日付	型式	乗員	詳細
1944年12月22日	ビーバー		フラッシング沖、貨物船アラン・ア・デール4,702t撃沈
1945年1月2日	ゼーフント	パウルセン/フーツ	オーステンデ沖、トロール船ハイバーン・ワイク329t撃沈
1945年1月12日	ゼーフント	キープ/パラシュヴスキ	ケント・ショール沖、推定3,000tの石炭船撃沈と主張
1945年1月30日	ゼーフント	ロース/ウェネマン	マーゲート沖、石炭船に魚雷命中と主張。公式には未確認
1945年2月3日	ゼーフント	ヴォルター/ミネッケ	グレート・ヤーマス沖、推定3,000t船舶撃沈と主張（未確認）
1945年2月15日	ゼーフント	ツィープルト/レック	ノースフォアランド沖、油槽船リセタ2,628t撃破
1945年2月22日	ゼーフント	ガフロン/ケスター	グッドウィン・サンズ沖、駆逐艦に魚雷命中と主張（未確認）
1945年2月23日	ゼーフント	シュパーブロット/ヤーンケ	北海、フランス駆逐艦ラ・コンバトンツ撃沈
1945年2月23日*	ゼーフント		ノースフォアランド沖、TAM87船団のLST364、2,750t撃沈
1945年2月24日	ゼーフント		ノースフォアランド沖、ケーブル敷設船アラート941t撃沈、全員死亡。
1945年2月26日	ゼーフント		ノースフォアランド沖、TAC船団貨物船ランパント撃沈
1945年2月26日	ゼーフント		ノースフォアランド沖、TAC船団油槽船ナシャバ撃沈
1945年3月11日	ゼーフント	フーバー/エックロフ	サウスウォールド沖、FS1753船団貨物船テイバー・パーク2,878t撃沈
1945年3月12日	ゼーフント	クーグラー/シュミット	U-5064がテームズ河口で推定3000t蒸気船撃沈と主張
1945年3月13日	ゼーフント	フレーネット/ベルトラミ	テームズ河口で蒸気船撃沈と主張
	ゼーフント	ハウシュル/ヘッセル	ローストフト沖、U-5366が弾薬運搬のリバティ船撃沈
	ゼーフント	キュールマイヤー/ラシュケ	座標AN7956、蒸気船ニューランド1,556t撃沈
	ゼーフント	マイヤー/シャヴァーテ	サウス・フォールズ・バンク沖、イギリス護衛艦ML466撃沈可能性大
1945年3月26日	ゼーフント		ノースフォアランド4番ブイ、イギリス駆逐艦パフィンはゼーフント体当たり後、完全喪失。ドイツ乗員は脱出
1945年3月30日	ゼーフント		オーフォード・ネス沖、沿岸貿易船ジム833t撃沈
1945年4月9日	ゼーフント		ノースフォアランド沖、TAC90船団油槽船Y17撃沈、全員死亡
1945年4月9日	ゼーフント	ブットマン/シュミット	ダンジネス沖、貨物船サミダ7,219t撃沈、アメリカ貨物船ソロモン・ジュノー7,116t撃破
1945年4月9日	ゼーフント		オーフォード・ネス沖、ケーブル敷設艦モナコ1,150t撃沈
1945年4月10日	ゼーフント	フォン・パンダー/フォーグル	推定1,000tの油槽船撃沈
1945年4月11日	ゼーフント		ダンジネス沖、UC63B船団貨物船ポート・ウインダム8,580t撃破
1945年4月11日	ゼーフント	マークヴォート/シュパレック	ダンジネス沖、推定3,000~4,000t商船撃沈と主張
1945年4月16日	ゼーフント		オーステンデ沖、TAM40船団油槽船ドールオシェル、ゼーフントまたは機雷により撃沈
1945年4月23日	ゼーフント		サウス・フォールズ沖、蒸気船スベア・ヘルメレン撃沈。最後の確実なゼーフントの戦果。
1945年4月29日	ゼーフント		ワルヘレン沖、蒸気船ベンジャミン・H・ブリストウ機雷またはゼーフントにより撃沈

*原著では22だが23または24の間違いと思われる（訳者注）。

人間魚雷比較

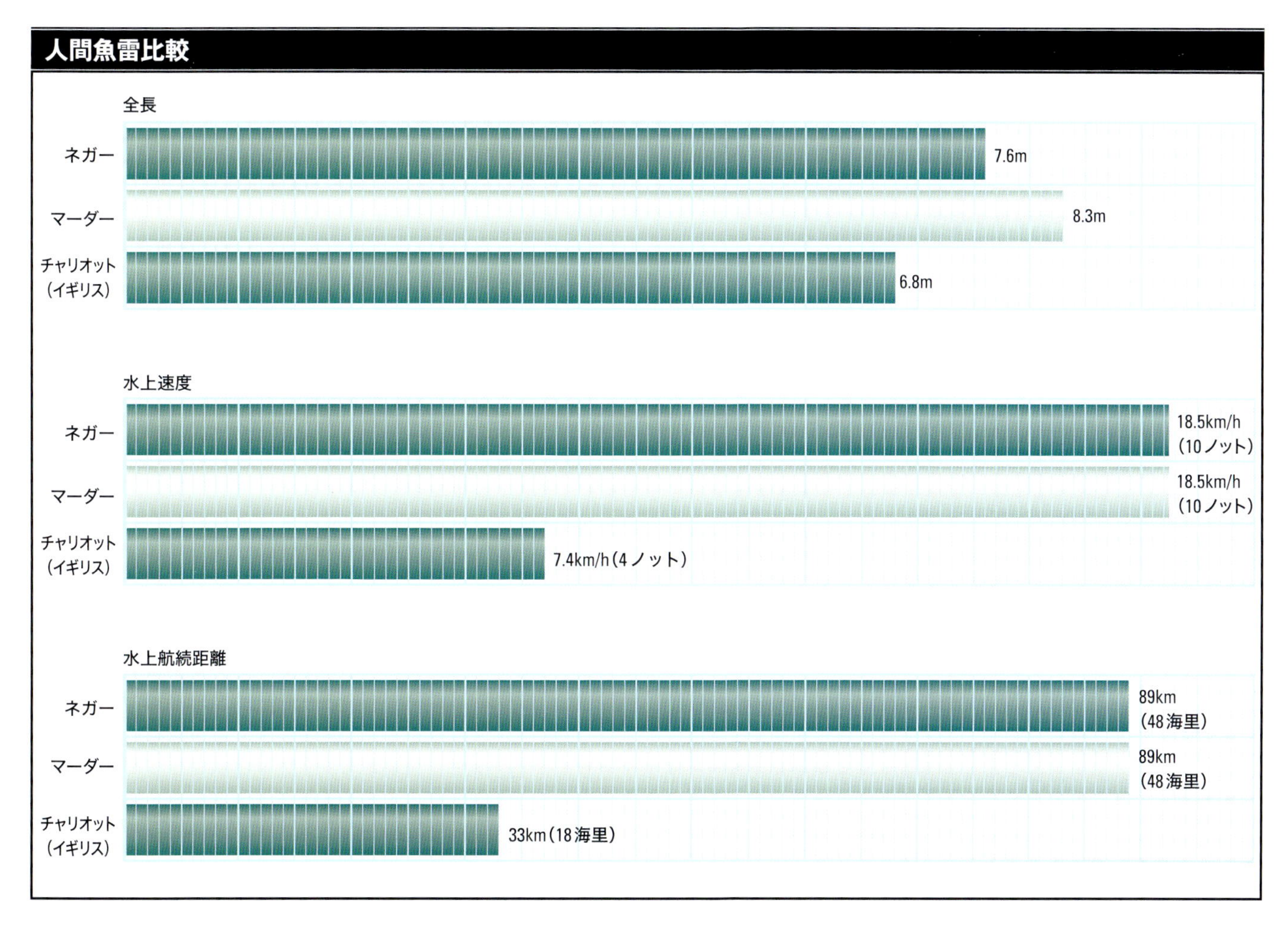

人間魚雷：詳細比較

カテゴリー	ネガー	マーダー
タイプ	人間魚雷	人間魚雷
排水量	2.8 トン	3 トン
全長	7.6m	8.3m
船幅	0.5m	0.5m
喫水	1.07m	1.07m
エンジン	8.95kW 電気魚雷モーター 1 基	8.9kW 電気魚雷モーター 1 基
水上速度	18.5km/h（10 ノット）	18.5km/h（10 ノット）
水中速度	潜航不可能	マーダーは攻撃回避のため最大約 30m/100ft 潜航できるが、潜水中操舵する器材が無かった。
水上航続距離	7.4km/h（4 ノット）で 89km（48 海里）	7.4km/h（4 ノット）で 89km（48 海里）
水中航続距離	—	—
乗員	1	1
武装	53.3cm 魚雷 1 基	53.3cm 魚雷 1 基
完成数	200（推定）	300（推定）

XXI型潜水艦の運命

艦名	就役	結末
U-2501	1944年6月27日	1945年5月3日、ハンブルクで自沈
U-2502	1944年7月19日	降伏。1946年1月2日、アイルランド沖で海没処分
U-2503	1944年8月1日	1945年5月4日デンマーク、ホーシェンス沖で自沈。イギリス空軍236、254飛行隊のボーファイターによる攻撃、13名の乗組員が戦死
U-2504	1944年8月12日	1945年5月3日ハンブルクで自沈
U-2505	1944年11月7日	「エルベII」Uボートバンカーに放棄
U-2506	1944年8月31日	降伏。1946年1月5日、アイルランド沖で海没処分
U-2507	1944年9月8日	1945年5月5日自沈
U-2508	1944年9月26日	1945年5月3日キールで自沈
U-2509	1944年9月21日	1945年4月8日造船所で空爆により沈没
U-2510	1944年9月27日	1945年5月2日自沈
U-2511	1944年9月29日	ノルウェー、ベルゲンで降伏。1946年1月7日、アイルランド沖で海没処分
U-2512	1944年10月10日	1945年5月3日自沈
U-2513	1944年10月12日	1945年5月8日降伏。8月にアメリカ海軍に引き渡され、1951年10月7日、ミサイル実験でキー・ウエスト・フロリダ沖で沈没
U-2514	1944年10月17日	1945年4月8日空爆で沈没
U-2515	1944年10月19日	1945年1月17日ハンブルクで空爆により沈没
U-2516	1944年10月24日	1945年4月9日キールで空爆により沈没
U-2517	1944年10月31日	1945年5月5日自沈
U-2518	1944年11月4日	1945年5月8日降伏。1946年2月17日フランス軍に引き渡され、艦名「ロラン・モリオ」となり、1967年10月17日退役、「0246」と改名、1969年スクラップにされた
U-2519	1944年11月15日	1945年5月3日キールで自沈
U-2520	1944年11月14日	1945年5月3日自沈
U-2521	1944年11月21日	1945年5月5日イギリス空軍K/547のリベレーターによりカテガットで沈没
U-2522	1944年11月22日	1945年5月5日自沈
U-2523	1944年11月26日	1945年1月17日造船所で空爆により沈没
U-2524	1945年1月16日	1945年5月3日イギリス空軍236、254飛行隊のボーファイターにより沈没
U-2525	1944年12月12日	1945年5月5日自沈
U-2526	1944年12月15日	1945年5月2日自沈
U-2527	1944年12月23日	1945年5月2日自沈
U-2528	1944年12月19日	1945年5月2日自沈
U-2529	1945年2月22日	降伏。「N28」としてイギリス海軍で再就役。ソ連海軍に引き渡され1946年2月「B28」として就役。1958年にスクラップにされた
U-2530	1944年12月30日	1944年12月31日ハンブルクで空爆により沈没。再浮揚されるが、再度イギリス空軍の空爆で1945年1月17日ハンブルクで沈没
U-2531	1945年1月18日	1945年5月3日自沈
U-2532		未完成、1944年12月31日造船所で空襲、沈没
U-2533	1945年1月18日	1945年5月3日自沈
U-2534	1945年1月17日	1945年5月3日自沈
U-2535	1945年1月28日	1945年5月3日自沈
U-2536	1945年2月6日	1945年5月3日自沈
U-2537		未完成、1944年12月31日造船所で空襲、沈没
U-2538	1945年2月16日	1945年5月8日自沈
U-2539	1945年2月21日	1945年5月3日自沈
U-2540	1945年2月24日	1945年5月4日イギリス空軍ボーファイターによりカテガットで沈没。1957年再浮揚、1960年観測船「ヴィルヘルム・バウアー」になり、1982年退役、現在ブレーマーハーフェンのドイツ航海博物館で展示
U-2541	1945年3月1日	1945年5月5日自沈
U-2542	1945年3月5日	1945年4月3日空爆により沈没
U-2543	1945年3月7日	1945年5月3日自沈

艦名	就役	結末
U-2546	1945年3月21日	1945年5月3日自沈
U-2544	1945年3月10日	1945年5月5日自沈
U-2547		未完成、1945年3月11日空爆により沈没
U-2548	1945年4月9日	1945年5月3日自沈
U-2549		未完成、1945年3月11日空爆により沈没
U-2550		未完成、1945年3月11日空爆により沈没
U-2551	1945年4月24日	1945年5月5日自沈
U-2552	1945年4月21日	1945年5月3日キールで自沈
U-2553		未完成、解体
U-2554		未完成、解体
U-2555		未完成、解体
U-2556		未完成、解体
U-2557		未完成、解体
U-2558		未完成、解体
U-2559		未完成、解体
U-2560		未完成、解体
U-2561		未完成、解体
U-2562		未完成、解体
U-2563		未完成、解体
U-2564		未完成、解体
U-3001	1944年7月20日	1945年5月3日自沈
U-3002	1944年8月6日	1945年5月2日自沈
U-3003	1944年8月22日	1945年4月4日キールで空爆により沈没
U-3004	1944年8月30日	ハンブルクの「エルベII」Uボートバンカーに放棄
U-3005	1944年9月20日	1945年5月3日自沈
U-3006	1944年10月5日	1945年5月1日自沈
U-3007	1944年10月22日	1945年2月24日空爆により沈没
U-3008	1944年10月19日	試験艦として1945年アメリカ海軍に引き渡され、1955年プエルトリコでスクラップ
U-3009	1944年11月10日	1945年5月1日自沈
U-3010	1944年11月11日	1945年5月3日自沈
U-3011	1944年12月21日	1945年5月3日自沈
U-3012	1944年12月4日	1945年5月3日自沈
U-3013	1944年10月22日	1945年5月3日自沈
U-3014	1944年12月17日	1945年5月3日自沈
U-3015	1944年12月17日	1945年5月5日自沈
U-3016	1945年1月5日	1945年5月2日自沈
U-3017	1945年1月5日	降伏。試験艦「N41」としてイギリス海軍へ引き渡され、1949年スクラップ
U-3018	1945年1月7日	1945年5月2日自沈
U-3019	1944年12月23日	1945年5月2日自沈
U-3020	1944年12月23日	1945年5月2日自沈
U-3021	1945年2月12日	1945年5月2日自沈
U-3022	1945年1月22日	1945年5月3日自沈
U-3023	1945年1月22日	1945年5月3日自沈
U-3024	1945年1月13日	1945年5月3日自沈
U-3025	1945年1月20日	1945年5月3日自沈

艦名	就役	結末
U-3026	1945年1月22日	1945年5月3日自沈
U-3027	1945年1月25日	1945年5月3日自沈
U-3028	1945年1月27日	1945年5月3日自沈
U-3029	1945年2月5日	1945年5月3日自沈
U-3030	1945年2月14日	1945年5月8日自沈
U-3031	1945年2月28日	1945年5月3日自沈
U-3032	1945年2月12日	1945年3月3日、カテガットで第2戦術空軍航空機により沈没
U-3033	1945年2月27日	1945年5月4日自沈
U-3034	1945年3月31日	1945年5月4日自沈
U-3035	1945年3月1日	ノルウェーで降伏。1945年にイギリス海軍に引き渡され、更に同年、ソ連海軍に引き渡され「B29」となった。1958年にスクラップ
U-3036		未完成、解体
U-3037	1945年3月3日	1945年5月3日自沈
U-3038	1945年3月4日	1945年5月3日自沈
U-3039	1945年3月8日	1945年5月3日自沈
U-3040	1945年3月8日	1945年5月3日自沈
U-3041	1945年3月10日	降伏。「N29」としてイギリス海軍に引き渡され、その後ソ連へ引き渡され「B30」となる。1959年スクラップ
U-3042		未完成、1945年2月22日空爆により造船所で損傷、解体
U-3043		未完成、解体
U-3044	1945年3月27日	1945年5月5日自沈
U-3045		1945年3月30日造船所で空爆、沈没
U-3501	1944年7月29日	1945年5月5日自沈
U-3502	1944年8月19日	1945年5月空爆により損傷
U-3503	1944年9月9日	カテガットでイギリス空軍G/86飛行隊のリベレーターにより沈没
U-3504	1944年9月23日	1945年5月2日自沈
U-3505	1944年10月7日	1945年5月3日空爆により沈没
U-3506	1944年10月19日	ハンブルクの「エルベII」Uボートバンカーに放棄
U-3507	1944年10月19日	1945年5月3日自沈
U-3508	1944年11月2日	1945年3月4日ヴィルヘルムハスハーフェンで空爆により沈没
U-3509	1945年1月29日	1945年5月3日自沈
U-3510	1944年11月11日	1945年5月5日自沈
U-3511	1944年11月18日	1945年5月3日自沈
U-3512	1944年11月27日	1945年4月8日キールで空爆により沈没
U-3513	1944年12月2日	1945年5月3日自沈
U-3514	1944年12月9日	1946年2月12日アイルランド北西沖で自沈処分
U-3515	1944年12月14日	降伏。イギリス海軍へN30として引き渡し、1946年2月ソ連海軍に引き渡され「B28」となる。
U-3516	1944年12月18日	1945年5月2日自沈
U-3517	1944年12月22日	1945年5月2日自沈
U-3518	1944年12月29日	1945年5月3日自沈
U-3519	1945年1月6日	1945年3月2日ヴァーネミュンデ沖バルチック海で触雷により沈没
U-3520	1945年1月12日	1945年1月31日バルチック海で沈没
U-3521	1945年1月14日	1945年5月2日自沈
U-3522	1945年1月21日	1945年5月2日自沈
U-3523	1945年1月23日	1945年5月5日カテガットでイギリス空軍T/224飛行隊のリベレーター投下の爆雷により沈没
U-3524	1945年1月26日	1945年5月5日自沈
U-3525	1945年1月31日	1945年5月3日自沈

艦名	就役	結末
U-3526	1945年3月22日	1945年5月5日自沈
U-3527	1945年3月10日	1945年5月5日自沈
U-3528	1945年3月18日	1945年5月5日自沈
U-3529	1945年3月22日	1945年5月5日自沈
U-3530	1945年3月22日	1945年5月3日自沈
U-3531		未完成、解体
U-3532		未完成、解体
U-3533		未完成、解体
U-3534		未完成、解体
U-3535		未完成、解体
U-3536		未完成、解体
U-3537		未完成、解体
U-3546		未完成、1945年3月30日造船所で空爆により損傷
U-3547		未完成、解体
U-3548		未完成、解体
U-3549		未完成、解体
U-3550		未完成、解体
U-3551		未完成、解体
U-3552		未完成、解体
U-3553		未完成、解体
U-3554		未完成、解体
U-3555		未完成、解体
U-3556		未完成、解体
U-3557		未完成、解体
U-3558		未完成、解体
U-3559		未完成、解体
U-3560		未完成、解体
U-3561		未完成、解体
U-3562		未完成、解体
U-3563		未完成、解体

訳者注：原書記載のうち、以下の部分は誤りと思われる。参考までに訳者調査を記す。U-2529 の就役→ 1945 年／ U-2518 の仏海軍引き渡し→ 1946 年／ U-3020 の就役→ 1944 年／ U-3505 の就役→ 1944 年／ U-3511 の就役→ 1944 年

XXI型及びXXII型「エレクトロボート」：年表

日付	出来事	日付	出来事
1942年11月	「エレクトロボート」構想誕生	1944年6月12日	最初のXXIII型就役(U-2321)
1943年1月	設計計算終了	1944年6月27日	最初のXXI型就役(U-2501)
1943年6月	設計終了	1944年8月	ダンチヒ湾訓練海域へ航空機から最初の機雷投下
1943年7月	計画許可	1945年1月29日	XXIII型最初の戦闘哨戒(U-2324)
1943年9月	従来型Uボート計画を制限	1945年2月	試験及び訓練はリューベック湾へ移動
1943年11月	製造発注	1945年2月14日	「エレクトロボート」による最初の戦果(U-2322)
1943年12月	製造計画完成	1945年4月30日	XXI型最初の戦闘哨戒(U-2511)
1943年4月30日	最初のXXIII型進水(U-2321)	1945年5月7日	「エレクトロボート」による最後の戦果(U-2336)
1944年5月12日	最初のXXI型進水(U-2501)		

12

核・生物・化学兵器

NUCLEAR, BIOLOGICAL AND CHEMICAL WEAPONS

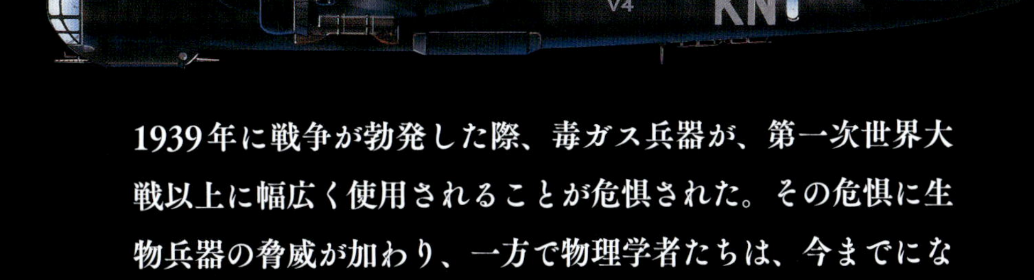

1939年に戦争が勃発した際、毒ガス兵器が、第一次世界大戦以上に幅広く使用されることが危惧された。その危惧に生物兵器の脅威が加わり、一方で物理学者たちは、今までにない爆弾を生産するべく、核分裂反応を利用した兵器の可能性を探っていた。

◀戦後、びっしり並べられたドイツ製マスタード弾の前に立つアメリカ兵。

1938年12月、ドイツの物理学者オットー・ハーンとフリッツ・ストラスマンは、ウラニウム原子の分裂（核分裂）を論証した。この論文は科学界に論争を巻き起こし、論争は科学界以外にも波及した。何人かの科学者は陸軍兵器局に対して、この分裂反応を爆弾に利用する可能性を提言し、1939年の後半までに運営委員会が構成された。当委員会における議題はただ1つ、分裂可能な物質をつくる原子炉を建設できるか、であった。付記事項として、経費と工程表に関する付加的な議題も提起された。調査研究プログラムが作成され、6つの大学を基盤としたプロジェクトが設立された。1941年にはこの理論が実現可能であることが明らかになっていたので、運営委員会は陸軍兵器局に対して原子炉建設は可能であり建設すべきであること、減速材として重水素、いわゆる「重水」を用いるべきことを報告した。

プロジェクト全体はこのような提言から始まったが、実現の見通しが立つまでには長い時間がかかった。1942年までに5つの研究チームが原子炉の検証作業に取り組み、それぞれに異なる建設方法を模索した。なお、他のチームが何をやっているか（何をやっていないか）は知らされていなかった。ただ、あるチームがこの混乱を意図的に利用し、研究を遅延させたといわれている。このチームを率いていたのは、ノーベル賞受賞者にしてドイツ物理学界の長老、さらにダーレムのカイザー・ヴィルヘルム研究所長に就任したばかりのヴェルナー・ハイゼンベルクである。

爆弾が製造可能であることを確信していたハイゼンベルクは、進捗を遅らせて、できるだけ結論を出すのを先送りにしたのである。ついに、ヒトラー政権の軍需大臣アルベルト・シュペーアもしびれを切らし、ハイゼンベルクに新型爆弾製造に要する期間を予測するように要求した。ハイゼンベルクはそれでも言葉を濁していたが、最終的には1945年までに製造可能と思われると返答した。

シュペーアは原子炉建設を課する新たな研究プロジェクトを立ち上げることにした。この分野で最も優秀な人材を集め、彼らに予算案の提示を求めたところ、要求額は4万ライヒスマルクであった。これはIV号戦車1両分より安い。これを聞いたシュペーアは、何にも増してこのプロジェクトが成功する可能性がきわめて低いことを確信した。以来、核調査研究プログラムは爆弾に必要な核分裂反応を起こす原子炉というよりも、むしろ発電に適した原子炉を作ることが主目的になったように思われる。当然ながら、こうした発電所は必然的に、副産物として少量の核分裂性物質を生産するが、たとえ原子炉が完全に機能したとしても、爆

左上　ドイツのマスタード・ガス貯蔵庫の禍々しい外見。巨大なコンクリートの桶の中に薬品が保管されていた。

左下　あらゆる軍隊と同様、ドイツ軍は、化学兵器をきわめて慎重に取り扱った。ロッカーの上にある防護服や警告がそれを物語っている。

弾を構築できるまでにはたいへん長い時間を要すると考えられていた。

2つの原子炉がついに建設された。1つはヘッヒンゲン近郊、もう1つはエルフルト近郊で、ともに減速材として重水素が使用されたが、いずれも実際に連鎖反応を得ることができなかった。失敗の主たる要因は、規模があまりに小さかったことである。1944年後半、ドイツの産業インフラはますます混沌とした状態になっていた。ベルギーやボヘミアの小さな鉱山から得られるウラン鉱石はわずかで供給が不足していたうえ、ノルウェーにあった重水素生産工場に対するイギリス空軍の爆撃のせいで、重水素の供給も不足していた。新型爆弾プログラムは初期段階で失敗したも同然で、「死産」と言う者さえいた。

しかし、ウラニウムを兵器として補助的に用いることは検討されていたようではある。1943年、陸軍兵器局は生物研究所に対して放射性物質の毒性に関する報告書の提出を命じた。この報告書により、ウラニウム粉末を通常型の高性能爆弾やロケットの弾頭の積載物として用いるべきであるといった幅広い知見が得られた。けれども、この推測を裏付ける確かな証拠はなく、最も基本的な実験が研究室外で一度なりとも行われたことを示す証拠もまったくない。ただ、このプロジェクトが核物質に対する労働者の安全性の向上を目指したものであったとはいえるであろう。

生物兵器

きわめて限定的な状況は別にして、自殺的な攻撃は戦術的にほとんど意味をなさないし、自殺的な戦略はまったく意味をなさない。こうした自明の理こそが、常に純然たる倫理や道徳にもまして、最悪の可能性を秘めた兵器の利用を抑制して

ドイツの核兵器

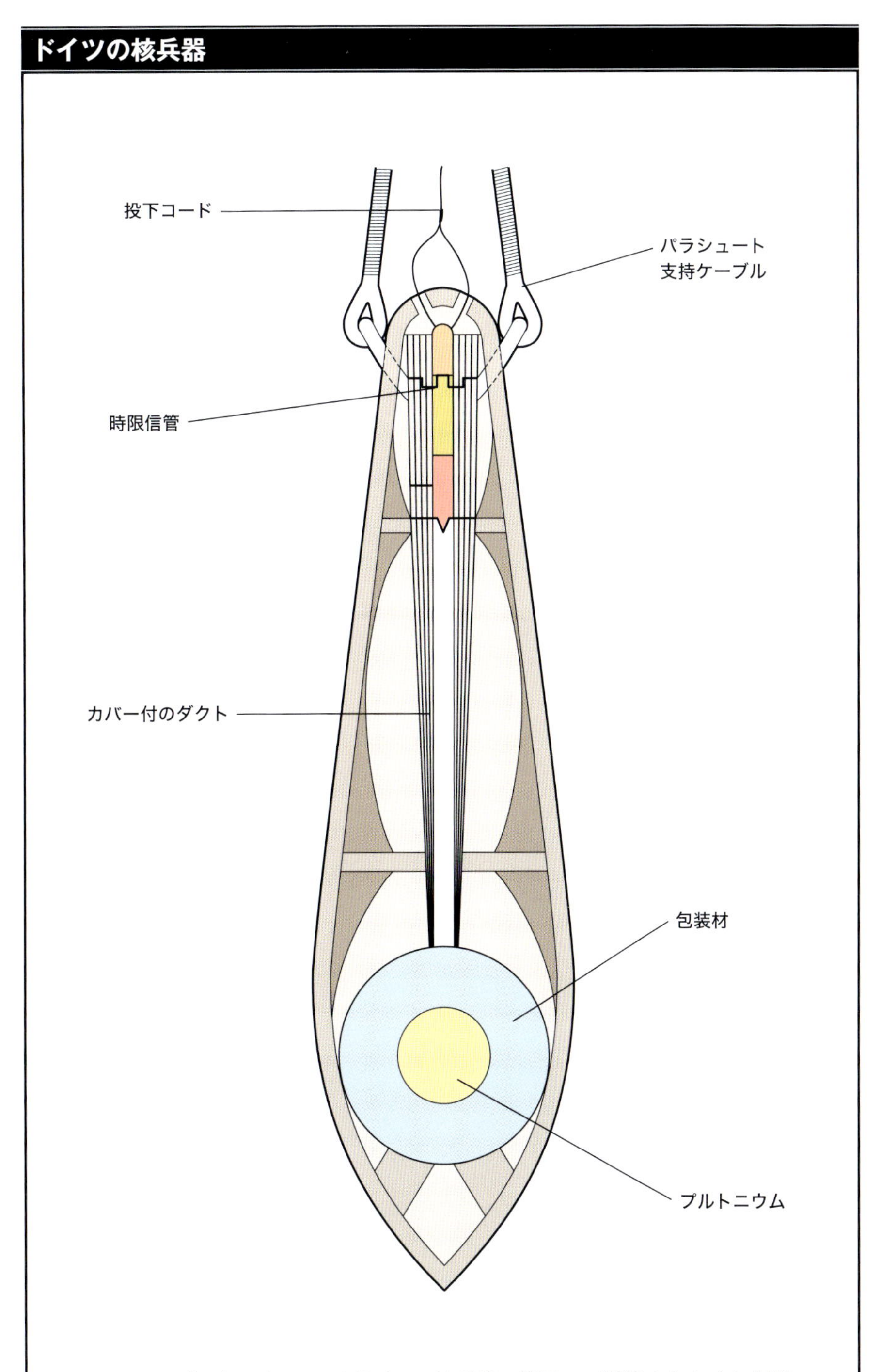

これは、唯一知られているドイツの核兵器の略図で、戦後まもなくに編集された不完全な報告書から発見された。この略図は本当に基本的なもので、核兵器の詳細な設計図とはとてもいえないが、報告書にはプルトニウム爆弾に必要な臨界質量に関する正確な評価が含まれており、それらのほとんどはドイツの戦時研究に由来している。この報告書は、ドイツの科学者が水素爆弾について広範な理論的研究を進めていたことを示している。

提案された目標の地図：ニューヨーク市

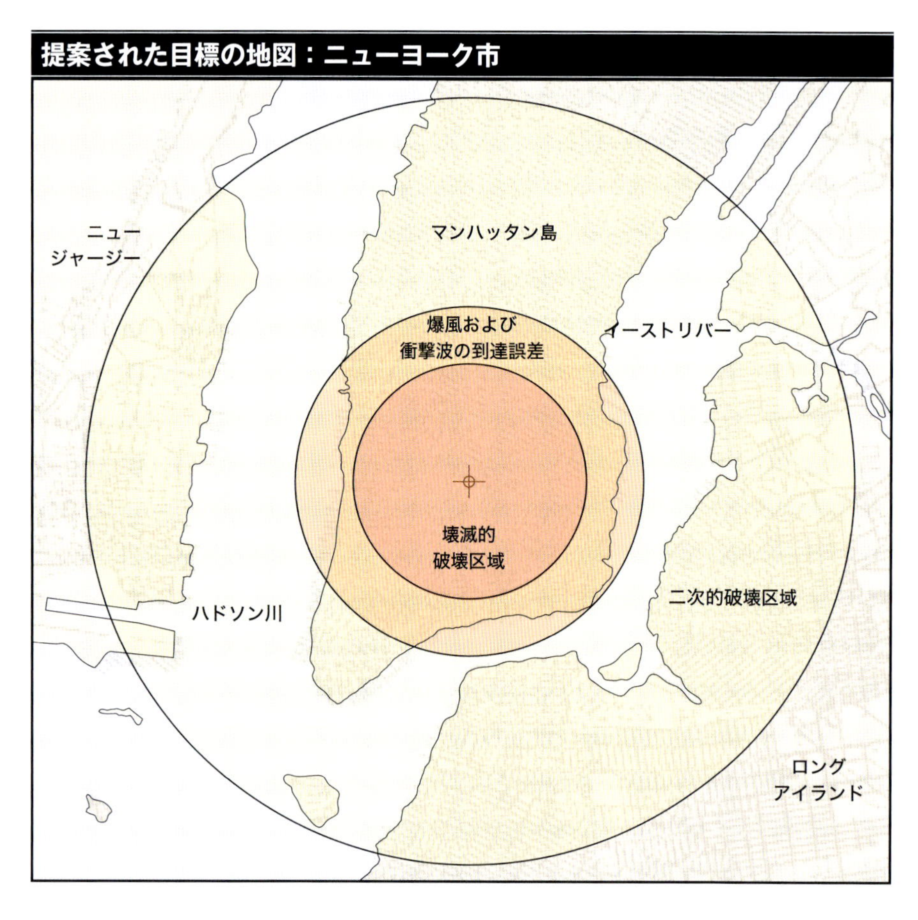

ドイツ空軍の研究チームが、アメリカ合衆国東部への核爆弾使用時の潜在的標的を確認するために準備した1943年当時の地図に、ニューヨーク中心部に核爆弾（威力不明）を投下した場合の破壊効果の予測図を重ねたもの。

きた。しかし、限定的な「実験」において、悪性の疾病を媒介するものが完全に制御できるようになると、人間は進んで致死性の細菌を使うようになった。アメリカ陸軍は、天然痘に汚染された毛布をアメリカ先住民族に配布したことがあるし、日本軍も1930年代に満州で生物兵器の実験を行っている。ただし、日常的に使う兵器としては非常に不都合なことがあった。長期的にみると、敵を殺すのと同様に、味方をも殺しかねないのである。各国に生物兵器の研究施設がなかったというつもりはないが、そうした研究施設のほとんどでは、生物兵器の使用よりも病原体からの防衛策が研究されていた。

細菌を用いた実験がドイツの強制収容所で反抗的な囚人に対して実施されたとする、一貫した調査報告書がある。強制収容所で行われたことを調査している人々から出された否定しがたい証拠を見ると、この問題は未解決のままと考えなければならない。

化学兵器

半世紀以上が経過しても、ナチスの死の収容所で行われた下品な行為、あるいはその種の行為を実行した人々に対する嫌悪感は弱まってはいない。当然のことである。しかし、倫理的および道義的な観点に加え、考慮されるべき純粋に実際的な観点もある。というのは、600万またはそれ以上に及ぶ人々の殺戮は、ある程度の工業規模があったからこそ実行可能であったからである。大量殺戮は、工業的条件のもとで進められねばならなかった。まもなく、毒ガスによる毒殺が唯一この条件に合う方法であることが明らかになった。結果的には、無力な何百万に及ぶ人々の殺戮が、第二次世界大戦における唯一の化学兵器の広範な使用となったのである。これは、1938年アビシニアにおけるイタリア軍によるホスゲンの使用や、1930年代中盤から1941年末にかけて日本軍が中国で行った840件に及ぶ個別の使用、セヴァストポリ包囲の間に使用されたという「毒煙霧」を除いての話である。

ドイツ軍による戦争兵器としてのガスの使用は1915年に始まる。この時は臭化キシリル（催涙ガス）を充填した砲弾をロシア軍に対して打ち込んだが、作戦は失敗に終わった。というのは、ガスが砲弾の中で氷結してしまい、非常にゆっくりと分散したからである。それから2ヵ月後、イーベルでイギリスおよび帝国軍に対して塩素ガスを使用し、大戦果を挙げている。以来、毒ガスは双方に兵器の一部と認識されることになった。しかしこの兵器は効果的ではなく、毒ガスによる死者数は、全戦争期間の戦場における死者数の1％をやや上回る程度であった。負傷となると、いくらか効果的で、全負傷の5.69％が毒ガスに起因するものであった。軍事的観点からいえば、負傷のほうが好ましかった。負傷者に対するケアは、戦場内外において貴重な資源を消耗することになるからである。

1919年までは使用可能な毒ガスの種類は限られており、塩素、マスタード・ガス、ホスゲンのほか数種類しかなかった。それから20年後にはより効果的な化合物が出揃い、そのなかには殺虫剤や除草剤の研究から生まれた強い毒性をもつ混合物もあった。これらの化合物は有機リン剤であり、今日のいわゆる神経ガスの基礎となった。最初の神経ガスはタブンとして知られているもので、1936年に初めてエチルジメチルアミドホスファーシアニドと呼ばれる物質が合成された。1942年までにシレジアのデュヘルンファース（現ポーランドのブレェク・ドルヌイ）に工場がつくられ、その月産は最大1,016トンあった。1938年にはさらに効果的な2つめの化合物、有機リン酸、イソプロピル・メチルホスホニルジフルオリドが合成された。サリンとして知られている毒ガスはタブンよりも製造が難しく、1945年時点で小規模の試験工場が設置されたにすぎない。その頃までに、さらに危険性のある誘導体であるピナコリルメチルホスホロフルオリド9（通称ソマン）が製造されているが、1945年まではほとんど進展しなかった。

タブン生産工場が1945年初頭に赤軍〔ソ連陸軍〕によって占領されるまで、連合国はこれら兵器について何も知らず、第二次世界大戦期のドイツで最も秘密が保持された存在といえる。イギリスとアメリカはまず弾薬集積場から回収された砲弾および爆弾の調査から総計約50万発の砲弾と10万発の爆弾があることを把握した。状況が明らかになるにつれ、研究者たちは自分たちが致死性の物質を目の当たりにしていること、これらを浴びた場合の治療法や解毒剤がないことを知って愕然とした。よく議論されているように、この最後の要因こそ、ドイツが最終段階になっても神経ガスを適用しなかった本当の理由である。ドイツ国防軍および親衛隊は、敵がこれらの単純かつ安価な大量破壊兵器を保有していないこと、その使用による敵軍への効果、さらに敵軍から同様の攻撃を受けないことについて確信をもてなかったのである。

核または化学弾頭付のV-1

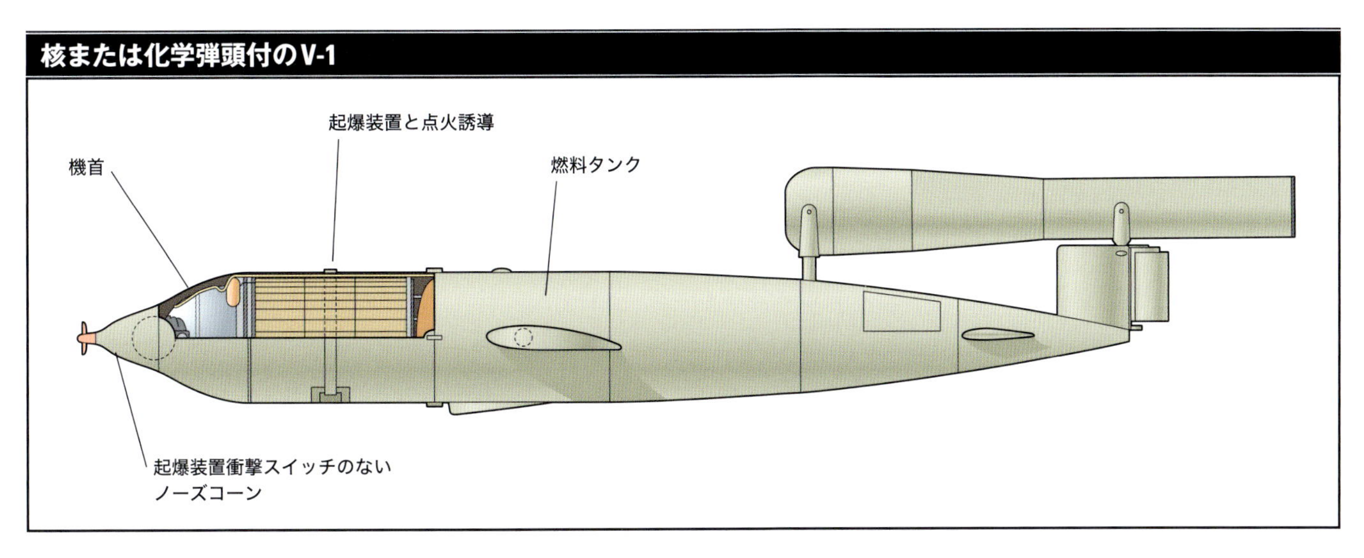

核または化学弾頭付のV-2

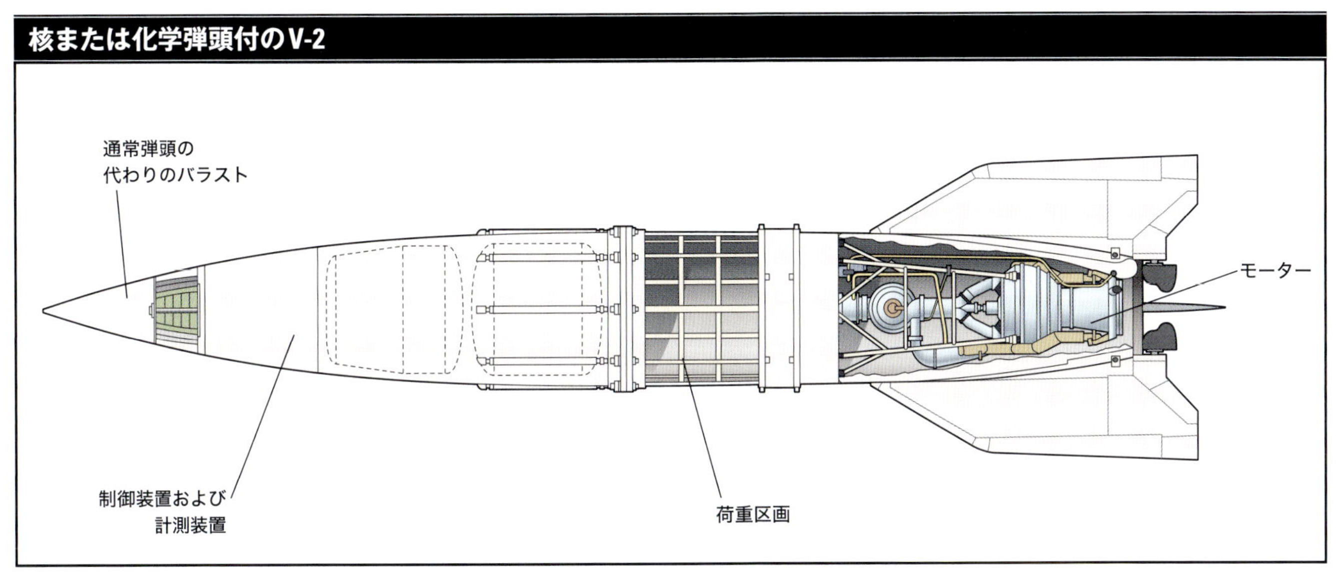

附録 秘密兵器の末裔たち THE SECRET LIVES ON

戦争が終結に近づくと、連合国各国はドイツの「ハイテク」な兵器と設計チームを猛然と探し始めた。兵器は、廃墟となった第三帝国の工場や基地に散らばっていたので比較的容易に見つけられたが、最も重要なのは、それら兵器を作り出した科学者や技術者を見つけることであった。

ペーパークリップ作戦

1945年7月20日、アメリカ統合参謀本部は、別々に進められていた自国の多数の情報収集プロジェクトを統合し、オーバーキャスト作戦と名付けた。しかし、この作戦名はすぐに破棄され、ペーパークリップ作戦に変更された。これは、アメリカの兵器研究開発の助けとなる一流のドイツ人科学者を引き抜くことに焦点に当てた作戦である。

1945年8月、ハリー・トルーマン大統領は、次のような但し書きを付してペーパークリップ作戦を正式に許可した。「……ナチスのメンバーであり、その活動において名目上の党員以上であった者、またはナチスの軍国主義の積極的な支援者であった者は、除外する」。

この規定は、すでに確保されていたヴェルナー・フォン・ブラウン、アルトゥール・ルドルフおよびヒューベルタス・シュトルークホルトといった重要な科学者に適用されるはずであった。彼らは全員ナチス党の党員であり、連合国の安全を「脅かす存在」とされていたのである。

最終的に、彼らの経歴の好ましくない部分が軍隊によって「取り除かれ」、アメリカで働くことが許された。すなわち職務経歴書は書き改められ、ナチスとの関係は経歴から削除されたのである。この作戦名は、科学者たちの人事ファイルに新たに書き込まれた詳細な経歴を綴じたペーパークリップからの思いつきで付けられたという逸話がある。

風洞およびミサイル

戦争が終結すると、アメリカの技術情報チームは、イギリス、フランス、ソビエトに割り当てられた占領地域から重要人物と装備を大急ぎで運び出した。好例は、フェルケンローデにあったヘルマン・ゲーリンク航空研究センターである。ブラウンシュヴァィク郊外に大規模に偽装されていたため、連合国の諜報で発見できなかったのである。

7つの風洞を含む約80の地下建造物があり、その上には周囲の森に溶け込むように木々が植えられて偽装されていた。フェルケンローデはイギリスの占領地域であり、アメリカ側はイギリスの先遣隊が到着する前に急いで重要な資料や装備を奪い取っていった。取得された風洞の構成品は、50年後もアメリカの試験センターで使用されていた。

最大の戦利品は、アメリカ・イギリス合同のアルソス作戦の一環として拘留されたドイツの核科学者たちとミサイルの専門家たちである。ヴェルナー・フォン・ブラウンを含む多くのミサイル専門家は喜んでオーバーキャスト（ペーパークリップ）作戦に協力し、完成済みのV-2ミサイル100基と、本プロジェクトに関係する14.2トンに及ぶ書類の確保を支援した。1940年代後半には、約150名のドイツの専門家が、ペーパークリップ作戦の保護のもと、アメリカの軍事施設で勤務をしていた。

1946年4月、少なくとも63基の「アメリカ版」V-2ロケットの試験発射が行われた。収集されたデータはアメリカ陸軍のレッドストーン地対地ミサイルの開発で重要な役割を果たした。このミサイルは、ヴェルナー・フォン・ブラウンのチームによりアラバマにあるレッドストーン軍需工場で1950～52年に設計され、ジュピター中距離弾道弾ミサイル（IRBM）の開発に直接繋がった。

ラスティー作戦とF-86セイバー

ペーパークリップ作戦は、第三帝国の技術を搾取した最も有名な作戦であるが、ラスティー作戦（Lusty: LUftwaffe Secret Technology＝ドイツ空軍秘密技術）も同様に重要であった。ドイツ空軍の後退翼航空機の設計の有効性は、1945年にはまだ設計段階にあった、アメリカのB-47ストラトジェットやF-86セイバーといった重要な航空機の設計に劇的な修正をもたらした。P-86セイバーに対する最初の提案は1944年後半のことで、単座ジェット戦闘機というアメリカ陸軍航空軍の要求に見合うよう作成された。これは、もとはアメリカ海軍用に開発された直線翼FJ-1フューリーをベースとしていた。フューリーの翼、尾翼、操縦席のキャノピーは、ほぼP-51ムスタングからの流用であった。ラスティー作戦の成果により、P-86の翼と尾翼面には35度の後退翼が取り入れられ、開発期間が6ヵ月延びた。P-86は、まもなくF-86と改名されたが、戦争終結時のドイツ航

ラスティー作戦：戦闘機の比較

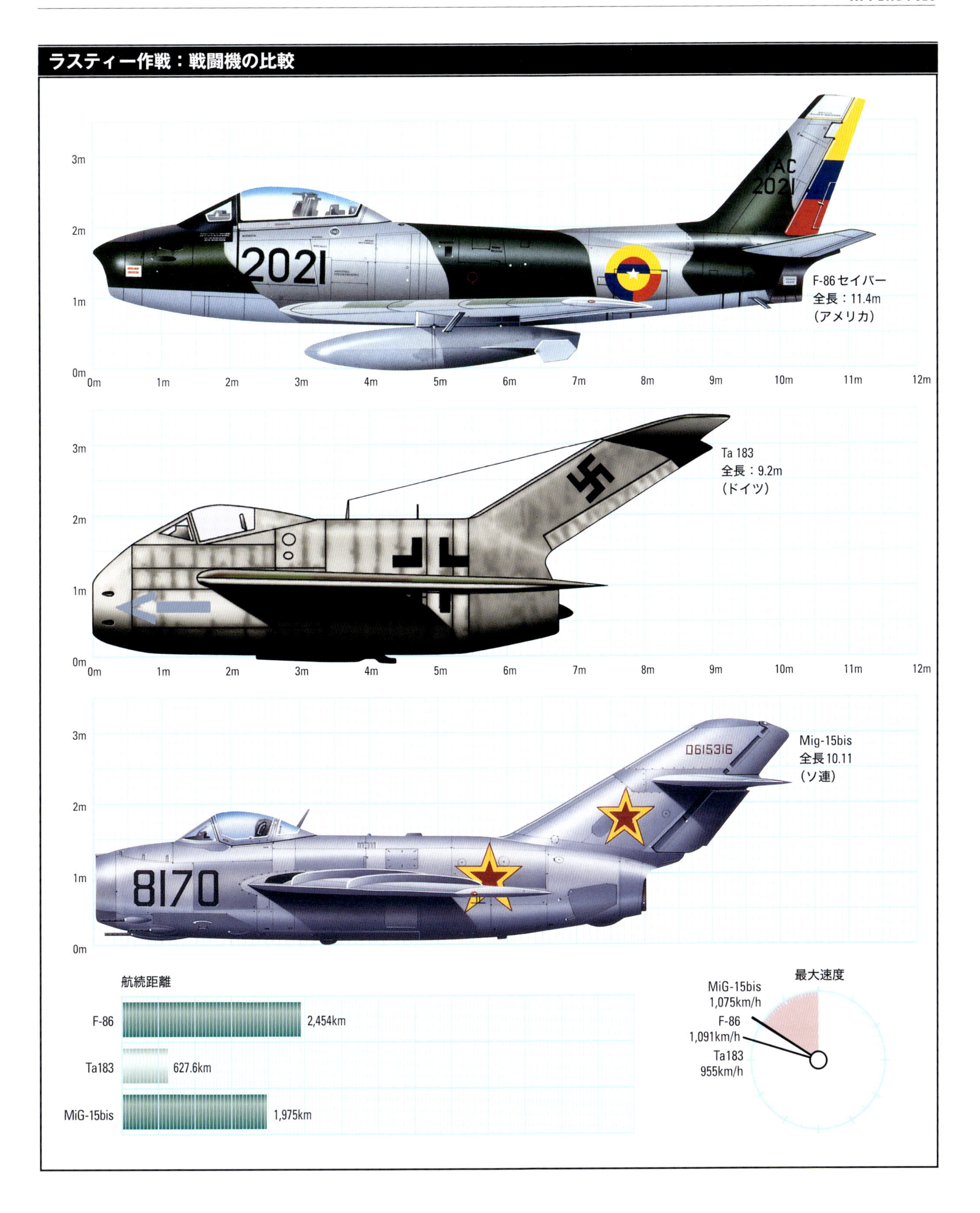

Ta 183平面図

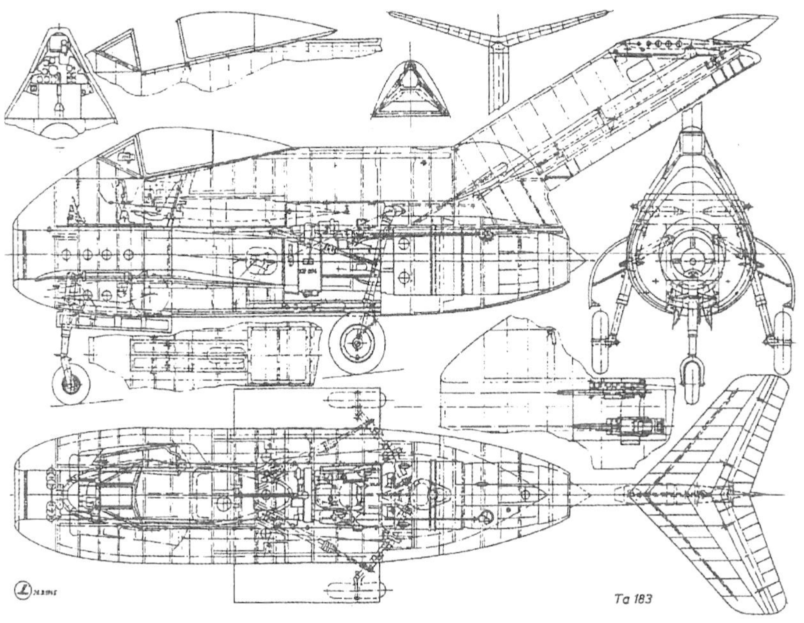

Ta 183の設計は、戦後に登場した多数のジェット戦闘機、とりわけMiG-15と非常によく似ている。その潜在力は1945年2月の非常時戦闘機コンペで公式に認められている。試作機の初飛行は1945年5月または6月で、同年10月には量産予定が組まれた。しかし、イギリス軍によりブレーメン近傍のフォッケヴルフの工場が占領されると、開発は突然終了した。

空力学から獲得した飛行調査データを取り入れた最初のアメリカ製航空機となった。F-86は1949年にアメリカ空軍で就役し、1956年の生産終了までに総計9,800機以上が製造された。世界中の30以上の空軍で採用され、ボリビア空軍で1994年まで運用されている。

ユンカース EF 132、B-47ストラトジェット、ヴィッカース・ヴァリアント

ユンカースEF 132は、ドイツの会社による最後の航空機プロジェクトの1つであり、Ju 287を含む一連の設計の絶頂期を代表するものであった。胴体上面に据え付けられた翼（肩翼）の後退角は35度であり、若干の下反角を特色としていた。6基のユモ012ジェットエンジンは翼の付け根に据え付けられた。風洞実験の結果、翼下のエンジン収納筒に搭載するより、こちらのほうが有利とされたからである。肩据え付翼を採用したことで、胴体中央部に12mの爆弾投下室を設置することができ、少なくとも5,000kgの爆弾が搭載可能であった。

機体降下装置は、前輪、機体後方中央下部に並んだ2つの主輪および両翼下に外付けの車輪が付いていた。機体のかなり前方に全面ガラス張りの与圧されたコックピットがあり、5名が搭乗可能であった。防御用の武装は全部で3つあり（背部、腹部、尾部）、遠隔制御式の回転銃座に各一対の20mm砲を装備していた。

風洞モデルの実験は1945年の早い時期に行われ、実物大の木製モックアップもユンカースのデッサウ工場で完成したが、ソ連軍部隊が占拠し、すべてのEF 132の設計および部品を押収した。戦後まもなくの間、被災した工場が部分的に再建されるとともに風洞実験施設も修復され、ジェットエンジン試験と製造施設の運用が再開されている。

印象的なEF 132のモックアップはソ連の役人によって何度も調査され、1946年10月、全施設および職員はロシアに送られた。

EF 132製造計画はモスクワ近郊ドブナのGOZ No.1（国家実験施設）で継続された。ブラウンホルフ・バーデ博士のもと、プロジェクトチームがOKB-1（GOZ No1付属の局）で操縦性をテストするためにグライダーを製作している（非常に良好と報告されている）。最初の試作機も順調に進んでいたが、1948年7月、プロジェクトは突如中止された。

B-47ストラトジェット

B-47は、アメリカ本国の基地からドイツに到達可能なジェット爆撃偵察機という、1943年のアメリカ陸軍航空軍による要求性能を起源とする。翌年この要求は爆撃機に関する公式の要求へと発展し、少なくとも速度500km/h、航続距離5,600km、実用上昇限度12,200mとされた。動力は当時開発中であったジェネラル・エレクトリック社製TG-180型エンジンである。ボーイング社が最初に提案したモデル424は従来型のプロペラ推力爆撃機の修正にすぎず、実質的にボーイングB-29の縮小版であるが、4基のジェットエンジンを動力としていた。

風洞実験により424モデルには過度の抗力が生じていることが判明し、機体前方にエンジン4基を搭載するモデル432

爆撃機の比較

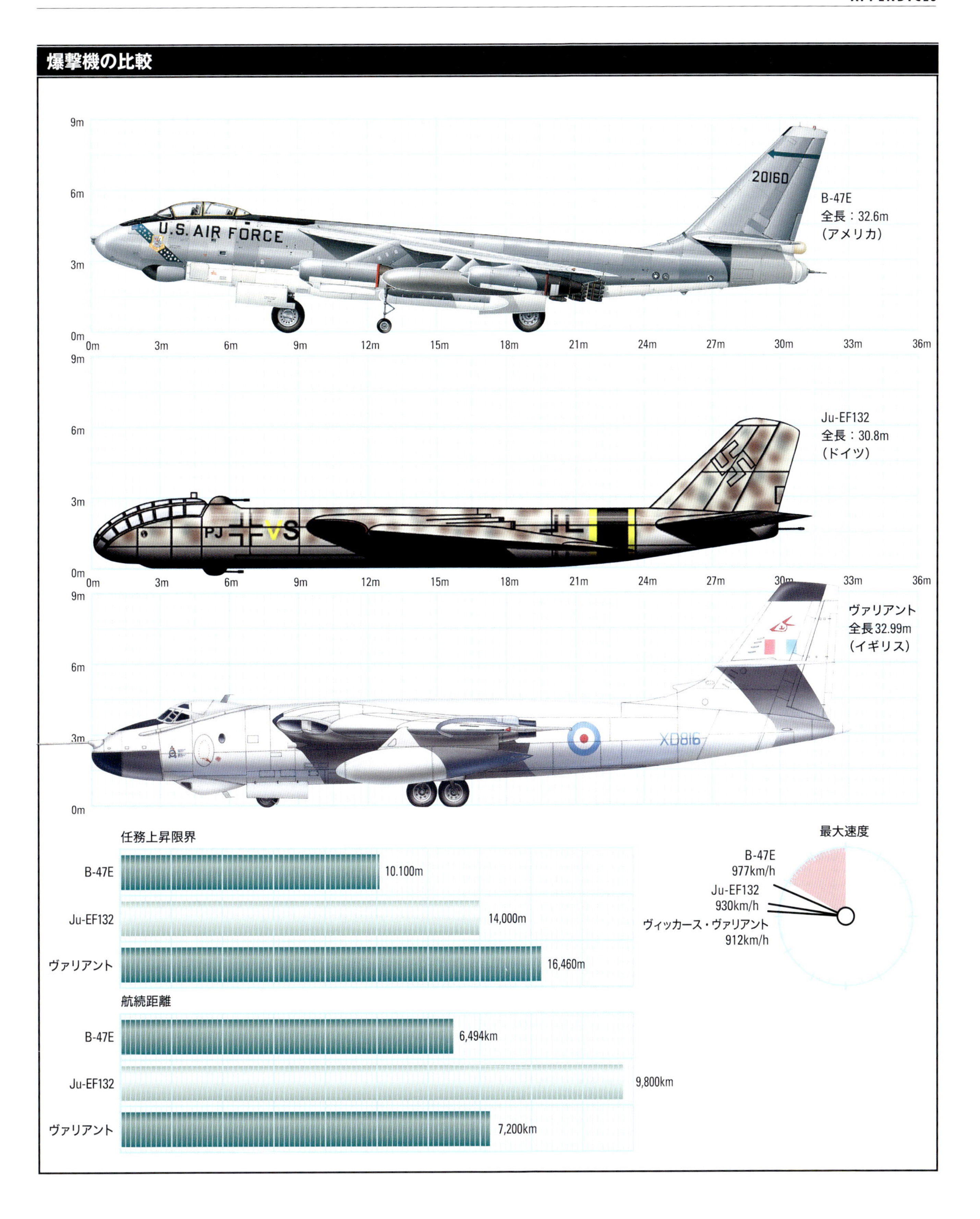
9m
6m
3m
0m
0m
3m
6m
9m
12m
15m
18m
21m
24m
27m
30m
33m
36m
U.S. AIR FORCE
20160
B-47E
全長：32.6m
（アメリカ）
Ju-EF132
全長：30.8m
（ドイツ）
PJ
VS
ヴァリアント
全長32.99m
（イギリス）
XD816
任務上昇限界
B-47E
10.100m
Ju-EF132
14,000m
ヴァリアント
16,460m
航続距離
B-47E
6,494km
Ju-EF132
9,800km
ヴァリアント
7,200km
最大速度
B-47E
977km/h
Ju-EF132
930km/h
ヴィッカース・ヴァリアント
912km/h

として再設計された。ただし、いくらかの構造的な利点を有したものの、抗力に対する効果はほとんどなかった。絶望したボーイング社の技術者たちは、1945年5月、同社航空力学部長ジョージ・シャイラーが提供したドイツの後退角のデータに目を向けた。このデータをもとに、モデル432は主翼と尾翼表面が35度の後退角を有するモデル448へと再設計された。興味深いことに、この角度はユンカースEF 132の翼と一致しており、この2機は著しく類似した下部構造が特徴であった。

ボーイング社は1946年9月に一連の再設計を終えた。いくらかの追加修正が行われ、モデル450の結果に基づく2機の試作機がXB-47として1947年4月に発注された。B-47は2,000機以上が建造され、アメリカ空軍で1969年まで運用された。

ヴィッカース・ヴァリアント

1940年代後半のイギリスの空軍爆撃軍の航空機は、多くがランカスター後継機の「アブロ・リンカーン」のように戦時中の航空機を若干改良した程度であった。こうした航空機が急速に時代遅れになっていたことは明らかであり、1947年には少なくともアメリカやソビエトと同等のジェット爆撃機の要求性能が提示された。

イギリスの航空機製造会社の多くがこれに応札、ハンドレ・ページ社とアブロ社が非常に先進的な設計を提案し、最終的に「ヴィクター」や「ヴァルカン」として採用された。しかし、より単純な構造のヴィッカース・アームストロング・ヴァリアントは当初却下された。ヴィッカースの設計部長ジョージ・エドワードは「ヴィクター」ないし「ヴァルカン」と比べて導入が容易であるとして、自社の設計を何とかして売り込み、1951年に試作機、1953年には量産機を納品するという約束を取り付けた。ヴィッカース設計チームは約束を果たし、最初の試作機は1951年5月18日に飛行、最初の量産機も1953年12月に納入された。これらがユンカースEF 132の設計上の特徴を模倣したという証拠はないものの、肩翼形式で、翼の付け根部分にエンジンを搭載するといった全体的構造は類似している。

ヴァリアントの翼は多くの点でEF132やB-47の翼よりも先進的であった。「複合曲線」形状を有していたからである（主翼の胴体取付部からエンジン収納部外側までは45度の後退角を有し、翼端部では約24度の角度に減少）。設計上は高度15,240mをマッハ0.76で巡航可能とされた。これはB-47の実用到達高度も上回っていた。

ヴァリアントは1955年に飛行隊に就役し、翌年のマスケット作戦、スエズ作戦に参加した。「ヴィクター」や「ヴァルカン」とともに1954年以降イギリスの核抑止力を構成し、1965年に金属疲労で退役を余儀なくされるまで運用された。

ソビエトとのつながり

アメリカとイギリスは、ドイツの軍事技術の一番大きな分け前にあずかったが、赤軍も非常に有益なデータと装備を獲得することができた。初期のソ連ジェット航空機の多くは、ドイツ製エンジンを搭載していたのである。Yak-57とYak17にはユンカースのユモ社製004Bエンジン（またはRD-10と命名されたソビエト製の複製）が搭載され、MiG-9にはBMW社製003エンジンが採用された。なお、このエンジンを模倣したRD-20も作られている。

フォッケヴルフTa183とMiG-15

Ta 183の開発は1942年に始まり、1945年には後退角40度の非常に薄い翼と後退角60度の大きな垂直安定版をもった高度なジェット戦闘機へと発展した。ソ連の軍事当局は、ドイツのTa 183と新たなMig 15との関係を断固否定したが、この2機の形状は驚くほど似ていた。ソビエトのジェット戦闘機プログラムに対するスターリンの個人的な興味と、生産遅延に対する過酷な対応を考慮するなら、困りきったミグ設計局の技術者たちが、見込みのあるドイツの設計をほとんど模倣することを選ぶのも、まったく理解できることである。MiG 15の試作機は1947年12月30日に初飛行を遂げ、全型式の生産の総計はゆうに18,000機を超えた。

新たなミサイル技術

1944年7月、アメリカの科学者と技術者は、オハイオのライト・フィールドにおいて、イギリスから空輸された部品を分解分析したドイツ製V-1のアルグスAs014パルスジェットエンジンの複製を試験作動させている。

巡航ミサイル：V-1から「トマホーク」へ

こうした分解分析は、アメリカ初の大量生産巡航ミサイルJB-2「ルーン」の設計の基盤となった。JB-2の初発射は1944年10月に行われ、連合国の日本本土上陸（ダウンフォール作戦）に投入するために2,000発が発注された。生産は1945年1月に開始され、戦争末期には最初のミサイルが運用試験のために太平洋に送られる途上であった。JB-2は1945年9月に製造が中止されるまでに総計1,385発が完成した。戦闘では一度も使用されなかったが、より先進的な地対地ミサイルシステムの開発で大きな役割を果たした。1950年代初頭には地上・空中および潜水艦発射を含む様々な試験が集中的に実施されている。

JB-2の開発を通してアメリカ軍は巡航ミサイルの可能性を確信し、1940年代には核弾頭を運搬可能な大型ミサイルの開発が始まった。1949年1月、アメリカ空軍は試作ミサイル「マタドール」を試験発射、続いて1953年にはアメリカ空軍が試作ミサイル「レギュラス」の試験発射を行っている。

2つの巡航ミサイルは非常に似通っており、1950年代を通じてアメリカの核抑止の主要な部分を形成し、1960年代初頭に「アトラス」や「ポラリス」のような真の大陸間弾道ミサイル（ICBMs）が導入されるまで運用された。

ALCM、トマホークおよびGLCM

1970年代には、技術の進展および作戦の優先度の変化により、巡航ミサイル構想は非常に魅力的な選択肢となった。1974年にはアメリカ空軍の空中発射巡航ミサイル（ALCM）の開発が始まり、続いてアメリカ海軍の「トマホーク」とその派生型である地上発射巡航ミサイル（GLCM）の開発も始まった。1982～83年にかけてこの3タイプの運用が可能となり、GLCMを除き運用が続いている。こうした巡航ミサイルが成功した大きな要因は、それらが「現代のV-1」であること、すなわち小型で低高度かつ高亜音速の飛行が可能であるため、最も洗練された防空システムでさえ防御するのが困難であるからである。

V-1とトマホークの比較

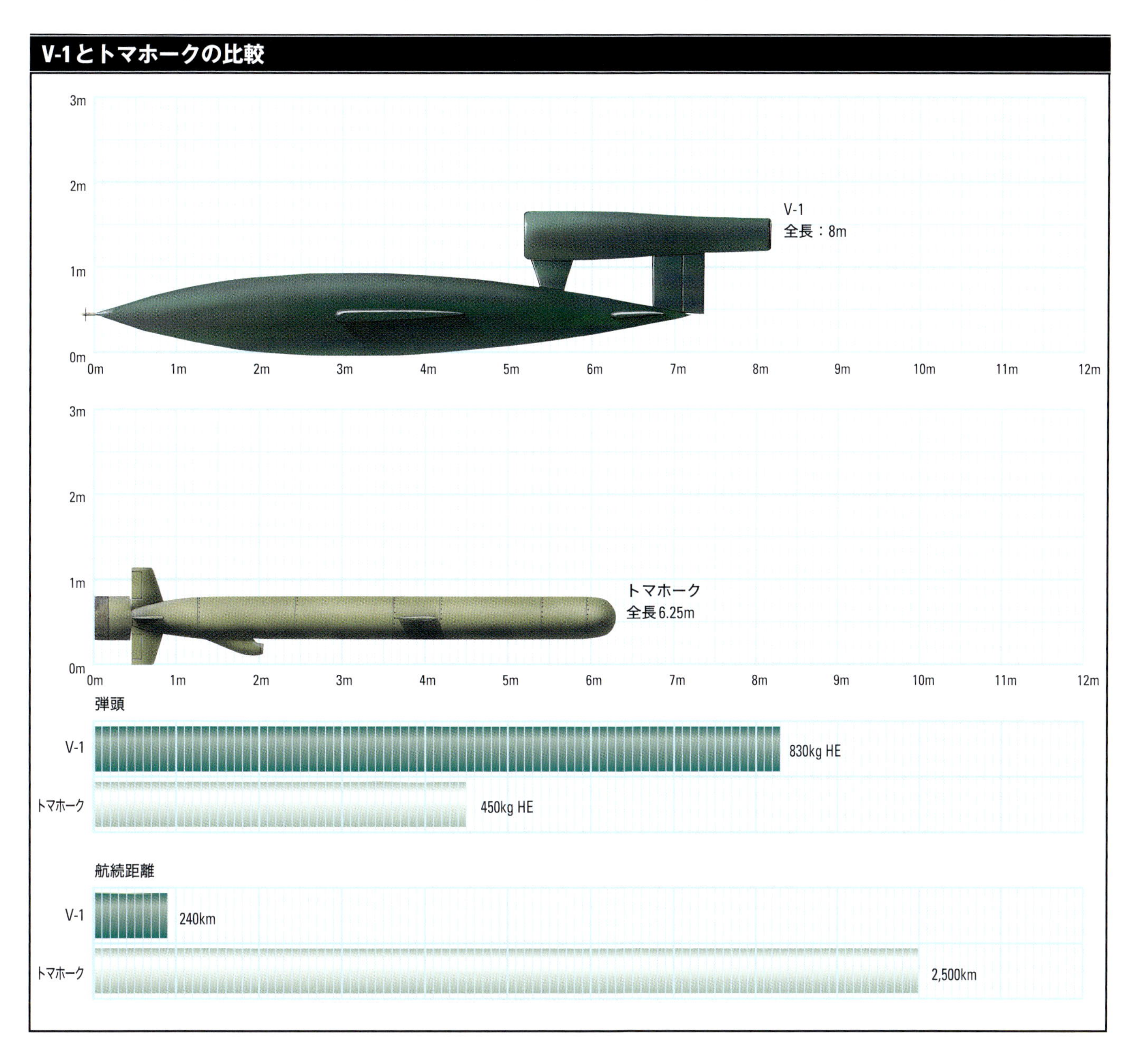

用語集 GLOSSARY

A液（A-Stoff）　液体酸素。V-2ミサイル用の燃料の1つ。

B液（B-Stoff）：V-2ミサイルに使用された第2の燃料。エチルアルコール75％および水25％で構成。

C液（C-Stoff）　メタノール57％、ヒドラジン30％、水13％からなる、非常に有毒で揮発性の高い燃料。Me163ヴァルターロケットエンジンの燃料の1つ。

Kヴァーゲン：グロスカンプフヴァーゲン（K-Wagen; GrossKamfwagen）：大型戦車。1917年に発注された超重量突破戦車である。第一次世界大戦終了時点で試作車2両がほぼ完成していた。

R液（R-Stoff）　TonkaおよびTONKA250として知られる液体ロケット燃料。のちに北朝鮮によって使用され、またTG-02という名でソ連によっても使用された。トリエチルアミン約50％、キシリジン50％からなり、自燃性酸化剤として硝酸を使用する。

S液（S-Stoff）　硝酸96％および塩化第二鉄4％からなる液体ロケット燃料。

StG 44 [突撃銃]（Sturmgewehr 44）　1944年型自動小銃、軍務に使用された最初の自動小銃。ヒトラーの反対のため、当初MP43として細々と使用されていたが、のちにヒトラーがその使用を許可し、この名称が与えられた。

SV液（SV-Stoff）　硝酸94％および四酸化二窒素6％からなる類似の液体ロケット燃料。

T液（T-Stoff）　Me163の第2燃料。濃縮過酸化水素80％およびオキシキノリン20％からなり、C液とともに自燃性の酸化剤として使用された。

アイデクセ（Eidechse）　「とかげ」の意。防空レーダー用の周波数ホッピング装置である。運用周波数を急激に変更することができ、連合国のECM（電子対抗装置）の打破を目的としていた。戦争終結時にほぼ完成していた。

アルベリッヒ・スキン（Alberich Skin）：戦争終結まで、いくつかのドイツ製潜水艦に適用されたソナーを吸収するためのゴムのコーティング。

アドラーゲレート（Adlergerät）　赤外線探知機。英名「イーグル・デバイス」。夜間爆撃機をその排気熱により探知し、サーチライトを指向することを企図した。本装備は、レーダーが広く使用可能になるまで、戦争の早期段階において使用された。

イノシシ戦法（Wilde Sau）　都市部への爆撃による火災で照らし出されたイギリス爆撃機の機影を、各戦闘機が肉眼で捉えて攻撃する戦法。夜間戦闘機をレーダーにより誘導するヒンメルベッド戦法が、イギリス空軍の電子妨害やボマーストリーム戦法で効力を失ったために考案された。

ヴァイマール共和国軍（Reichswehr）　1921～35年のドイツ軍の公式名称。

ウンターシャルフューラー（Unterscharführer-Waffen-SS）　「武装親衛隊」の階級で、軍曹に相当。

エアプロブンクスコマンドー（Erprobungskommando）「戦闘評価部隊」。総じて、新機種航空機の「戦闘試験」を実施するために組織された作戦試験部隊。

エクスペルテン（Experten）　熟練したドイツ空軍のエースパイロットであり、その多くがスペイン内戦に参戦している。

オーバーストロイトナント（Oberstleutnant）ドイツ空軍階級における中佐。イギリス空軍のWing Commander（中佐）、アメリカ陸軍航空軍のLieutenant Colonel（中佐）に相当。

カカドゥー（Kakadu）　Hs 293空対地ミサイル用の電波近接信管。「オウム」の意。

下反角（Anhedral）　航空機の主翼または尾翼の付け根から翼端に至る下方の傾斜。

カルッセル（Karussell）　「回転木馬」の意。大戦終結時点で開発中であったヴァッサーファール地対空ミサイル用の赤外線ホーミング装置。

カンプフヴァーゲンカノーネ（KwK-Kampfwagenkanone）戦車砲。この名称は、戦車および装甲車用に設計されたすべての砲に適用された。

カンプフグルッペ（Kampfgruppe）　「戦闘グループ」。臨時の部隊であり、通常、装甲戦闘車両、歩兵および砲兵を含み、概して特別な任務や作戦の際に編成された。

カンプフゲシュヴァーダー（Kampfgeschwader）ドイツ空軍の爆撃機からなる部隊編成の単位。およそ100～120の航空機からなり、イギリス空軍の航空群、アメリカ陸軍航空軍の航空団に相当。

クラウディア（Claudia）　対空砲中隊用の高度な音響位置標定システム。戦争終結時に開発途上であった連合国のECM（電子対抗装置）によるレーダー妨害への対抗手段として開発されていた。

クリークスマリーネ（Kriegsmarine）　「戦闘海軍」。1935～45年の間のドイツ海軍の正式名称。

クールマルク（Kurmark）　連合国のECMを欺くレーダー信号を発信する送信機。

クルムラウフ（Krummlauf）　1944年型自動小銃用の曲線状の銃身アタッチメント。その第一の目的は、ソ連の対戦車部隊の兵士が装甲戦闘車両によじ登って爆薬を仕掛けるところを銃眼から射撃することであった。

シュペークロイツァー(Spähkreuzer) 「偵察巡洋艦」。大西洋において運用可能な大型駆逐艦のクラスの1つ。「Z計画」戦闘艦隊の前衛部隊の偵察艦として企図された。

ショルンシュタインフェーガー(Schornsteinfeger) 「煙突掃除夫」の意。レーダー吸収力のあるビチューメン(瀝青)塗装のこと。

ツンダー19(Zunder 19) 地上25～30mでの爆発を想定して作られた250kg爆弾用の近接信管。1937年に開発が始まったが、進展が遅く、プロジェクトは1943年に中止された。

ドイツ空軍(Luftwaffe) 1933年5月15日、ヴェルサイユ条約の条件に背いて創設されたが、1935年まで公式に明らかにされなかった。

ドイツ国防軍(Wehrmacht) 1935～45年までのドイツ軍の総称。

トリヒター(Trichter) 「漏斗」の意。爆弾を空対空兵器に転換するための無線近接信管。アメリカ陸軍航空軍爆撃機編隊の密集隊形の頭上に投下することが企図された。

ナクソス(Naxos) イギリス空軍爆撃機の航法・爆撃レーダーであるH2Sレーダーの送信波をとらえ、その爆撃機の方向を示す装置。接敵に有効であった。

ノイバウファールツォイク(NbFz; Neubaufahrzeug) 「新造車両」。1930年代の重戦車計画の秘匿名称。

ハウプトマン(Hauptmann) ドイツ空軍階級における大尉。イギリス空軍のLieutenant(大尉)またはアメリカ陸軍航空軍のCaptain(大尉)に相当。

パプリッツ(Paplitz) ヴァッサーファールおよびHs 117空対空ミサイル用に企図された赤外線近接信管。発射試験は1945年3月に実施され、夜間は良好に作動するが、昼間は太陽光線による干渉のため、実用的でないことがわかった。

パンツァーアプヴェーアカノーネ
(PaK; Panzerabwehrkanone) 対戦車砲。この名称は、主に対戦車兵器として企図されたすべての銃砲に適用された。

パンツァーイェーガー(Panzerjäger) 「戦車ハンター」の意。軽量の対戦車自走砲を指したが、「エレファント重駆逐戦車」のような重車両を指すこともあった。

パンツァーシフ(Panzerschiff) 「装甲艦」。「ポケット戦艦」ことドイッチュラント級装甲戦艦の公式名称。1940年にドイツ海軍により重巡洋艦として再分類された。

パンツァーシュレック(Panzerschreck) 「戦車の恐怖」の意。アメリカ軍のバズーカを参考にして開発された対戦車ロケットランチャーで、装甲貫徹力ではバズーカに勝った。

パンツァーファウスト(Panzerfaust) 「戦車鉄拳」の意。単発式使い捨ての歩兵用対戦車兵器。

ヘーア(Heer) 「陸軍」。1935～45年のドイツ陸軍の公式名称。

フェルトヴェベル(Feldwebel) ドイツ空軍階級における軍曹。イギリス空軍のSergeant(軍曹)または、アメリカ陸軍航空軍のTechnical Sergeant(軍曹)に相当。

武装親衛隊(Waffen SS) 1945年まで「武装親衛隊」は事実上ドイツ軍の4つ目の軍種であり、3個連隊から38個師団以上に拡大した。

ブッターブルーメ(Butterblume) 「キンポウゲ」の意。赤外線システムの1種であり、当初は航空機搭載の妨害装置を企図したものであったが、工場、車両のエンジン等により放射された熱を利用するターゲティング・システムへと発展した。これは多くの点で現代の赤外線画像の先駆けであった。

フラッケ(Flak) 対空砲。この呼び方は、イギリス空軍およびアメリカ陸軍航空軍にも広く用いられた。

フルークデッククロイツァー(Flugdeckkreuzer) ポケット戦艦または重巡洋艦の砲を搭載した航空母艦のデザイン。従来型の航空母艦に比べて、搭載航空機が半分であったことが、この型の大きな欠点。

フルークデックトレーガー(Flugdeckträger) 航空母艦。

ベルゲパンター(Bergepanther) パンター戦車の車体を利用した装甲回収車。

本国航空艦隊(Luftflotte Reich) ドイツ空軍の主要な航空艦隊のうちの一つ。ドイツ領空の防衛を任務として、1944年2月5日、ベルリン-ヴァンゼー地区にて創設された。

マヨーア(Major) ドイツ空軍の階級における「少佐」。イギリス空軍のSquadron Leader(少佐)またはアメリカ陸軍航空軍のMajor(少佐)に相当。

夜間戦闘航空団(Nachtjagdgeschwader) ドイツ空軍の夜間戦闘機からなる部隊編成の単位。およそ100～120の航空機からなり、イギリス空軍の航空群、アメリカ陸軍航空軍の航空団に相当。

戦闘航空団(Jagdgeschwader) ドイツ空軍の戦闘機からなる部隊編成の単位。およそ100～200の航空機からなり、イギリス空軍の航空群、アメリカ陸軍航空軍の航空団に相当。

ライヒスマリーネ(Reichsmarine) 「海軍」。1921～35年のドイツ海軍の公式名称。

ライヒスヘーア(Reichsheer) 「陸軍」。1921～35年のドイツ陸軍の公式名称。

ラインメタルFG42自動小銃
(FG 42; Fallschirmjägergewehr 42) ドイツ空軍の空挺部隊用のライフル／軽機関銃。

ヴァッサーマウス(Wassermaus) 「ミズネズミ」の意。ヴァッサーファール空対空ミサイル用に設計された光電近接信管。

索引 INDEX

あ

い

う

え

お

し

す

せ

そ

た

ち

つ

て

と

な・に

ね・の

は

ひ

ふ

へ

ほ

ま

み

む

め・も

や・ゆ・よ

ら

り

る

れ

ろ・わ

〔著　者〕
ロジャー・フォード　Roger Ford

近現代の兵器の発達および戦場における運用を研究。著書に『ティーガー戦車』『機関銃の歴史』『20世紀の近接格闘』など多数。南仏在住。

〔監訳者〕
石津朋之（いしづ・ともゆき）

防衛省防衛研究所戦史研究センター国際紛争史研究室室長。防衛庁防衛研究所（当時）入所後、ロンドン大学キングス・カレッジ戦争研究学部名誉客員研究員、英国王立統合軍防衛安保問題研究所（RUSI）客員研究員、シンガポール国立大学客員教授を歴任。著書:『戦争学原論』（筑摩書房）、『大戦略の哲人たち』（日本経済新聞出版社）、『リデルハートとリベラルな戦争観』（中央公論新社）、『クラウゼヴィッツと「戦争論」』（共編著、彩流社）、『戦略論』（監訳、勁草書房）など多数。

〔訳　者〕
村上和彦（むらかみ・かずひこ）

元防衛研究所戦史研究センター国際紛争史研究室主任研究官。元空将補。防衛大学校理工学部航空工学科卒業、米国チャップマン大学修士課程及びハワイ・パシフィック大学修士課程修了。

小椿 整治（こつばき・せいじ）

防衛研究所戦史研究センター国際紛争史研究室所員。2等空佐。防衛大学校理工学部機械工学科卒業、青山学院大学国際政治経済学研究科修士課程修了。

由良富士雄（ゆら・ふじお）

防衛大学校防衛学教育群統率・戦史教育室准教授。2等空佐。防衛研究所戦史研究センター国際紛争史研究室所員（翻訳時）。大阪教育大学教育学部卒業、防衛大学校総合安全保障研究科修士課程修了。

【図説】第二次世界大戦
ドイツ軍の秘密兵器 1939-45

2018年2月20日　第1版第1刷発行

著　者　ロジャー・フォード
監訳者　石津朋之
訳　者　村上和彦・小椿整治・由良富士雄
発行者　矢部敬一
発行所　株式会社 創元社
http://www.sogensha.co.jp/
〔本　　社〕〒541-0047 大阪市中央区淡路町 4-3-6
Tel.06-6231-9010 Fax.06-6233-3111
〔東京支店〕〒162-0825 東京都新宿区神楽坂 4-3 煉瓦塔ビル
Tel.03-3269-1051
印刷所　図書印刷株式会社

ISBN978-4-422-21529-7 C0022